高等职业教育工学结合系列教材·汽车类

汽车电气设备构造与维修

主　编　刘大诚　屈进勇
副主编　庄彦霞
主　审　汪东明

北京理工大学出版社
BEIJING INSTITUTE OF TECHNOLOGY PRESS

内 容 简 介

"汽车电气设备构造与维修"是针对汽车维修、汽车营销、业务接待等专业进行能力培养的一门重要课程。本教材主要介绍了汽车电气系统及故障诊断基础、电源系统、起动系统、点火系统、照明与信号系统、仪表与报警系统、辅助电器、汽车空调、汽车电路识读等方面知识。本教材图文并茂,实用性强,每章后面都有对应的习题,用以巩固所学的知识。学习本教材,学生能够学到汽车电气设备的作用、结构及工作原理,还能够学到汽车电气设备的故障维修方法,对汽车电气设备有更深入的了解。

版权专有 侵权必究

图书在版编目(CIP)数据

汽车电气设备构造与维修 / 刘大诚,屈进勇主编. --北京:北京理工大学出版社,2021.10(2021.11 重印)
ISBN 978-7-5763-0553-1

Ⅰ.①汽… Ⅱ.①刘… ②屈… Ⅲ.①汽车-电气设备-构造②汽车-电气设备-车辆修理 Ⅳ.①U472.41

中国版本图书馆 CIP 数据核字(2021)第 217304 号

出版发行 /	北京理工大学出版社有限责任公司
社　　址 /	北京市海淀区中关村南大街 5 号
邮　　编 /	100081
电　　话 /	(010)68914775(总编室)
	(010)82562903(教材售后服务热线)
	(010)68944723(其他图书服务热线)
网　　址 /	http://www.bitpress.com.cn
经　　销 /	全国各地新华书店
印　　刷 /	唐山富达印务有限公司
开　　本 /	787 毫米×1092 毫米　1/16
印　　张 /	16.25
字　　数 /	363 千字
版　　次 /	2021 年 10 月第 1 版　2021 年 11 月第 2 次印刷
定　　价 /	46.00 元

责任编辑 / 张鑫星
文案编辑 / 张鑫星
责任校对 / 周瑞红
责任印制 / 李志强

图书出现印装质量问题,请拨打售后服务热线,本社负责调换

前 言

随着课程改革的不断深入以及课程结构的解构和重构,针对应用型人才的需求特点,为满足教学的要求,编者结合多年的教学经验,特编写此书。

本书共有 10 个学习项目。项目 1 为汽车电气系统认识;项目 2 为蓄电池的检修;项目 3 为交流发电机的检修;项目 4 为起动系统的检修;项目 5 为点火系统的检修;项目 6 为汽车照明与信号系统的检修;项目 7 为汽车仪表与报警系统的检修;项目 8 为汽车辅助电气设备的检修;项目 9 为汽车空调的检修;项目 10 为汽车电路的识读与分析。每个学习项目包含若干个学习任务,按项目组织教学,以任务为学习导向。同时,各学习任务又细分为相关知识、任务实施和知识拓展三个部分,以便组织教学。

本书具有以下特色:

(1) 内容新。大量使用目前生产的主流车型的结构、原理及检修方法。

(2) 结构新。根据教学要求组织教材结构。

(3) 层次清晰。从使用与保养、作用、结构、原理、检修,到实训、分析与总结,由浅入深,符合认知规律。

(4) 适用于因材施教。

(5) 通用性强。

本书由长期从事教学工作的一线教师和汽车维修服务企业的技术骨干人员共同编写。本书由江苏电子信息职业学院的刘大诚、屈进勇任主编,江苏电子信息职业学院的庄彦霞任副主编,参加编写的还有江苏食品药品职业技术学院的严陈,江苏电子信息职业学院的齐学红、刘朋,淮安之星奔驰 4S 店的楚万宗,宏宇集团上海大众 4S 店的赵云高等。其中项目 1 由严陈编写;项目 2、3、4、9、10 由屈进勇编写;项目 5 由齐学红编写;项目 6、7 由庄彦霞编写;项目 8 由刘大诚编写。刘朋、楚万宗、赵云高参与并指导了任务的实施。

本书由汪东明审阅,他对本书提出了许多宝贵意见,在此深表谢意。在本书的编写过程中,参阅了许多参考文献,特别是上海大众公司和一汽丰田公司的维修与培训资料,并得到了各个 4S 店及维修企业的指导和帮助,在此表示感谢。

由于编者水平有限,书中可能存在不妥或疏漏之处,恳请读者批评指正。

编 者

目　录

项目 1　汽车电气系统认识 ·· 1
　　任务 1.1　汽车电气设备认知 ·· 1
　　任务 1.2　汽车电气系统故障诊断基础知识 ··· 4

项目 2　蓄电池的检修 ··· 10
　　任务 2.1　蓄电池的维护与检测 ··· 10
　　任务 2.2　蓄电池的充电与故障诊断 ·· 19

项目 3　交流发电机的检修 ·· 30
　　任务 3.1　交流发电机及电压调节器维护与检修 ··· 30
　　任务 3.2　电源系统的故障与诊断 ·· 45

项目 4　起动系统的检修 ·· 55
　　任务 4.1　起动机的检修 ··· 55
　　任务 4.2　起动系统的检修 ··· 69

项目 5　点火系统的检修 ·· 77
　　任务 5.1　点火系统的认知 ·· 77
　　任务 5.2　点火系统的故障与检修 ·· 87

项目 6　汽车照明与信号系统的检修 ·· 98
　　任务 6.1　汽车照明系统的检修 ··· 98
　　任务 6.2　汽车信号系统的检修 ··· 122

项目 7　汽车仪表与报警系统的检修 ·· 138
　　任务 7.1　汽车仪表系统的检修 ··· 138
　　任务 7.2　汽车报警系统的检修 ··· 156

目 录

项目 8　汽车辅助电气设备的检修……………………………………………………… 165
　　任务 8.1　风窗清洁装置的检修 ………………………………………………… 165
　　任务 8.2　电动后视镜的检修 …………………………………………………… 172
　　任务 8.3　电动车窗的检修 ……………………………………………………… 176
　　任务 8.4　电动中控门锁的检修 ………………………………………………… 180
　　任务 8.5　电动座椅的检修 ……………………………………………………… 186

项目 9　汽车空调的检修 ………………………………………………………………… 197
　　任务 9.1　汽车空调系统概述 …………………………………………………… 197
　　任务 9.2　汽车空调的故障诊断及检修 ………………………………………… 207

项目 10　汽车电路的识读与分析 ……………………………………………………… 225

参考文献 ………………………………………………………………………………… 253

项目1　汽车电气系统认识

学习目标

1. 了解汽车电气设备的发展概况。
2. 掌握汽车电气设备的组成。
3. 掌握汽车电气设备的特点。
4. 掌握汽车电气系统常见故障及检修方法。

任务引入

汽车电气设备已是汽车越来越重要的组成部分。学习研究汽车电气设备的作用、特点、结构、工作原理及检修方法，及时了解各种新技术在汽车电气设备中的应用情况，对于从事汽车方面的工作人员来说具有十分重要的意义。

本项目通过对某汽车电气系统的学习，使学生能够说出各系统的主要功能和各系统组成元件的名称、位置；进一步认识汽车电气各系统元件的连接关系。

任务1.1　汽车电气设备认知

相关知识

1.1.1　汽车电气设备的发展

1. 汽车电气设备的发展过程

（1）20世纪50年代——以机械设备为主，只有必备的电源和用电设备。

（2）20世纪60年代——交流发电机，之后有电子式电压调节器。

（3）20世纪70年代——电子控制高能点火，之后有燃油控制喷射系统（EFI）、电子控制自动变速器（ECT）、制动防抱死系统（ABS）。

（4）20世纪80年代——微机技术运用于汽车，如驾驶辅助装置，安全报警装置，通信、娱乐装置等。

（5）20世纪90年代中期开始至今——主要是研究发展车辆的智能控制技术，模拟人的思维和行为对车辆进行控制。

2. 汽车电子技术的发展趋势

进入21世纪，现代汽车工业已进入成熟期，其重要标志是汽车技术向机电一体化迈进，汽车电子化程度不断提高。汽车由单纯的机械产品向高级的机电一体化产品方向发展，成为所谓的"电子汽车"。

随着集成控制技术、计算机技术和网络技术的发展，汽车电子技术已明显向集成化、智能化和网络化三个主要方向发展。

1）集成化

随着嵌入式系统、局域网控制和数据总线技术的成熟，汽车电子控制系统的集成化成为汽车技术发展的必然趋势。将发动机管理系统和自动变速器控制系统集成为动力传动系统，实现综合控制；将制动防抱死控制系统、牵引力控制系统和驱动防滑控制系统综合在一起进行制动控制；通过中央底盘控制器，将制动、悬架、转向、动力传动等控制系统通过总线进行连接，控制器通过复杂的控制运算，对各子系统进行协调，将车辆行驶性能控制到最佳水平，形成一体化底盘控制系统。

2）智能化

传感技术和计算机技术的发展加快了汽车的智能化进程。其主要技术中"自动驾驶仪"的构想必将依靠电子技术来实现。智能交通系统（ITS）的开发将与电子技术、卫星定位等多个交叉学科相结合，它能根据驾驶员提供的目标资料，向驾驶员提供距离最短而且能绕开车辆密度相对集中处的最佳行驶路线；它装有电子地图，可以显示出前方道路，并采用卫星导航。从全球定位卫星获取沿途天气、车流量、交通事故、交通堵塞等各种情况，自动筛选出最佳行车路线。

3）网络化

随着电控器件在汽车上的应用越来越多，车载电子设备间的数据通信变得越来越重要。以分布式控制系统为基础构造汽车车载电子网络系统是十分必要的。大量数据的快速交换、高可靠性及低成本是对汽车电子网络系统的要求。在该系统中，各子处理机独立运行，实现汽车某一方面的功能，同时在其他处理机需要时提供数据服务。主处理机收集整理各子处理机的数据，并显示生成的车况。

1.1.2 汽车电气设备的组成

1. 电源系统

包括蓄电池、发电机、调节器。其中发电机为主电源，发电机正常工作时，由发电机向全车用电设备供电，同时给蓄电池充电。蓄电池的主要作用是发动机起动时向起动机供电，同时辅助发电机向用电设备供电。调节器的作用是使发电机的输出电压保持恒定。

汽车电气设备的组成及特点

2. 用电设备

1）起动系统

起动系统包括直流电动机、传动机构、控制装置。其作用是用于起动发动机。

2）点火系统

点火系统主要包括点火线圈、点火器、火花塞，其任务是产生高压电火花，点燃汽油机气缸内的可燃混合气。

3）照明系统

照明系统包括汽车内外各种照明灯及其控制装置，用来保证夜间行车安全。

4）信号系统

信号系统包括喇叭、蜂鸣器、闪光器及各种行车信号标识灯，用来保证车辆运行时的人车安全。

5）仪表系统

仪表系统包括各种电器仪表（电流表、电压表、机油压力表、温度表、燃油表、车速及里程表、发动机转速表等），用来显示发动机和汽车行驶中有关装置的工作状况。

6）辅助电器系统

辅助电器系统包括电动刮水器、空调系统、低温起动预热装置、收录机、点烟器、玻璃升降器、电动座椅、电动天窗、电动后视镜等。车用辅助电气设备有日益增多的趋势，主要向舒适、娱乐、安全保障等方面发展。

7）电子控制系统

汽车电子控制系统主要是指利用微机控制的各个系统，包括发动机的微机控制系统、底盘电子控制系统、车身电子控制系统等。

随着汽车电子技术的不断发展，将有越来越多的电子设备应用在汽车上，以提高汽车的安全性、舒适性和方便性。

3. 全车电路及配电装置

全车电路及配电装置包括中央接线盒、保险装置、继电器、电气线束及插接件、电路开关等，它们使全车电路构成一个统一的整体。

1.1.3 汽车电气设备的特点

1. 低压电源

汽油车多采用 12 V 低压电源，柴油车多采用 24 V 低压电源。采用低压电源的优点是安全性好。随着汽车上电气设备的增多，电气负荷越来越大，要求汽车上采用能量大、体积小的电源。目前，已有汽车公司在研究使用 36/42 V 新型电源的课题。

2. 直流电源

采用直流电源主要从蓄电池的充电来考虑。因为蓄电池的充放电电流均为直流电，所以汽车电器采用的是直流电。

3. 并联单线制

汽车电气设备的用电设备很多，为了使各电气设备相互独立，便于控制盒提高电气线路的可靠性，汽车上用电设备都是并联的。单线制即从电源到用电设备用一根导线连接，而另一根导线则用汽车车体或发动机机体的金属部分作为公共回路。单线制可节省导线，使线路简化、清晰，便于安装和检修，并且用电设备无须与车体绝缘，因此现代汽车广泛采用单线制。

4. 负极搭铁

将蓄电池的负极与车体相连接，称为负极搭铁。负极搭铁对车架或车身连接处的电化学腐蚀较轻，对无线电干扰小。我国汽车电气系统均采用负极搭铁。

任务实施

了解汽车电气电路在车上的分布，如图 1-1 所示。

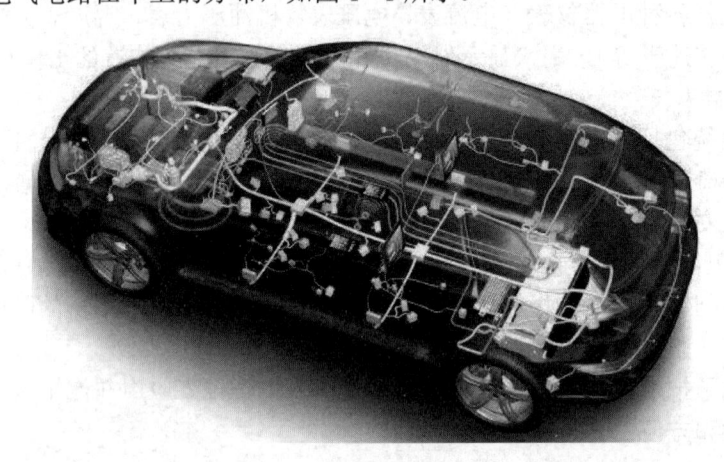

图 1-1 汽车电气电路分布

任务 1.2 汽车电气系统故障诊断基础知识

相关知识

1.2.1 汽车电气系统常见电路故障

汽车电路常见的故障有断路（开路）、短路、搭铁等。

1. 断路（开路）

断路一般是由导线折断、导线连接端松脱或接触不良等原因造成的。断路就像开关断开

汽车电气常见
电路故障

使系统不工作一样。断路可能发生在电路的供电回路,也可能发生在电路的搭铁回路,如图1-2所示。

2. 短路

短路是指电流不走正常的通路,而是绕过部分正常的通路直接连通,如图1-3所示。造成短路的原因有:导线绝缘破坏,并相互接触造成短路;开关、接线盒、灯座等外接线螺栓松脱,造成线头相碰;接线时不慎,使两线头相碰;导线头碰到金属部分。

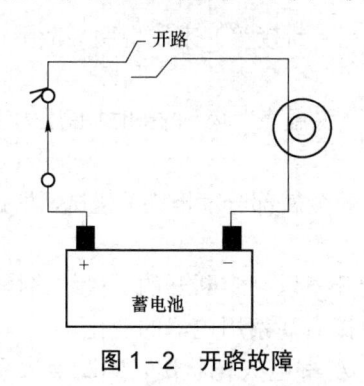

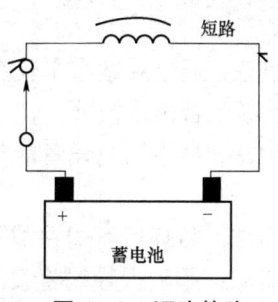

图1-2 开路故障

图1-3 短路故障

3. 搭铁

搭铁的原因:火线直接与金属机体相碰。电路被搭铁时,电流流到预定负载部件之前便返回搭铁,从而使负载没有电流通过。检查被搭铁电路的方法:拆下熔丝,在熔丝两端接试灯,如果试灯点亮,则此电路被搭铁,如图1-4所示。

1.2.2 检修故障的思路

正常的汽车电气电路,必须是:
(1) 点火电路能够产生足够能量的正时火花。
(2) 电源电路充电稳定,并能满足用电设备在各种状态下的需要。

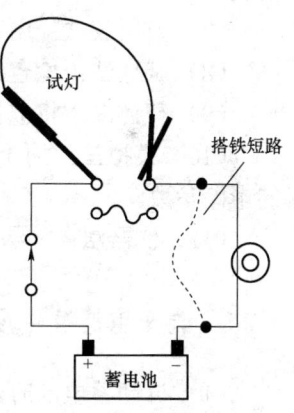

图1-4 检查被搭铁电路

(3) 起动机起动有力,分离彻底。
(4) 照明及信号系统设备齐全,性能良好。
(5) 全车线路整齐,连接固定可靠;否则,应视为电路出现了或大或小的故障。

电路故障的产生原因是多种多样的,如元件老化、自然磨损、调整不当、环境腐蚀、机械摩擦、导线短路或断路等。

1.2.3 汽车电气故障诊断的一般程序

(1) 验证车主(用户)所反映的情况,并注意通电后各种现象。在动手拆检之前,尽量缩小故障产生的范围。

（2）分析电路原理图，弄清电路的工作原理，对问题所在做出推断。

（3）重点检查问题集中的线路或部件，验证第二步做出的推断。

（4）进一步进行诊断与检修。

（5）验证电路是否恢复正常。

1.2.4 常用检修方法

（1）直观法：通过直观检查（高温、冒烟、火花、断接等）来发现明显故障，提高检修速度。

（2）仪表法：通过观察汽车仪表盘上的电流表、水温表、燃油表和机油压力表等的指针走动情况来判断是否出现故障。

（3）刮火法：拆下用电设备的某一线头对汽车的金属部分（搭铁）碰试，根据有无火花判断是否开路。

（4）断路法：将怀疑有短路故障的那段线路断开，以判定断开的那段线路搭铁。

（5）短路法：用一根导线将某段导线或电器短接后观察用电器的变化。

（6）高压试火法：对高压电路进行搭铁试火，观察电火花状况，判断点火系统的工作情况。

（7）万用表法：用万用表测量线路各点的直流电压。

（8）试灯法：检查线束是否开路或短路，电器有无故障。

（9）替换法：将被怀疑部件用已知完好的部件替换，验证怀疑是否正确。

（10）模拟法：用于对各种传感器信号、指示机构工况的判断，采用此法必须熟悉汽车的电路参数。

（11）仪器法：如检测汽车故障时经常使用故障诊断仪检测。

1.2.5 汽车电路故障诊断与检修注意事项

（1）拆卸蓄电池时，总是最先拆下负极（−）电缆；装上蓄电池时，总是最后连接负极（−）电缆。拆下或装上蓄电池电缆时，应确保点火开关或其他开关都已断开。

（2）不允许使用欧姆表及万用表的 $R \times 100$ 以下低阻欧姆挡检测小功率晶体三极管，以免电流过载损坏它们。更换三极管时，应首选接入基极，拆卸时，则应最后拆卸基极。

（3）拆卸和安装元件时，应切断电源。如无特殊说明，元件引脚距焊点的距离应在 10 mm 以上，以免烙铁烫坏元件，且宜使用相同恒温或功率小于 75 W 的电烙铁。

（4）更换烧坏的熔断器时，应使用相同规格的熔断器。

（5）靠近振动部件（如发动机）的线束部分应用卡子固定，将松弛部分拉紧，以免由于振动造成线束与其他部件接触。

（6）不要粗暴地对待电器，也不能随意乱扔部件。

（7）与尖锐边缘磨碰的线束部分应用胶带缠起来，以免损坏。安装时，应确保接插头

任务实施

1. 万用表（图 1-5）的使用

数字万用表的使用

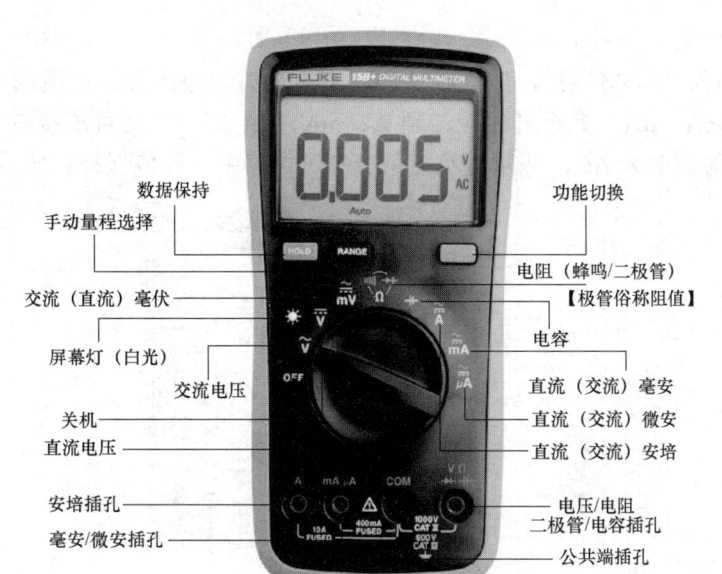

图中标注：
- 数据保持
- 手动量程选择
- 交流（直流）毫伏
- 屏幕灯（白光）
- 关机
- 直流电压
- 安培插孔
- 毫安/微安插孔
- 交流电压
- 功能切换
- 电阻（蜂鸣/二极管）【极管俗称阻值】
- 电容
- 直流（交流）毫安
- 直流（交流）微安
- 直流（交流）安培
- 电压/电阻二极管/电容插孔
- 公共端插孔

图 1-5 万用表的界面

1）电压的测量

（1）直流电压的测量如图 1-6 所示。

将黑表笔插进"COM"孔，红表笔插进"VΩ"孔。把旋钮转到直流电压挡，把表笔并联到电路中。数值可以直接从显示屏上读取。

（2）交流电压的测量如图 1-7 所示。

将黑表笔插进"COM"孔，直接从显示屏上读取数值。

2）电阻的测量（见图 1-8）

电压电阻电流的检测

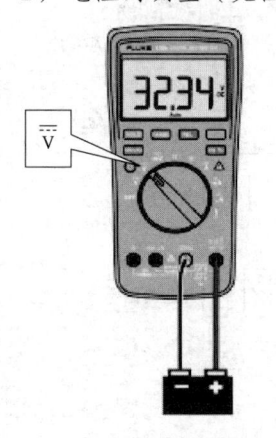

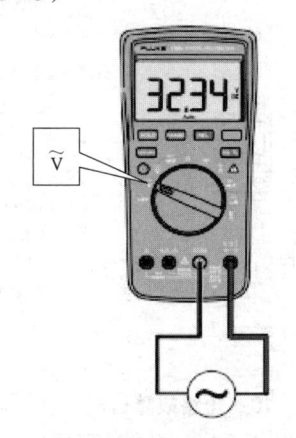

图 1-6 直流电压的测量　　图 1-7 交流电压的测量　　图 1-8 电阻的测量

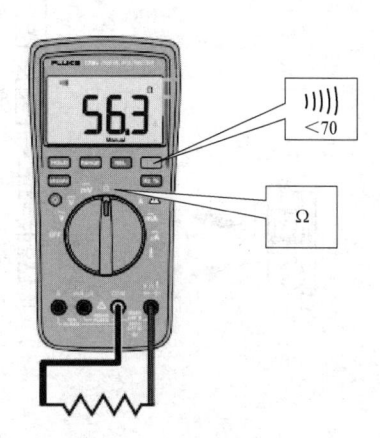

将表笔插进"COM"和"VΩ"孔中,把旋钮转到"Ω"挡,用表笔接在电阻两端金属部位,测量中可以用手接触电阻,但不要用手同时接触电阻两端,否则会影响测量的精确度,人体是电阻很大的导体,但也是电阻有限大的导体。读数时,要保持表笔和电阻有良好的接触,注意单位。

3)电流的测量(见图 1-9)

将黑表笔插入"COM"孔,先大致估测一下电流值,根据实际电流的大小把红表笔插入"A"孔或"mA、μA"孔指针相应转到 A、mA、μA 挡,若是直流按右上角的键,调节为 DC,若是交流调节为 AC,测量时将万用表串进电路中,数值保持稳定,即可读数。

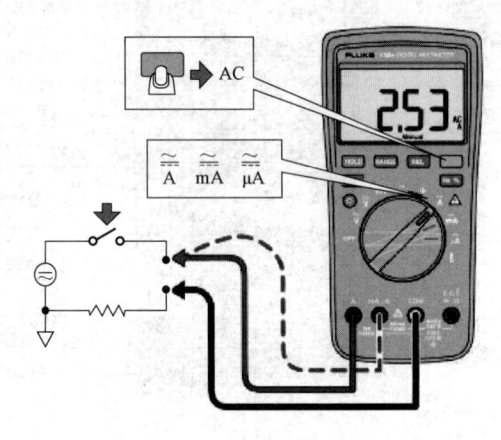

图 1-9 电流的测量

使用完后,应立即把指针打到 OFF 挡,以节省电能。

2. 用万用表及试灯检查线路(见图 1-10)

线路的检查一般采用两种方法:一是用万用表的电压挡沿电路分段检查电压,或用试灯测试亮灭的情况;二是用万用表的电阻挡测量相应导线的通断及搭铁情况。

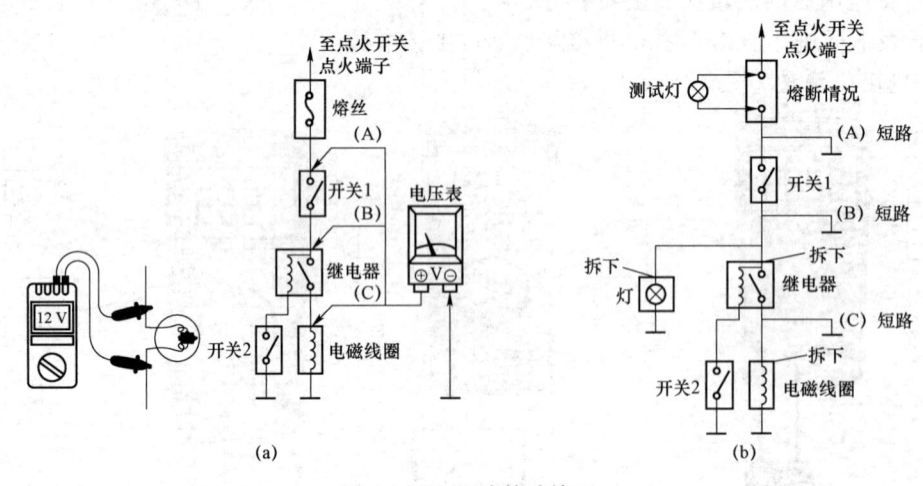

图 1-10 短路故障检测

(a)线路电压检查;(b)线路短路检查

课 后 思 考

一、判断题
1. 燃油汽车（汽油机、柴油机）所用电源均为 12 V。　　　　　　　　　　（　　）
2. 集成化、智能化、网络化是汽车电子技术的发展方向。　　　　　　　　（　　）
3. 汽车单线制是说汽车电气设备用一根线就可以供电，不需要其他线路。（　　）
4. 将蓄电池的负极与车架相连接，称为负极搭铁。　　　　　　　　　　　（　　）

二、选择题
1. 下面哪个选项不是汽车电气设备的组成部分？（　　）
  A. 电源　　　　　　　　　　　　B. 用电设备
  C. 发动机　　　　　　　　　　　D. 全车电路及配电装置
2. 下面哪个选项不是汽车电气设备的特点？（　　）
  A. 低压电源　　B. 交流电源　　C. 并联单线制　　D. 负极搭铁

三、简答题
1. 汽车电气设备的特点有哪些？
2. 汽车用电设备主要有哪些？
3. 汽车电器常见电路故障有哪些？
4. 汽车电器故障常用检修方法有哪些？

项目 2　蓄电池的检修

学习目标

1. 了解蓄电池的分类、型号。
2. 掌握蓄电池的功用、结构、工作原理。
3. 掌握蓄电池的充、放电特性及充电方法。
4. 了解蓄电池的容量和影响容量的因素。
5. 能正确进行蓄电池的拆装。
6. 掌握蓄电池的正确使用及日常维护方法。
7. 能进行蓄电池的故障诊断与排除。

任务引入

某客户抱怨，他所驾驶的帕萨特汽车在停用一天后，再次起动汽车时，发现起动无力，起动机根本带不动发动机，且打开大灯，灯光暗淡。客户要求排除此故障。

要完成这个工作任务，我们首先需要知道蓄电池的结构、组成及工作原理，还要知道蓄电池的正确使用和维护方法，还有蓄电池典型故障的诊断及维修方法等。下面就分步来完成本项目的学习任务。

任务 2.1　蓄电池的维护与检测

相关知识

2.1.1　蓄电池的功用及要求

为了能安全、舒适地驾驶，汽车上装有很多电气设备。蓄电池作为汽车电源之一，有非常重要的作用。汽车电源系统除蓄电池外，还有发电机。停车时，汽车上的用电设备由蓄电池供电；车辆起动后，发电机正常工作，给用电设备供电，同时给蓄电池充电。

汽车用蓄电池首先必须满足发动机起动的要求,即在 5~10 s 内,向起动机连续供给强大电流(汽油机为 200~600 A,柴油机为 800~1 000 A);其次,在发电机发生故障不能发电时,蓄电池的容量应能维持车辆行驶一定的时间。因此,对蓄电池的要求是:容量大,内阻小,有足够的起动能力。

蓄电池的功用如下:

(1)在发动机起动时,蓄电池向起动机和点火系统供电。

(2)当发电机不发电或发动机低速运转、发电机电压较低时,向用电设备供电,同时还向交流发电机磁场绕组供电。

(3)发动机正常工作,发电机正常供电时,将发电机剩余电能转换为化学能储存起来。

(4)发电机过载时,与发电机一起向用电设备供电。

(5)稳定汽车电源电压,保护汽车电器与电子设备。蓄电池相当于一个大电容器,能吸收电路中出现的瞬时过电压,保护电子元件,保持汽车电气系统电压稳定。

注意点:发动机绝不允许脱开蓄电池运转。

2.1.2 蓄电池的分类

汽车上所使用的蓄电池主要是为了满足起动发动机的需要,所以通常称为起动型蓄电池。

根据电解液的不同,起动型蓄电池的分类与特点如表 2-1 所示。

表 2-1 起动型蓄电池的分类与特点

分 类		特 点	
铅酸蓄电池	普通铅酸电池	新蓄电池内没有电解液,极板不带电,使用前需加注规定量的电解液并进行初充电。在使用过程中需要定期维护	铅酸蓄电池结构简单,内阻小,起动性能好,价格低廉,在汽车上广泛采用
	干荷电蓄电池	又称干式荷电蓄电池,新蓄电池内没有电解液,极板处于干燥且已充电的状态下。如需使用,只要在规定的保存期内(一般为 2 年)加入规定量的电解液,静置 30 min 后即可使用(无须初充电)。在使用过程中需要定期维护	
	湿荷电蓄电池	又称湿式荷电蓄电池,新蓄电池内有少量电解液,极板处于已充电的状态下。如需使用,只要在规定的保存期内(一般 2 年)加入规定量的电解液,静置 30 min 后即可使用(无须初充电)。在使用过程中需要定期维护	
	免维护蓄电池	在有效使用期(一般为 4 年)内,无须进行检查电解液液面高度、添加蒸馏水、清理极柱等维护工作	
镍碱蓄电池	铁镍蓄电池	镍碱蓄电池具有容量大、使用寿命长、维护简单等优点,但其价格昂贵,目前只在少数汽车上使用	
	镉镍蓄电池		

目前,世界各国正在不断探索和研制电动汽车,其主要的动力源为新型高能蓄电池。电动汽车新型高能蓄电池具有无污染、比容量大、充放电性能好、使用寿命长等优点,但结构

复杂、成本高。

2.1.3 蓄电池的结构和型号

蓄电池组成结构

1. 蓄电池的结构

蓄电池由 6 只或 12 只单格电池串联而成，每只单格电池电压约为 2 V，串联成 12 V 或 24 V 以供汽车选用。蓄电池主要由极板、隔板、电解液、联条、极柱和外壳组成。其结构如图 2-1 所示。

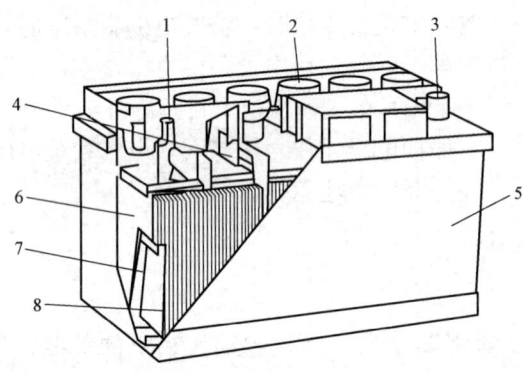

图 2-1 蓄电池的结构

1—负极柱；2—加液孔螺塞；3—正极柱；4—联条；5—外壳；6—负极板；7—隔板；8—正极板

1）极板

（1）极板的功用。

蓄电池在充、放电过程中，电能和化学能的相互转换依靠极板上活性物质和电解液中硫酸的化学反应来实现。极板是蓄电池的核心，分为正极板和负极板两种。

（2）极板的组成。

极板是蓄电池的核心部分，由栅架和活性物质组成，如图 2-2 所示。极板有正极板和负极板两种，正极板上的活性物质是二氧化铅（PbO_2），呈深棕色；负极板上的活性物质是海绵状纯铅（Pb），呈青灰色。技术性能较高的蓄电池极板都比较薄且多孔性好，这样不但能减小蓄电池的体积，并且可以使电解液比较容易地渗入极板内部，以增加蓄电池的容量。

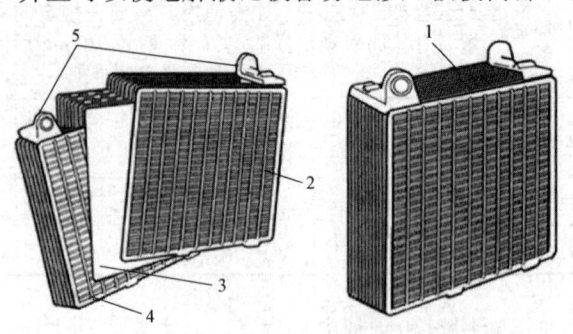

图 2-2 极板组

1—极板组；2—负极板；3—隔板；4—正极板；5—极柱

由于单片极板上的活性物质数量少,所以存储的电量少。为了增加蓄电池的容量,通常将多片正、负极板分别并联,用横板焊接组成正负极板组。安装时,正、负极板组相互嵌合,中间插入隔板,形成单格电池。由于正极板的力学性能差,所以在每个单体电池中,负极板总比正极板多一片,这样正极板就都处于负极板之间,使其两侧放电均匀,减轻了正极板的翘曲和活性物质的脱落。

注意点:

(1) 因为正极板的强度较低,所以在单格电池中,负极板总比正极板多一片。这样使每一片正极板都处于两片负极板之间,保持其放电均匀,防止变形。

(2) 正极活性物质脱落和栅架腐蚀是影响蓄电池使用寿命的主要因素。

2) 隔板

为了减小蓄电池的内阻和尺寸,蓄电池内部正、负极板应尽可能地靠近。为避免正、负极板彼此接触而短路,正、负极板之间要用隔板隔开。隔板在正、负极板间起绝缘作用,并且使电池结构紧凑。

隔板材料应具有多孔性和渗透性,且化学性质要稳定,即具有良好的耐酸性和抗氧化性。常用的是微孔塑料(聚氯乙烯、酚醛树脂)和微孔橡胶隔板。

免维护蓄电池通常将隔板做成袋式隔板,将正极板装入,可起到良好的分隔作用,防止活性物质脱落而造成内部短路,并且使组装工艺简化。

3) 壳体

壳体用于盛装电解液和极板组。壳体由电池槽和盖组成,壳体应耐酸、耐热、耐振动冲击。外壳有橡胶外壳和聚丙烯塑料两种,普遍采用的是塑料外壳,其具有壳壁薄、质量轻、易于热封合、生产效率高等优点。

加液口由加液孔盖封闭,孔盖上设有通气孔,便于排出蓄电池内部气体,防止外壳胀裂,发生事故,如图2-3所示。

4) 电解液

电解液是由密度为1.84 g/cm³ 的纯硫酸和蒸馏水按一定比例配制而成的混合液,电解液的纯度是影响蓄电池的性能和使用寿命的重要因素。工业用硫酸和一般的水中因含有铁、铜等有害杂质,因此绝对不能加入蓄电池,否则容易自放电和损坏极板。在20 ℃标准温度下,电解液的密度一般为1.24~1.31 g/cm³。电解

图2-3 加液孔盖

液的密度高低对蓄电池的性能和寿命有很大的影响。使用中需要根据地区、气候条件和制造厂商的要求而定。

注意点:

(1) 电解液的配制应严格选用二级专用纯硫酸和蒸馏水。工业用硫酸和一般的水中含有铁、铜等有害杂质会增加自放电和损坏极板,不能用于蓄电池。

(2) 电解液的相对密度应按使用地区温度的不同而进行配制。在20 ℃时,电解液的密度一般为1.24~1.31 g/cm³。

5）联条

联条的作用是将单格蓄电池串联起来，提高整个蓄电池的端电压。单格电池的串联方法一般有传统外露式、穿壁式和跨越式三种。

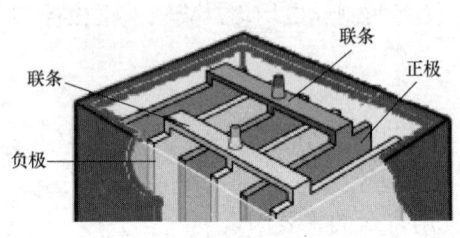

早期的蓄电池大多采用传统外露式铅联条连接方式。新型蓄电池则采用穿壁式或跨越式连接方式，如图2-4所示。

6）极柱

极柱是蓄电池电极的接线柱，用来与外部电路接线。

图2-4 联条

蓄电池的极柱上一般都标有"+""-"记号或正极柱上涂有红色标记，一般正极柱比负极柱粗。使用过的蓄电池正极柱呈深棕色，负极柱呈淡灰色。

2. 蓄电池的型号

JB/T 2599—2012《铅酸蓄电池名称、型号编制及命名办法》规定，我国蓄电池型号由三部分组成：

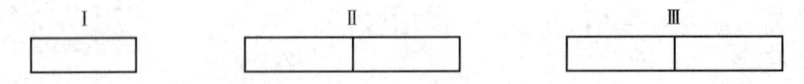

Ⅰ　　　Ⅱ　　　Ⅲ

第Ⅰ部分表示串联的单格电池数，用阿拉伯数字表示，蓄电池的标准电压是该数字的2倍。

第Ⅱ部分表示电池用途、结构特征代号，用两个汉语拼音字母表示，第一个字母为"Q"表示起动型铅蓄电池，第二个字母表示电池结构特征。例如，干荷蓄电池用"A"表示；湿荷蓄电池用"H"表示；免维护蓄电池用"W"表示。

第Ⅲ部分表示标准规定的额定容量，指20 h率额定容量，用阿拉伯数字表示，单位为A·h，单位略去不写。在其后用一个字母表示特殊性能，例如，高起动率用"G"表示；塑料槽用"S"表示；低温起动性好用"D"表示。省略时表示普通型蓄电池。

型号举例：

（1）6-QA-100：表示该电池由6个单格串联组成，是额定电压为12 V，额定容量为100 A·h的干荷电式起动型蓄电池。

（2）6-QAW-100：表示由6个单格串联，是额定电压为12 V、额定容量为100 A·h的起动型干荷电免维护蓄电池。

（3）6-QA-105G：表示由6个单格串联，是额定电压为12 V、额定容量为105 A·h的起动用干荷电高起动率蓄电池。

注意点：

（1）蓄电池的型号一般都标注在外壳上。选用汽车蓄电池时，首先要选起动类型，然后再选电压和容量。

（2）电压必须和汽车电气系统的额定电压一致。

(3) 容量必须满足汽车起动的要求。

2.1.4 蓄电池的工作原理

蓄电池的工作过程就是化学能与电能的转换过程。放电时将化学能转换为电能供用电设备使用；充电时则将电能转换为化学能储存起来。

蓄电池的化学反应方程式为

$$PbO_2 + 2H_2SO_4 + Pb \underset{充电}{\overset{放电}{\rightleftharpoons}} PbSO_4 + 2H_2O + PbSO_4$$

　　正极板　电解液　负极板　　　正极板　电解液　负极板

1. 放电过程

蓄电池的正、负极板浸入电解液中，极板上的活性介质与电解液相互作用，在正负极板间就会产生电动势。若将蓄电池与用电设备相连，电池内部发生化学反应。极板上的 Pb 和 PbO_2 转变为 $PbSO_4$，电解液中 H_2SO_4 不断减少，H_2O 增多，电解液密度下降，蓄电池电压降低，电池内阻增加，容量减少。蓄电池的化学能转换成电能。

2. 充电过程

将直流电源的正负极连接蓄电池正、负极，且直流电源电压高于蓄电池电压，电流从蓄电池正极流入、负极流出，电池内部发生化学反应。极板上的 $PbSO_4$ 转变为 Pb 和 PbO_2，极板上的活性介质增多，电解液中 H_2SO_4 增多，H_2O 减少，电解液密度上升，电池电压升高，电池内阻减少，容量增多。蓄电池将电能转换成化学能。

1. 蓄电池的正确使用与维护

(1) 尽量避免大电流放电和充电。
(2) 充电系统充电电压不能过高。
(3) 大电流放电时间不宜过长。汽车起动时，每次起动时间不超过 5 s。
(4) 及时、正确充电。尽量避免蓄电池过放电和长期处于欠充电状态下工作。
(5) 蓄电池应定期补充充电。
(6) 要保持蓄电池外部的清洁，以防造成自放电。
(7) 保持加液孔盖上通气孔的畅通。
(8) 根据季节的变化调节电解液密度，防止冬季电解液结冰。
(9) 经常检查电解液高度，如不足，应补充原电解液或蒸馏水。

2. 蓄电池的拆装

(1) 从汽车上拆卸蓄电池时，应先拆搭铁电缆，后拆起动机电缆。取下电池时应小心轻放。

（2）往车上装蓄电池时，应认清正、负极，保持负极搭铁。应先接起动机电缆，再接搭铁电缆，以防扳手搭铁引起强烈火花。

（3）安装电缆端子时，应先用细砂纸或专用清洁器清洁接线柱及电缆端子。

3．蓄电池的检测

1）外部检查

（1）检查蓄电池封胶有无开裂和损坏，极柱有无破损，壳体有无泄漏，若有，应修复或更换。

（2）用温水清洗蓄电池外部的灰尘泥污，再用碱水清洗。

（3）疏通加液孔盖通气孔，用钢丝刷或极柱接头清洗器除去极柱和接头的氧化物并涂一层薄薄的工业凡士林或润滑脂。

2）开路电压的检测

若蓄电池刚充过电或车辆刚行驶过，应接通前照灯远光 30 s，消除"表面充电"现象，然后熄灭前照灯，切断所有负载，用万用表测量蓄电池的开路电压，根据表 2-2 判断放电程度。

表 2-2 蓄电池电压与放电程度对照表

蓄电池开路端电压/V	≥12.6	12.4	12.2	12.0	≤11.7
高率放电计检测蓄电池电压/V	11.6~10.6	9.6~10.6			≤9.6
高率放电计（100 A）检测单格电压/V	1.7~1.8	1.6~1.7	1.5~1.6	1.4~1.5	1.3~1.4
放电程度/%	0	25	50	75	100

3）电解液液面高度检测

（1）目测。

电解液液面应在蓄电池外壳高、低水平线之间，如图 2-5（a）所示。

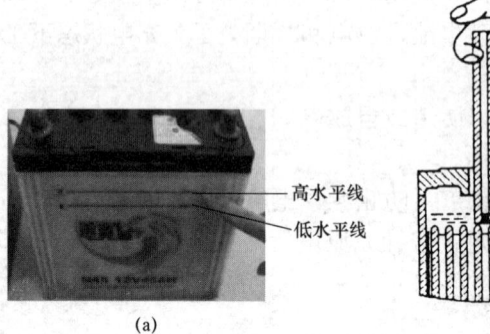

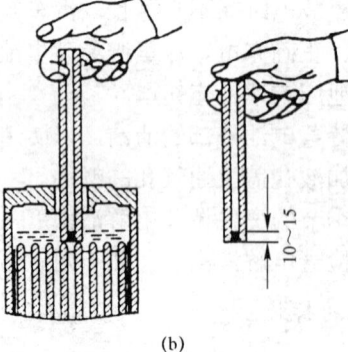

图 2-5 检测电解液液面高度

（a）目测；（b）玻璃管测量

（2）用玻璃管测量。

如图2-5（b）所示，用玻璃管检测电解液液面高度。要求液面高出隔板上沿10～15 mm。对于半透明式蓄电池，液面应位于最高和最低液面标记之间。液面过低时，应补加蒸馏水；液面过高时，应用密度计吸出部分电解液。

4）电解液密度检测

（1）用密度计测量电解液密度。

如图2-6所示，用密度计测量相对密度，根据表2-3判断放电程度。对于免维护蓄电池多数均设有内装式密度计（充电状态指示器），根据指示器的颜色判定充电状态。绿色表示存电充足不需要充电；当变为黑色和深绿色时，说明存电不足，应予以充电；当显示浅黄色或者无色透明时，则必须更换蓄电池。

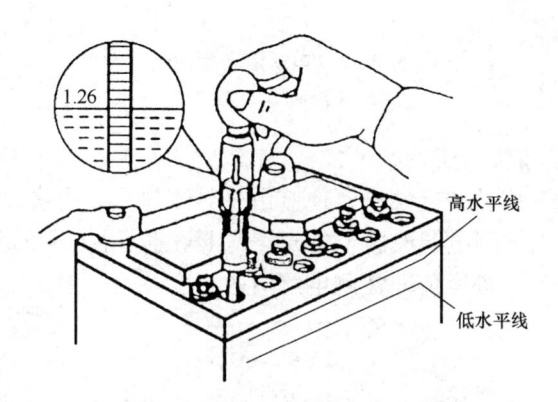

图2-6 密度计检测电解液密度

表2-3 电解液相对密度　　　　　　　　　　　　　（单位：g/cm³）

气温	充足电时电解液相对密度	放电时电解液相对密度			
		放电25%	放电50%	放电75%	全放电
冬季气温低于-40 ℃地区	1.31	1.27	1.23	1.19	1.15
冬季气温高于-40 ℃地区	1.29	1.25	1.21	1.17	1.13
冬季气温高于-20 ℃地区	1.27	1.23	1.19	1.15	1.11
冬季气温高于0 ℃地区	1.24	1.20	1.16	1.12	1.09

表2-3中相对密度值是指温度为25 ℃时的值，环境温度每升高1 ℃，应在测得的密度计上加0.000 7，每降低1 ℃则应减0.000 7。

（2）用折射仪测量电解液密度。

测量方法（见图2-7）：

① 用柔软的绒布将折射仪盖板及棱镜表面擦干净，将棱镜对准光亮方向，调剂目镜视度环，直到标线清晰。

折射仪检测电解液密度

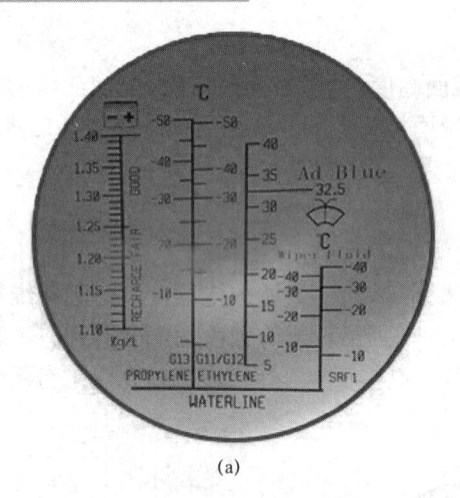

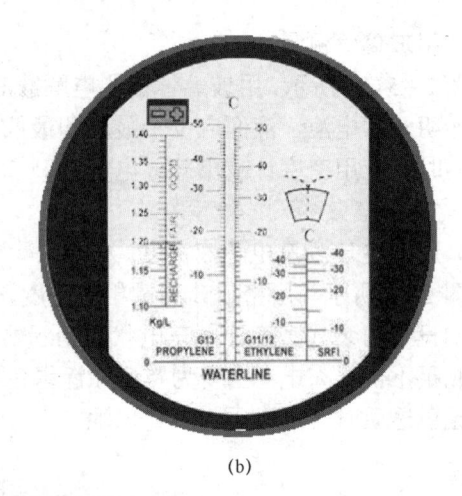

图 2-7 电解液密度检测

(a) 未测试；(b) 检测时

② 调整基准：取标准液（纯净水）2～3 滴滴于折光棱镜上，用手轻压平盖板，通过目镜看到一条蓝白分界线。旋转校准螺栓，使蓝白分界线与基准线重合。

③ 测量：取 2～3 滴被测电解液滴于折光棱镜上，盖上盖板轻按压平，然后通过目镜读取蓝白分界线的相对刻度，刻度值即被测电解液的密度。

5）负荷试验检测

（1）高率放电计测试。

对于只能检测单格电池电压的普通高率放电计（见图 2-8），测量时将两个叉尖紧压在单格电池的正负极柱上，若电压稳定，根据表 2-2 判断放电程度；若在 5 s 内电压迅速下降，或某一单格电池比其他单格要低 0.1 V 以上时，则表示有故障。

高率放电计测蓄电池存电量

对于新式 12 V 高率放电计（见图 2-9），将两放电针压在蓄电池正负极柱上，保持 15 s，若电压稳定，根据表 2-2 判断放电程度；若电压迅速下降，说明蓄电池已损坏。

图 2-8 普通高率放电计

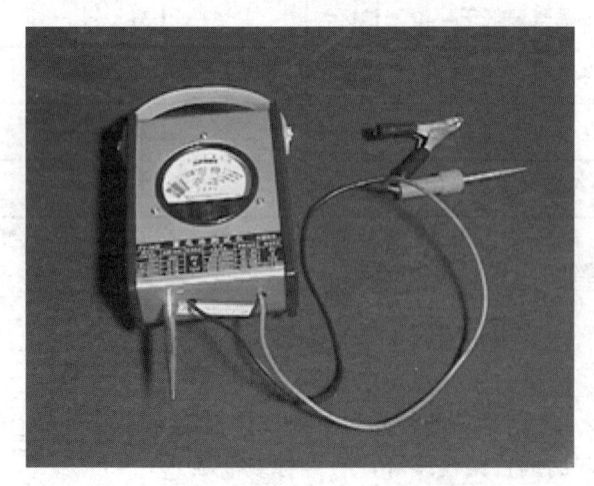

图 2-9 新式 12 V 高率放电计

（2）车上起动测试。

将万用表接在蓄电池正负极柱上，接通起动机 15 s，电压应不低于 9.6 V。

任务 2.2　蓄电池的充电与故障诊断

相关知识

2.2.1　蓄电池的充电

蓄电池充电作业是保证其在整个使用过程中技术性能良好、延长使用寿命的一个重要环节。新蓄电池和修复后的蓄电池在首次使用前必须进行初充电；蓄电池在正常使用过程中为了保持一定容量，延长其使用寿命，还要进行一些必要的补充充电、预防硫化间隙的过充电等。

1. 蓄电池的充电方法

1）定流充电

在蓄电池充电过程中，充电电流保持不变（通过调整电压，保证电流不变）的充电方法。定流充电接线法如图 2-10 所示。

蓄电池的充电方法

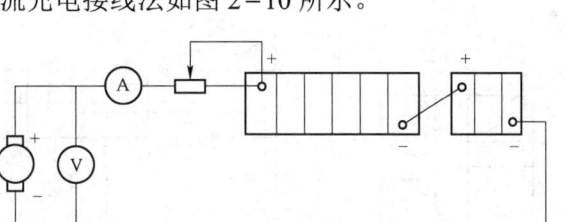

图 2-10　定流充电接线法

定流充电的特点：

（1）充电电流可任意选择，有益于延长蓄电池寿命。

（2）既可减少活性物质脱落，又能保证蓄电池充满电。

（3）充电时间长，需要经常调节充电电流（初充电需 60~70 h，补充充电需 10~13 h）。

应用：新蓄电池的初充电、使用中的蓄电池补充充电和去硫化充电。

注意点：

（1）采用定流充电时，被充电的蓄电池（无论额定电压是否相同）可多只串联在一起。可串联蓄电池单格总数和电池只数为

$$蓄电池单格总数 = 充电机的额定充电电压/2.7$$

（2）所串联的蓄电池最好容量相同，否则充电电流的大小必须按照容量最小的蓄电池来选定，而容量大的蓄电池则充电太慢。

2）定压充电

定压充电是在蓄电池充电过程中，充电电压始终保持不变的充电方法。这是蓄电池在汽车上由发电机对其充电的方法。定压充电接线法如图2-11所示。

定压充电的特点：

（1）充电速度快，充电时间短。

（2）充电电流I_C会随着电动势E的上升而逐渐减小到零，使充电自动停止，不必人工调整和照管。

（3）充电电流的大小不能调整，不能保证蓄电池彻底充足电，不能用于初充电、去硫化充电。

应用：广泛应用于蓄电池的补充充电以及蓄电池在汽车上使用时的充电。

注意点：

（1）采用定压充电时，要选择好充电电压。

一般每单体电池的充电电压约需2.5 V。12 V的蓄电池充电，充电电源的电压应为15 V。

（2）采用定压充电时，多只被充电的蓄电池必须并联在一起，并联蓄电池的数目必须按充电设备的最大输出电流决定。

（3）要求所有充电的蓄电池额定电压相同。

3）脉冲快速充电

以脉冲大电流充电来实现快速充电的方法。快速充电的电流波形如图2-12所示。

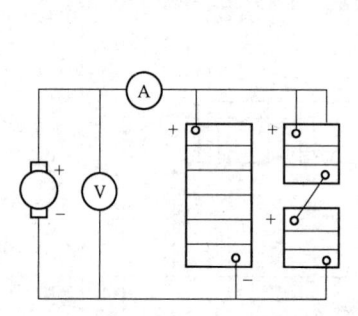

图2-11 定压充电接线法

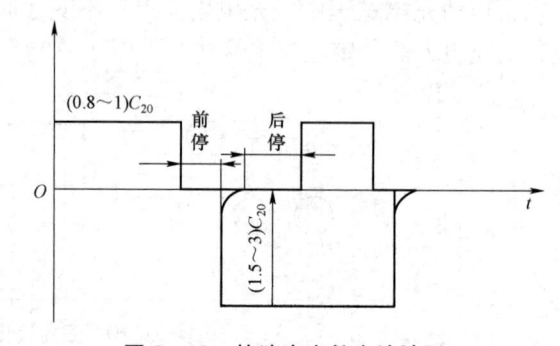

图2-12 快速充电的电流波形

脉冲快速充电的过程：

（1）充电初期用大电流恒流充电$I_C=$（0.8~1）C_{20}至单池电压升至2.4 V。

（2）前停充15~25 ms。

（3）反向脉冲充电$I_C=$（1.5~2.0）C_{20}，$t=$150~1 000 μs。

（4）后停充25~40 ms，如此循环，直至充足电。

脉冲快速充电的特点：

（1）充电时间短，空气污染小。

一般初充电时间不超过5 h，补充充电时间不超过1 h。

（2）可增加蓄电池的容量，节约电能。

新蓄电池采用脉冲快速充电进行初充电后不必放电即可使用。

(3) 具有显著的去硫化作用。
(4) 活性物质易脱落，输出容量低，能量转化率低，影响蓄电池的使用寿命。
(5) 脉冲充电机价格高，使用性能有待进一步改进。

应用：一般用于蓄电池集中充电或频繁、应急使用。

4）智能快速充电

利用单片机的智能功能，控制充电电流按照最佳充电电流变化而实现快速充电的方法。

2. 充电设备

车上的充电设备为交流发电机。

充电专用设备有：可控硅整流充电机、硅整流充电机、脉冲快速充电机、智能充电机等，如图2-13所示。

图2-13 充电设备

2.2.2 蓄电池常见故障及其排除方法

蓄电池常见故障包括外部故障和内部故障。

外部故障：外壳裂纹、极柱腐蚀、极柱松动、封胶干裂。

内部故障：极板硫化、活性物质脱落、蓄电池反接、极板短路、自放电。

1. 极板硫化

蓄电池长期充电不足或放电后长时间未充电，极板上会生成一层白色的粗晶粒硫酸铅，这种现象称为"硫酸铅硬化"，简称"硫化"。这种粗而坚硬的硫酸铅晶粒导电性差、体积大，会堵塞活性物质的孔隙，阻碍电解液的渗透和扩散，使蓄电池的内阻增加，起动时不能供给足够的起动电流。

1）故障现象

(1) 放电时，内阻大，电压急剧下降，容量降低，不能持续供给起动电流。
(2) 充电时，单格电压上升快，电解液温度迅速升高，但密度增加很慢。
(3) 蓄电池在充电时过早出现"沸腾"现象，甚至一开始就有气泡。
(4) 极板上有白色大颗粒。

2）故障原因

(1) 蓄电池长期充电不足或放完电后未及时充电。

（2）蓄电池经常过量放电或小电流深度放电。
（3）电解液液面过低。
（4）电解液不纯。
（5）电解液相对密度过高或外部气温变化剧烈。

3）故障排除

（1）轻度硫化的蓄电池，用 2～3 A 的小电流长时间充电，或采用全放、全充的充、放电循环的方法使活性物质还原。
（2）硫化较严重的蓄电池，用去硫充电的方法消除硫化。
（3）硫化严重的蓄电池，应更换极板或报废。

4）预防措施

（1）蓄电池应经常处于充足电的状态。
（2）放完电的蓄电池应及时进行补充充电。
（3）电解液的相对密度应满足要求。
（4）电解液液面高度应符合规定。

2. 自行放电

充足电的蓄电池，在放置不用时，电能自行消耗而逐渐失去电量的现象，称为自行放电。蓄电池的自行放电是不可避免的。

1）故障现象

充足电的蓄电池每昼夜容量降低超过 2%。

2）故障原因

（1）蓄电池外部短路——表面有电解液渗漏，连接正、负极柱导电。
（2）蓄电池内部短路——极板活性物质大量脱落，沉积于极板下部，使蓄电池正、负极板短路。
（3）电解液不纯，杂质含量过多。
（4）蓄电池长期放置不用，电解液密度下大上小，极板上下部产生电位差。

3）处理方法

将蓄电池完全放电，倒出电解液，取出极板组，抽出隔板，用蒸馏水冲洗之后重新组装，加入新的电解液。

4）预防措施

（1）电解液的配制符合规定要求。
（2）电解液液面不能过高。
（3）保持蓄电池表面的清洁干燥。

3. 极板短路

1）故障现象

（1）充电过程中，蓄电池电压、电解液相对密度上升缓慢，电解液温度却迅速升高。
（2）充电末期，气泡很少。
（3）大电流放电时端电压迅速下降，甚至为零。

2）故障原因

（1）隔板损坏，使正、负极板相接触而短路。

（2）活性物质大量脱落，在蓄电池底部沉积过多、金属导电物落入正、负极板之间，造成蓄电池内部极板短路。

3）处理方法

拆开蓄电池，必须查明原因，进行排除。

4. 极板活性物质脱落

活性物质脱落主要是指正极板上的 PbO_2 脱落，这是蓄电池过早损坏的原因之一。

1）故障现象

（1）充电时，电解液混浊，有棕褐色物质自底部上升。

（2）蓄电池容量下降，严重时导致极板短路。

2）故障原因

（1）充电电流过大。

（2）过充时间过长→电解水→产生 $H_2\uparrow$ 和 $O_2\uparrow$→冲击极板上的活性物质。

（3）低温大电流放电，造成极板拱曲。

（4）蓄电池受到剧烈振动。

3）处理方法

（1）不严重时，自行放电。

（2）严重时，更换极板或报废。

5. 蓄电池反接

1）故障现象

（1）蓄电池组电压下降、容量下降。

（2）极板、极柱颜色异常。

2）故障原因

（1）多个蓄电池串联使用时，个别蓄电池或蓄电池单格的容量比其他蓄电池低。

（2）充电时，充电机与蓄电池接线错误。

3）处理方法

对反接蓄电池单独充电并进行多次充、放电循环锻炼充电。

任务实施

1. 蓄电池的充电

1）充电注意事项

（1）严格遵守各种充电方法的充电规范。

（2）将充电机与蓄电池连接充电时，应将蓄电池的正、负极对应地和充电机的正、负极相连。蓄电池的极柱上一般都标有"＋""－"记号。

（3）充电时，导线必须连接可靠，充电时应先接牢电池线，再打开充电机的电源开关。停止充电时应先切断电源，再拆下电池线。

（4）充电过程中，要密切观察各单格电池的电压和密度变化，及时判断其充电程度和技术状况。

（5）在室内充电时，打开蓄电池加液孔盖，使气体顺利逸出，以免发生事故。室内要安装通风装置，并要严禁明火。

2）蓄电池的充电作业

（1）连接充电机和蓄电池。

（2）打开蓄电池加液孔盖。

（3）选择充电电压和充电电流。

（4）打开充电机的电源开关，进行充电。

2. 蓄电池的帮电

当车上蓄电池电量不足不能起动发动机时，可以用另一块蓄电池并联帮电来起动发动机。两块蓄电池需正极与正极相连，负极与负极相连，如图2-14所示。

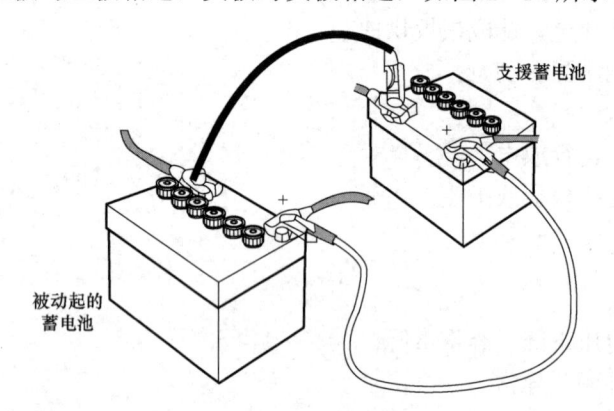

图2-14 蓄电池的帮电

知识拓展

1. 免维护蓄电池

免维护蓄电池也叫MF蓄电池，是现代汽车上广泛使用的一种新型蓄电池。

1）免维护蓄电池的结构特点

（1）极板栅架采用低锑合金或铅钙锡合金材料制成，以消除锑的副作用。

（2）隔板采用袋式聚氯乙烯隔板。将正极板装在隔板袋内，既能避免活性物质脱落，又能防止极板短路，延长补充充电期限。

（3）外壳用聚丙烯塑料热压而成，槽底没有筋条，极板组直接安放在蓄电池底部，使极板上部容积增大33%左右，电解液储存量增大。

（4）采用新型安全通气装置和气体收集器。通气孔塞采用新型安全通气装置，孔塞内装有氧化铝过滤器和催化剂钯,能阻止水蒸气和硫酸气体通过,并能促使氢氧离子结合生成水再回到蓄电池内部,从而减少水的消耗,因而可以使用3~4年而不必补加蒸馏水。

(5) 单格电池间的极板组的联条采用穿壁式连接,减小了内阻。

(6) 内装密度计。有些免维护蓄电池在内部装有一支相对密度计,俗称"电眼",可以自动显示蓄电池的存电状态和电解液的液面高低,如图2-15所示。

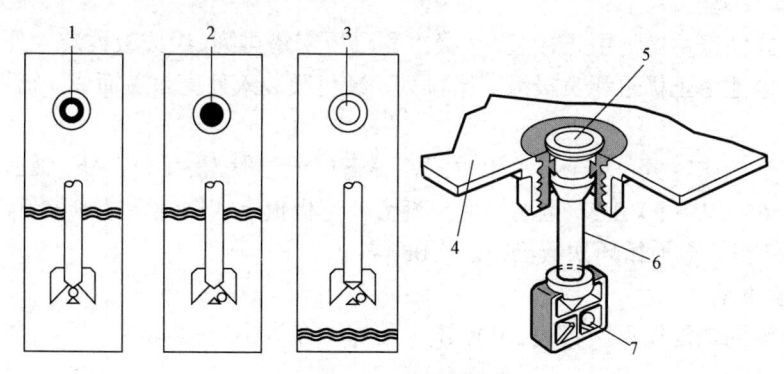

图2-15 相对密度计

1—绿色(电量充足);2—黑色(电量偏低);3—浅黄色(蓄电池有故障);4—蓄电池盖;
5—观察窗;6—光学的荷电状况指示器;7—绿色小球

2) 免维护蓄电池的优点

(1) 使用中不需加水。
(2) 自放电少。
(3) 耐过充电性能好。
(4) 使用寿命长。

2. 干荷蓄电池

极板处于干燥的已充电状态和无电解液储存的蓄电池。干荷蓄电池加足电解液后,静放20~30 min即可使用。

干荷蓄电池的工艺特点:

(1) 提高了负极板上的海绵状纯铅的憎水性和抗氧化性;
(2) 在负极板的铅膏中加入抗氧化剂;
(3) 在化成过程中,有一次深度放电或反复充、放电循环;
(4) 负极板在化成过程中进行水洗和浸渍;
(5) 正负极板和隔板用特殊工艺干燥处理。

3. 胶体电解质蓄电池

在胶体电解质蓄电池中,电解质是经过净化的硅酸钠溶液与硫酸水溶液混合后凝结成的稠状胶体物质。

其优点是:电解液不会溅出;在使用维护和运输中,活性物质不易脱落;可延长使用寿命的20%;使用中无须调整密度,只需添加蒸馏水。

其缺点是:胶体电解质电阻较大,内阻增加,容量降低;与极板接触不均匀,自放电较严重。

4. 碱性蓄电池

碱性蓄电池具有质量轻、自放电少的优点，不会因过充电或过放电而造成活性物质的钝化。但是碱性蓄电池活性物质的导电性差，且价格比较高。

1）铁镍蓄电池

有极板盒式铁镍蓄电池由正极组、负极组和隔板交错排列，组成板群装入外壳封底而成。烧结式铁镍蓄电池由正极组和负极组交错排列，经包膜装入外壳封盖而成。正极板和负极板经浸渍而成。

铁镍蓄电池的比容量，对于有极板盒式铁镍蓄电池一般为 30（W·h）/kg，对于烧结式铁镍蓄电池为 65（W·h）/kg。电池的使用寿命：有极板盒式铁镍蓄电池大负荷工作时间为 8 年，烧结式铁镍蓄电池循环次数已超过 1 000 次。

2）镉镍蓄电池

镉镍蓄电池的电池循环次数达 2 000 次，使用寿命为 10～20 年。

使用注意事项：

（1）使用前应先充电，充电时应定时测量电池电压，充电终止时电压不得高于 1.6 V，以免引起爆炸。镉镍电池的标准电动势为 1.33 V，工作电压为 1.20～1.25 V，放电终止电压为 1.0 V。

镉镍电池充电时的环境温度应保持在 15～35 ℃，否则会影响电池的容量和寿命。

（2）电池电解液是 KOH 的水溶液，其只传导电流，浓度基本不变，不能根据电解液密度的大小来判断电池充放电程度。

（3）电池长期储存后，使用之前要先以 10 h 率充电 14～16 h，再以 5 h 率放电至单个电池电压 1.0 V，充放电循环 2～3 次，至放电容量达额定值后再充电使用。

（4）电池使用期限接近规定寿命时，如果电池底部、外壳及电池盖有鼓胀现象，应予以报废。

3）锌银蓄电池

锌银蓄电池的额定电压为 1.5 V，工作电压为 1.7～1.8 V，充电终止电压为 2.00～2.05 V，放电终止电压为 1.0 V。比容量可达 100～150（W·h）/kg。

使用注意事项：

（1）储存的干式放电状态的电池使用时，应先进行 1～2 次充、放电循环使电池活化。电池充电时应采用定流充电法，充电电流为 10 h 率电流。应定时测量电池电压，充电终止电压为 2.00～2.05 V，不得高于 2.1 V，以免引起爆炸。

（2）单格电池开路电压应为 1.82～1.86 V，若使用中低于 1.82 V，可能使充电不足或电池高涨。

（3）充电后的湿荷电池，存放时间在一个月内的，可随时使用，如超过一个月应先放电再充电后使用。

（4）严禁过放电，若个别单格电池电压提前降至 1.0 V，应及时查明原因。

5. 电动汽车蓄电池

电动汽车使用的蓄电池应符合以下要求：寿命长、比容量高、质量小和充放电性能好。

1）钠硫电池

钠硫电池的理论比容量可达 760（W·h）/kg，实际已达到 300（W·h）/kg，且充电持续里程长，循环寿命长。

负极的反应物质是熔融的钠，在负极腔内；正极的反应物质是熔融的硫，在正极腔内。正极和负极之间用 $\alpha-Al_2O_3$ 电绝缘体密封。正极腔和负极腔之间有 $\beta-NaAl_{11}O_{17}$ 陶瓷管电解质。电解质只能自由传导离子，而对电子是绝缘体。当外电路接通时，负极不断产生钠离子并放出电子，电子通过外电路移向正极，而钠离子通过 $\beta-NaAl_{11}O_{17}$ 电解质和正极的反应物质生成钠的硫化物。

2）燃料电池

燃料电池是一种将化学能直接转化为电能的装置，它的正极是氧电极，负极是氢或碳氢化合物或乙醇等燃料电极。催化剂在正极催化氧的还原反应，从外电路向氧电极反应部位传导电子；在负极催化燃料的氧化反应，从反应部位向外电路传导电子；电解液输送燃料电极和氧电极反应产生的离子，并且阻止电子的传递。电子通过外电路做功，并形成电的回路。只要燃料和氧不断地从装置外部供给电池，就有放电产物不断地从装置向外排出。

3）锌-空气电池

锌-空气电池是一种高能、高功率电化学电池，比容量可达 400（W·h）/kg。充电状态时正极是空气电极，活性物质是空气中的氧。负极是多孔锌电极，电解液为 KOH 的水溶液。

6. 比亚迪秦电池系统

1）比亚迪秦的低压系统

比亚迪秦的低压系统由三个电源共同提供，分别为：12 V 铁电池、DC-DC、发电机。其安装位置如图 2-16 所示，外形如图 2-17 所示。

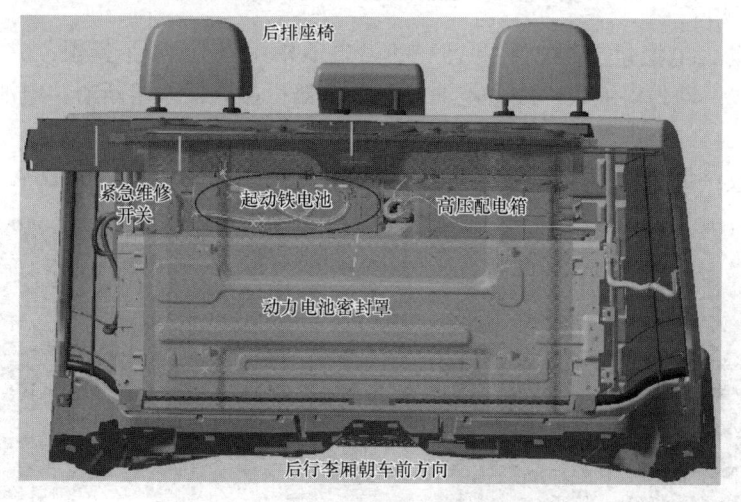

图 2-16 比亚迪秦低压电池安装位置

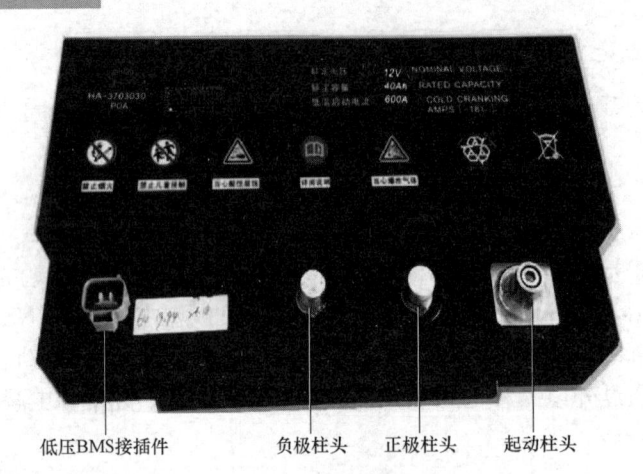

图 2-17 比亚迪秦低压电池

2）比亚迪秦动力电池包

比亚迪秦动力电池包安装在后排座椅与行李厢之间，如图 2-18 所示。

图 2-18 比亚迪秦动力电池包安装位置

比亚迪秦动力电池包的组成主要有：动力电池模组（分 10 个模组，共 152 个单体）；动力电池串联线；动力电池采样线；电池信息采集器；接触器、熔断器；电池包护板等，如图 2-19 所示。

其主要参数：每个单体 3.3 V；电池包标称电压 501.6 V；标称容量 26 A·h。

图 2-19 比亚迪秦动力电池包

课 后 思 考

一、判断题

1. 隔板的主要作用是防止正、负极板短路。（　　）
2. 配制电解液时，应将蒸馏水缓慢地倒入硫酸中去。（　　）
3. 蓄电池电解液不足，在无蒸馏水时，可暂用自来水代替。（　　）
4. 根据蓄电池电解液密度的变化，可以判断其放电程度。（　　）
5. 初充电的特点是充电电流较大，充电时间较短。（　　）
6. 必须用交流电源对蓄电池进行充电。（　　）
7. 当蓄电池极板上出现一层白色的大颗粒坚硬层时，可以断定这是蓄电池极板被硫化的结果。（　　）
8. 无须维护蓄电池主要是指在使用过程中不需要进行充电。（　　）

二、选择题

1. 汽车蓄电池在放电时，是（　　）。
   A. 电能转变为化学能　　　　　　B. 化学能转变为电能
   C. 电能转变为机械能　　　　　　D. 机械能转变为电能
2. 电解液液面高度低于规定标准时，应补加（　　）。
   A. 电解液　　　B. 稀硫酸　　　C. 蒸馏水　　　D. 自来水
3. 拆卸蓄电池时应先断开（　　）。
   A. 蓄电池正极　　　B. 蓄电池负极　　　C. 蓄电池正、负极都可以
4. 汽车上的发电机对蓄电池的充电为（　　）充电。
   A. 定电压　　　B. 定电流　　　C. 脉冲快速
5. 蓄电池初充电应采用（　　）。
   A. 定电压　　　B. 定电流　　　C. 脉冲快速
6. 轻度硫化的蓄电池，可采用（　　），使活性介质还原。
   A. 定电压　　　B. 大电流充电　　　C. 小电流长时间充电

三、简答题

1. 简述蓄电池结构及其功用。
2. 简述汽车对蓄电池的要求。
3. 简述各种充电种类的特点。
4. 简述蓄电池的常见故障。

项目 3　交流发电机的检修

学习目标

1. 了解交流发电机的功用、分类。
2. 掌握交流发电机的结构、工作原理。
3. 掌握交流发电机的检测方法。
4. 掌握汽车充电系统的组成、电路及检测维修方法。
5. 了解电压调节器的功用、分类及工作原理。
6. 掌握电压调节器的检测方法。
7. 了解新型发电机。

任务引入

一辆帕萨特汽车，在发动机运转时，充电指示灯不亮，蓄电池亏电。关闭发动机，将点火开关置于"ON"挡，充电指示灯也不亮。要求对该车的电源系统进行检测，查出故障原因并进行修复。

要准确排除故障，须了解交流发电机的组成结构及工作原理，知道发电机的检测及维修方法以及电源系统的基本构成、常见故障、可能的故障原因及诊断流程。

任务 3.1　交流发电机及电压调节器维护与检修

相关知识

发电机的功能分类和型号

3.1.1　发电机的功用

发电机是汽车电气设备的主电源，由汽车发动机驱动，蓄电池是辅助电源。当点火开关在起动位置时，蓄电池提供起动时所需的电力，发动机起动后，发电机给车上电气装置供电，并向蓄电池充电，以补充蓄电池在使用中所消耗的电能。发电机在车上的位置如图 3-1 所示。

图 3-1 发电机在车上的位置

3.1.2 发电机的分类

汽车用发电机可分为直流发电机和交流发电机,由于交流发电机在许多方面优于直流发电机,直流发电机已被淘汰,目前所有汽车均采用交流发电机。

交流发电机有以下几类分类方法:

1. 按总体结构分类

(1) 普通交流发电机(外装电压调节器式):无特殊装置、无特殊功能的汽车交流发电机。外装电压调节器式交流发电机在载货汽车和大型客车上应用较普遍。

(2) 整体式交流发电机(内装电压调节器式):内装电压调节器式交流发电机多用于轿车。

(3) 带泵交流发电机:带真空制动助力泵的交流发电机。带泵交流发电机多用于柴油车。

(4) 无刷交流发电机:没有电刷和滑环结构的交流发电机。

(5) 永磁交流发电机:转子磁极采用永磁材料的交流发电机。

2. 按磁场绕组搭铁方式分类

(1) 内搭铁型交流发电机。

磁场绕组的一端引出来,与发电机外壳绝缘,另一端与发电机外壳相连。

(2) 外搭铁型交流发电机。

磁场绕组的两端都和发电机外壳绝缘,通过调节器搭铁。

3. 按装用的二极管数量分类

(1) 6管交流发电机:其整流器由6只硅二极管组成,这种形式应用最为广泛。

(2) 8管交流发电机:指具有两个中性点二极管的交流发电机,其整流器总成共有8只二极管。

(3) 9管交流发电机:指具有三个磁场二极管的交流发电机,其整流器总成共有9

只二极管。

（4）11 管交流发电机：指具有中性点二极管和磁场二极管的交流发电机，其整流器总成共有 11 只二极管。

3.1.3　交流发电机的型号

根据中华人民共和国汽车行业标准 QC/T 73—1993《汽车电气设备产品型号编制方法》的规定，汽车交流发电机型号组成如下：

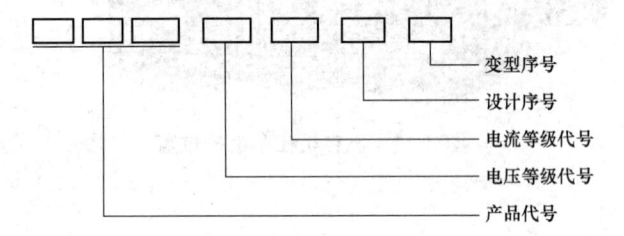

```
□□□ □ □ □ □
          └─ 变型序号
        └─── 设计序号
      └───── 电流等级代号
    └─────── 电压等级代号
└─────────── 产品代号
```

1. 产品代号

产品代号用中文字母表示，其中 J 表示"交"，F 表示"发"，Z 表示"整"，B 表示"泵"，W 表示"无"。

例：JF——普通交流发电机；JFZ——整体式（调节器内置）交流发电机；JFB——带泵的交流发电机；JFW——无刷交流发电机。

2. 电压等级代号

电压等级代号用一位阿拉伯数字表示，例：1 表示 12 V 系统，2 表示 24 V 系统，6 表示 6 V 系统。

3. 电流等级代号

电流等级代号也用一位阿拉伯数字表示，其含义如表 3-1 所示。

表 3-1　电流等级代号

电流等级	1	2	3	4	5	6	7	8	9
电流/A	≤19	20～29	30～39	40～49	50～59	60～69	70～79	80～89	≥90

4. 设计序号

按产品设计的先后顺序，用阿拉伯数字表示，也可能为两位数。

5. 变形代号

交流发电机以调整臂位置作为变形代号，从驱动端看，调整臂在左边用 Z 表示，调整臂在右端用 Y 表示，调整臂在中间不加标记。

例如，桑塔纳、奥迪 100 型轿车用 JFZ1913Z 型交流发电机，表示该发电机是整体式交流发电机,电压等级为 12 V,输出电流大于等于 90 A,设计序号为 l3,调整臂位于左边。JF152 表示交流发电机,其电压等级为 12 V,电流等级为 50~59 A,第二次设计。

注意点:进口发电机不符合上述标准。

3.1.4 交流发电机的结构

交流发电机一般由转子、定子、整流器、端盖、风扇、带轮等组成。JF132 型交流发电机组件如图 3-2 所示。

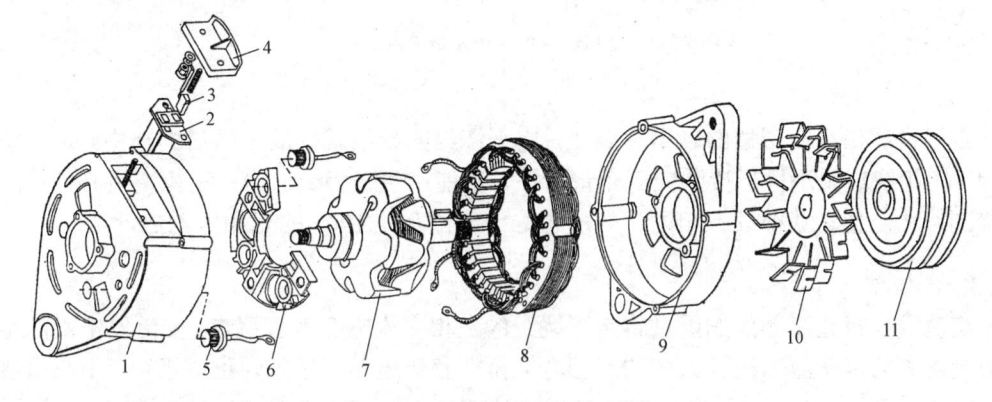

图 3-2 JF132 型交流发电机

1—后端盖;2—电刷;3—电刷架;4—电刷弹簧压盖;5—硅二极管;6—散热板;7—转子;8—定子总成;9—前端盖;10—风扇;11—皮带轮

1. 转子

转子的功用是产生旋转磁场。转子由爪极、磁轭、磁场绕组、集电环、转子轴组成,如图 3-3 所示。

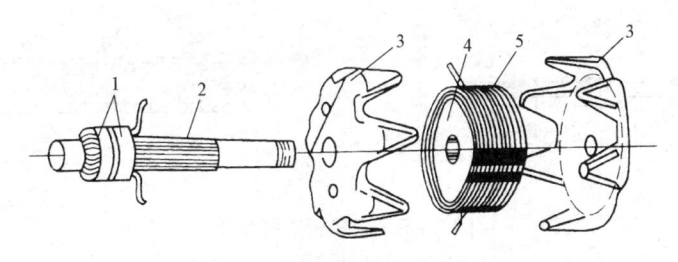

图 3-3 转子

1—集电环;2—转子轴;3—爪极;4—磁轭;5—磁场绕组

转子轴上压装着两块爪极,两块爪极各有六个鸟嘴形磁极,爪极空腔内装有磁场绕组(转子线圈)和磁轭。集电环由两个彼此绝缘的铜环组成,集电环压装在转子轴上并与轴绝缘,两个集电环分别与磁场绕组的两端相连。当两集电环通入直流电时(通过电刷),磁场绕组中就有电流通过,并产生轴向磁通,使爪极一块被磁化为 N 极,另一块被磁化为 S 极,从而形成六对相互交错的磁极。当转子转动时,就形成了旋转的磁场。

2. 定子

定子的功用是产生交流电。定子由定子铁芯和定子绕组组成，如图3-4所示。

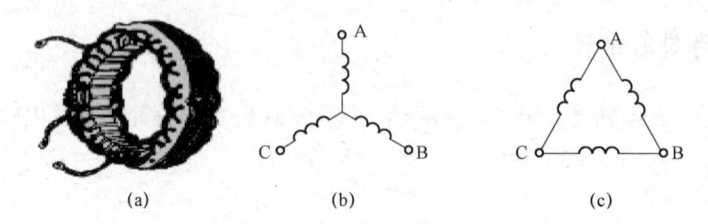

图3-4 定子及线圈接法
（a）定子；（b）星形接法；（c）三角形接法

定子铁芯由内圈带槽的硅钢片叠成，定子绕组的导线就嵌放在铁芯的槽中。定子绕组有三相，三相绕组采用星形接法或三角形接法，都能产生三相交流电。三相绕组必须按一定要求绕制，才能使之获得频率相同、幅值相等、相位互差120°的三相电动势。

3. 整流器

交流发电机整流器的作用是将定子绕组的三相交流电变为直流电，交流发电机的整流器一般是由6只硅整流二极管组成的三相全波桥式整流电路，它分为正二极管（中心引线为正极）和负二极管（中心引线为负极），6只整流管分别压装（或焊装）在两块板上，如图3-5所示。

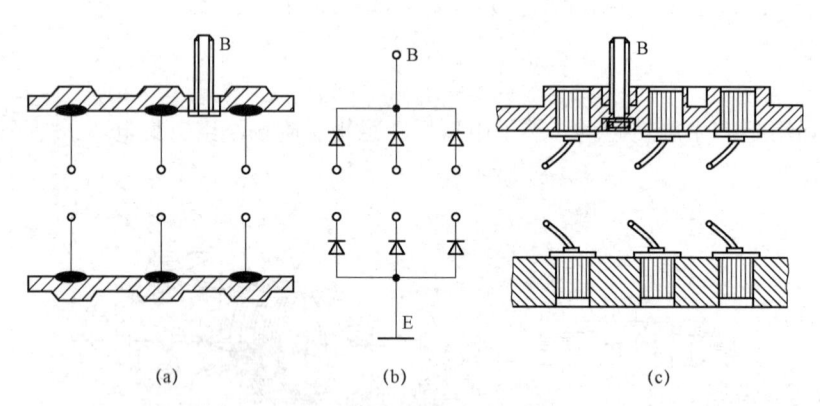

图3-5 二极管安装示意
（a）焊接式；（b）电路图；（c）压装图

在正整流板上有一个输出接线柱 B（发电机的输出端）。负整流板直接搭铁，负整流板和壳体相连接。

4. 端盖

端盖一般分两部分（前端盖和后端盖），起固定转子、定子、整流器和电刷组件的作用。端盖一般用铝合金铸造，一是可有效地防止漏磁，二是铝合金散热性能好。

5. 电刷总成

后端盖上装有电刷组件，由两只电刷、电刷架和电刷弹簧组成，如图 3-6 所示。电刷的作用是将电源通过集电环引入磁场绕组。电刷的材料是石墨。

图 3-6 电刷架的结构

6. 风扇及传动带轮

发电机工作时，风扇对发电机进行强制通风冷却。发电机后端盖上有进风口，前端盖上有出风口。当风扇与皮带轮一起旋转时，空气高速流过发电机内部，从而进行强制通风冷却。

风扇一般用低碳钢板冲压而成，皮带轮一般用铸铁或铝合金铸造而成。

3.1.5 交流发电机工作原理

1. 交流发电机的工作原理（图 3-7）

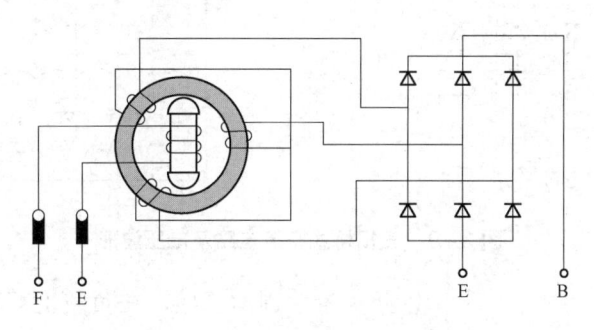

发电机的发电原理与整流原理

图 3-7 交流发电机的工作原理

1）发电原理

（1）在发电机内部有一个由发动机带动的转子（产生旋转磁场），给磁场绕组通直流电，产生磁场使两块爪极磁化，形成 N、S 极交错排列的六对磁极，随转子旋转，形成旋转磁场。

（2）磁场外有定子绕组，绕组有 3 组线圈（3 相绕组），3 相绕组是对称的，彼此相隔 120°。

（3）当转子旋转时，旋转的磁场使固定的定子绕组切割磁力线（或者说使定子绕组中通过的磁通量发生变化）而产生感应电动势。

三相绕组有 Y 形（或星形）、△形接法两种，如图 3-8 所示。

大多数汽车用交流发电机的三相定子绕组采用 Y 形接法，只有少数大功率交流发电机采用△形接法。

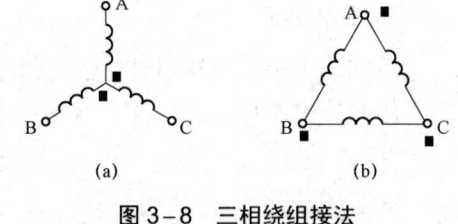

2）整流原理

（1）二极管的导通原则。

① 正极管的导通原则：瞬间正极电位最高者导通。

② 负极管的导通原则：瞬间负极电位最低者导通。

根据上述原则，其整流过程如下：

在 $t_1 \sim t_2$ 时间内，A 相的电位最高，B 相的电位最低，所以对应 VD_1、VD_4 处于正向导通状态，电流从 A 相出发，经 VD_1、负载 R_L、VD_4 回到 B 相构成回路，如图 3-9 所示。此时，发电机的输出电压为 A、B 绕组之间的线电压。

在 $t_2 \sim t_3$ 时间内，A 相的电位最高，而 C 相的电位最低，所以对应 VD_1、VD_6 处于正向导通状态，电流从 A 相出发，经 VD_1、负载 R_L、VD_6 回到 C 相构成回路，如图 3-9 所示。此时，发电机的输出电压为 A、C 绕组之间的线电压。

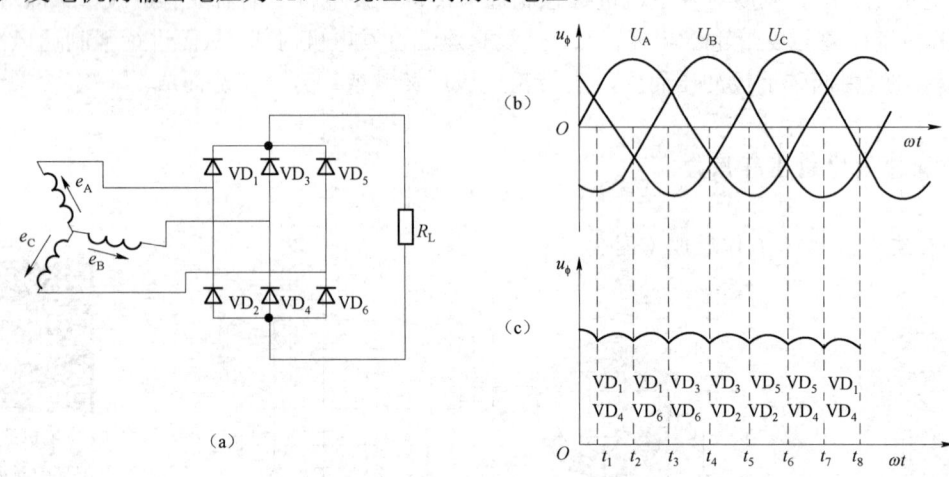

图 3-8 三相绕组接法
（a）Y 形接法；（b）△形接法

图 3-9 三相桥式整流电路及电压波形

以此类推，周而复始，在负载上即可获得一个比较平稳的直流脉冲电压。通过 6 只硅二极管组成的三相桥式全波整流电路，将交流发电机产生的三相正弦交流电整流为直流电。

（2）中性点电压。

在有些交流发电机上，中性点用导线引出，接在中性点接线柱"N"上，如图 3-10 所示。

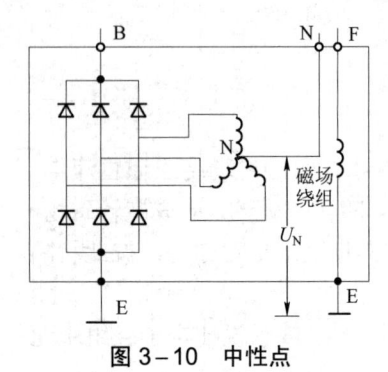

中性点电压 $U_N = U/2$，一般用来控制磁场继电器、充电指示灯继电器。利用中性点二极管的输出可以提高发电机的输出功率。

图 3-10 中性点

（3）多管交流发电机。

① 8管交流发电机，如图3-11所示。

利用中性点的输出来提高发电机的输出功率。实践证明，发电机转速超过2 000 r/min时，其输出功率可提高11%~15%。

② 9管交流发电机，如图3-12所示。

由6只大功率二极管和3只小功率二极管组成。利用3只小功率二极管控制充电指示灯，给磁场绕组供电。

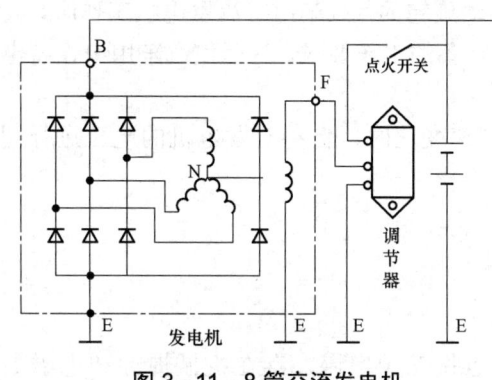

图3-11　8管交流发电机

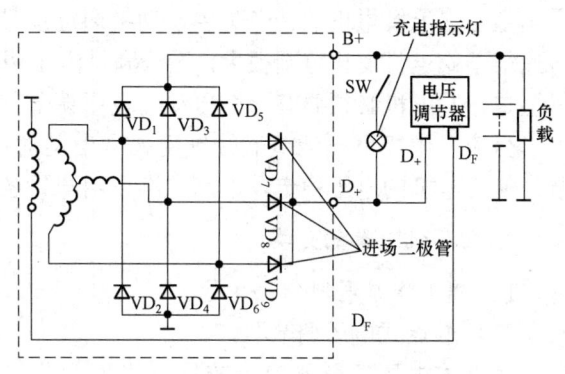

图3-12　9管交流发电机

③ 11管交流发电机，如图3-13所示。

由6只大功率整流二极管、2只大功率中性点二极管和3只小功率磁场二极管组成，兼有8管交流发电机和9管交流发电机的特点和作用。

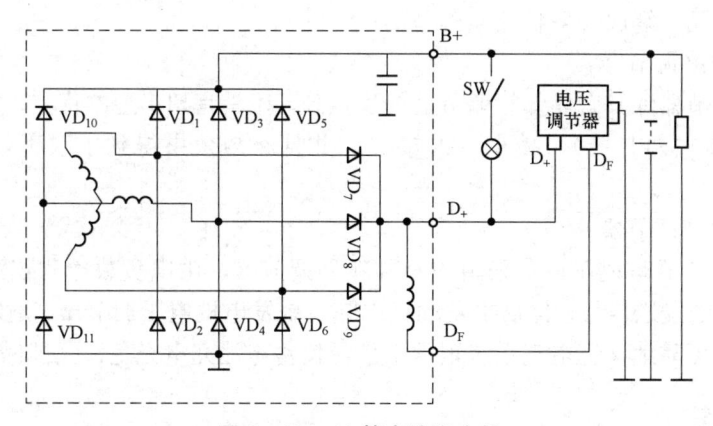

图3-13　11管交流发电机

2. 励磁方式

除了永磁式交流发电机不需要励磁以外，其他形式的交流发电机都需要励磁，因为它们的磁场都是电磁场，也就是说必须给磁场绕组通电才会有磁场产生。

将电源引入到磁场绕组使之产生磁场称为励磁，交流发电机励磁方式有自励和他励两种。

（1）他励（低速运转时）——由蓄电池提供励磁电流以增强磁场。

（2）自励（高速运转，转速在 1 000 r/min 左右时）——励磁电流由发电机自身供给。

3.1.6 交流发电机的电压调节器

1. 电压调节器的功用

由于交流发电机的转子是由发动机通过皮带驱动旋转的，汽车用交流发电机工作时，其转速很不稳定且变化范围很大，无法满足汽车用电设备的工作要求，为了使汽车用电设备电压恒定，发电机必须要有一个自动的电压调节装置。

交流发电机电压调节器的作用就是当发动机转速变化时，自动对发电机的电压进行调节，使发电机的电压稳定，以满足汽车用电设备的要求。

2. 电压调节器的分类

1）按工作原理划分

（1）触点式电压调节器。

触点式电压调节器应用较早，这种调节器触点振动频率慢，存在机械惯性和电磁惯性，电压调节精度低，触点易产生火花，对无线电干扰大，可靠性差，寿命短，现已被淘汰。

（2）晶体管调节器。

随着半导体技术的发展，采用了晶体管调节器。其优点是：三极管的开关频率高，且不产生火花，调节精度高，还具有质量轻、体积小、寿命长、可靠性高、电波干扰小等优点，现广泛应用于东风、解放及多种低档车型。

（3）集成电路调节器。

集成电路调节器除具有晶体管调节器的优点外，还具有超小型的优点，安装于发电机的内部（又称内装式调节器），减少了外接线，并且冷却效果得到了改善，现广泛应用于桑塔纳。

（4）电脑控制调节器。

电脑控制调节器是现在轿车采用的一种新型调节器，由电负载检测仪测量系统总负载后，向发电机电脑发送信号，然后由发动机电脑控制发电机电压调节器，适时地接通和断开磁场电路，既能可靠地保证电气系统正常工作，使蓄电池充电充足，又能减轻发动机负荷，提高燃料经济性。

2）按所匹配的交流发电机搭铁形式划分

（1）内搭铁型调节器：适合于与内搭铁型交流发电机所匹配的电压调节器称为内搭铁型调节器。

（2）外搭铁型调节器：适合于与外搭铁型交流发电机所匹配的电压调节器称为外搭铁型调节器。

3. 电压调节器的型号

电压调节器的型号分为 5 部分。

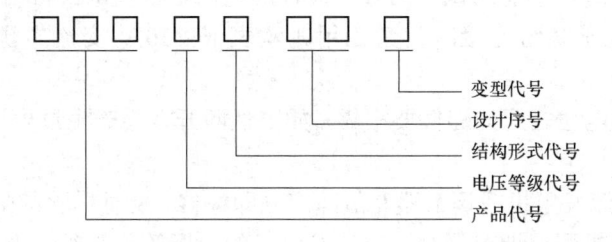

```
□□□ □□ □ □□ □
              │  │  │  │   └─ 变型代号
              │  │  │  └──── 设计序号
              │  │  └─────── 结构形式代号
              │  └────────── 电压等级代号
              └───────────── 产品代号
```

1）产品代号

交流发电机调节器的产品代号有 FT 和 FTD 两种，分别表示发电机调节器和电子式发电机调节器（字母 F、T、D 分别为发、调、电的汉语拼音第一个字母）。

2）电压等级代号

电压等级代号用一位阿拉伯数字表示：1 表示 12 V，2 表示 24 V，6 表示 6 V。

3）结构形式代号

用一位阿拉伯数字表示：1—单联；2—双联；3—三联；4—晶体管；5—集成电路。

4）设计代号

按产品设计先后次序，用 1～2 位阿拉伯数字表示。

5）变型代号

用汉语拼音大写字母 A、B、C……顺序表示（不能用 0 和 1）。

例如，FT126C 表示 12 V 的双联触点式调节器，第 6 次设计，第 3 次变型。FTD152 表示 12 V 集成电路调节器，第 2 次设计。

4. 电压调节器的调压原理

交流发电机的三相绕组产生的相电动势的有效值

$$E_\Phi = C_e \Phi n \ (\text{V});$$

式中，C_e 为发电机的结构常数；n 为转子转速；Φ 为转子的磁极磁通，也就是说交流发电机所产生的感应电动势与转子转速和磁极磁通成正比。

当转速升高时，E_Φ 增大，输出端电压 U_B 升高，转速升高到一定值时（空载转速以上），输出端电压达到极限，要想使发电机的输出电压 U_B 不再随转速的升高而上升，只能通过减小磁通 Φ 来实现。磁极磁通 Φ 与励磁电流 I_f 成正比，减小磁通 Φ 也就是减小了励磁电流 I_f。所以，交流发电机调节器的工作原理是：当交流发电机的转速升高时，调节器通过减小发电机的励磁电流 I_f 来减小磁通 Φ，使发电机的输出电压 U_B 保持不变。

发电机电压调节器的调节原理

任务实施

1. 交流发电机与调节器的使用注意事项

交流发电机与调节器的结构简单，维护方便，若正确使用，不仅故障少而且寿命长；若使用不当，则会很快损坏。因此在使用和维护中应注意以下几点：

（1）蓄电池的极性必须是负极搭铁，不能接反，否则，会烧坏发电机或调节器的电子元件。

（2）发电机运转时，不能用试火的方法检查发电机是否发电，否则会烧坏二极管。

（3）整流器和定子绕组连接时，禁止用兆欧表或 220 V 交流电源检查发电机的绝缘情况。

（4）发电机与蓄电池之间的连接要牢靠，如突然断开，会产生过电压损坏发电机或调节器的电子元件。

（5）一旦发现交流发电机或调节器有故障应立即检修，及时排除故障，不应再继续运转。

（6）为交流发电机配用调节器时，交流发电机的电压等级必须与调节器电压等级相同，交流发电机的搭铁类型必须与调节器搭铁类型相同，调节器的功率不得小于发电机的功率，否则系统不能正常工作。

（7）线路连接必须正确，目前各种车型调节器的安装位置及接线方式各不相同，故接线时要特别注意。

（8）调节器必须受点火开关控制，发电机停止转动时，应将点火开关断开，否则会使发电机的磁场电路一直处于接通状态，不但会烧坏磁场线圈，而且会引起蓄电池亏电。

2. 交流发电机与调节器的维护

交流发电机在使用中，应定期进行以下检查：

（1）检查发电机驱动带。

① 检查驱动带的外观：用肉眼观看有无裂纹或磨损现象，如有则应更换。

② 检查驱动带的挠度：用 100 N 的力压在驱动带的两个传动轮之间，新驱动带挠度为 5～10 mm，旧驱动带为 7～14 mm。

（2）检查导线的连接。

① 接线是否正确。

② 接线是否牢靠。

③ 发电机输出端接线螺栓必须加弹簧垫。

（3）检查运转时有无噪声。

（4）检查是否发电。

① 观察充电指示灯的熄灭情况：若充电指示灯一直亮着，说明发电机或调节器有故障，也可能是充电指示灯线路有故障，应及时维修。

② 用万用表直流电压挡测量电压：在发电机未转动时测量蓄电池端电压，并记录下来，起动发动机并将转速提高到怠速以上转速，测量蓄电池端电压；若能高于原记录，说明发电机能发电，若测量电压一直不上升，说明发电机或调节器有故障，应及时维修。

（5）当发现发电机或调节器有故障需要从车上拆下检修时，首先关掉点火开关及一切用电设备，拆下蓄电池负极电缆线，再拆卸发电机上的导线接头。

3. 交流发电机的拆解、清洗及装复

1) 发电机的拆解及清洗

（1）拧下电刷组件的两个固定螺钉，取下电刷组件。

发电机的拆解

(2) 拧下后轴承盖的三个固定螺钉，取下后轴承防尘盖，再拧下后轴承处的紧固螺母。

(3) 拧下前后端盖的连接螺栓，轻敲前后端盖，使前后端盖分离。

(4) 从后端盖上拆下定子绕组端头，使定子总成与后端盖分离。

(5) 拆下整流器总成。

(6) 拆下皮带轮固定螺母，从转子上取下皮带轮、半圆键、风扇和前端盖。

(7) 用布或棉纱蘸取适量清洗剂擦洗转子绕组、定子绕组、电刷及其他机件。

2）发电机的装复

首先向轴承中填充润滑脂，再按拆解的反顺序装复：

(1) 将前端盖、风扇、半圆键和皮带轮依次装到转子轴上，并用螺母紧固。

(2) 将整流板、定子绕组依次装入后端盖。

(3) 将两端盖装合在一起，并拧紧连接螺栓。

(4) 拧紧后端盖轴承紧固螺母，装好轴承盖。

(5) 装电刷组件。

(6) 装复后，转动发动机皮带轮，转子转动平顺，无摩擦及碰击。

4. 交流发电机的检修

1）交流发电机的整体检测

在发电机不解体时，用万用表测量发电机各接线柱之间的电阻值，可初步判断发电机是否有故障。其方法是用万用表测量发电机"F"与"E"之间的电阻值、发电机"B"与"E"之间的电阻值等，结果与相应的标准值（常用交流发电机各接线柱之间的电阻值如表3-2所示）比较。

表3-2 常用交流发电机各接线柱之间的电阻值

交流发电机型号		"F"与"E"间/Ω	"B"与"E"间		"N"与"E"间	
			正向/Ω	反向/Ω	正向/Ω	反向/Ω
有刷	JF11、JF13、JF15、JF21	5～6	40～50	>10 000	10	>10 000
	JF12、JF22、球 2JF25	19.5～21				
无刷	JFW14	3.5～3.8				
	JFW28	15～16				

若"F"与"E"之间的电阻超过规定值，则可能是电刷与滑环接触不良；若小于规定值，则可能是磁场绕组有匝间短路或搭铁故障；若电阻为0Ω，则可能是两个滑环之间有短路或者"F"接线柱有搭铁故障。"B"与"E"之间的电阻值在40～50Ω，可认为无故障；若电阻值在10Ω左右，则说明有失效的整流二极管，需拆检；若电阻值为0Ω，说明有不同极性的二极管击穿，需拆检。若交流发电机有中性轴（N）接线柱，则用万用表测"N"与"E"以及"N"与"B"之间的正、反向电阻值，可进一步判断故障在正极管还是在负极管。

2）转子检修

（1）转子绕组检修。

① 如图 3-14 所示，用万用表检测两集电环之间电阻，应与标准相符（一般 12 V 发电机转子绕组电阻为 3.5~6 Ω，24 V 的为 15~21 Ω）。若阻值为∞，说明断路；若阻值过小，说明短路。

② 如图 3-15 所示，用万用表电阻最大挡检测集电环与铁芯（或转子轴）之间的电阻，应为∞，否则为搭铁。

发电机的解体检修

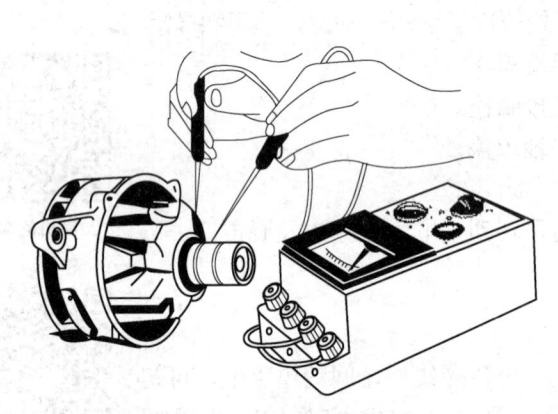

图 3-14 转子阻值检测　　　　　　图 3-15 转子绝缘检测

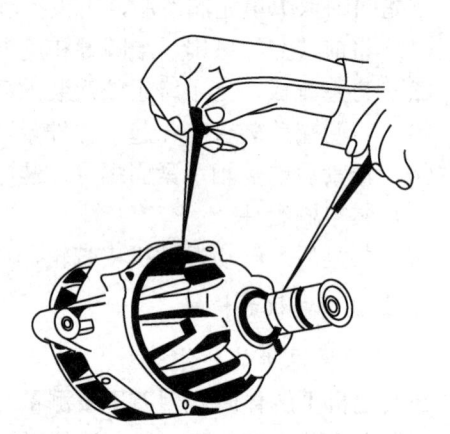

③ 断路应焊修或更换转子总成，短路和搭铁应更换转子总成。

（2）集电环检修。

① 集电环表面应平整光滑，若有轻微烧蚀，用"00"号砂布打磨；若烧蚀严重，应在车床上精车加工。

② 用直尺测量集电环厚度，应与规定相符，否则应更换。（厚度不小于 1.5 mm。）

③ 用千分尺测量集电环圆柱度，应与规定相符，否则应精车加工。（集电环圆柱度不超过 0.025 mm。）

（3）转子轴检修。

如图 3-16 所示，用百分表测量转子轴摆差，应与规定相符，否则应予校正。（电枢轴径向摆差不超过 0.10 mm。）

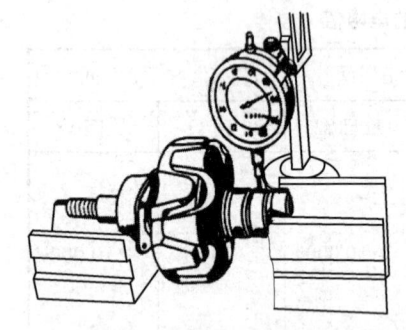

图 3-16 转子轴检修

3）定子检修

（1）定子绕组短路检修。

通过台架试验测其输出功率或通过示波器测其输出电压波形进行判断。各种故障的端电压波形如图 3-17 所示。若短路应更换定子绕组或定子总成。

（2）定子绕组断路检修。

如图 3-18 所示，用万用表检测定子绕组三个接线端，两两相测，阻值应小于 1 Ω，若阻值为∞，说明断路。断路故障应用电烙铁焊接修复，若不能修复，应更换定子绕组或定子总成。

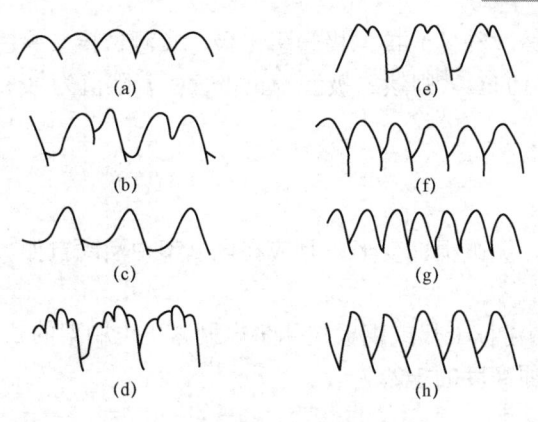

图 3-17 定子故障的端电压波形

(a) 正常波形；(b) 一个二极管短路；(c) 两个二极管短路（同极）；(d) 一个二极管断路；
(e) 两个二极管断路（同极）；(f) 一相定子绕组短路；(g) 一相定子绕组断路；(h) 两相定子绕组短路

（3）定子绕组绝缘检修。

如图 3-19 所示，用万用表电阻最大挡检测定子绕组接线端与定子铁芯间的电阻，应为 ∞，否则说明有搭铁故障。有搭铁故障应更换定子绕组或定子总成。

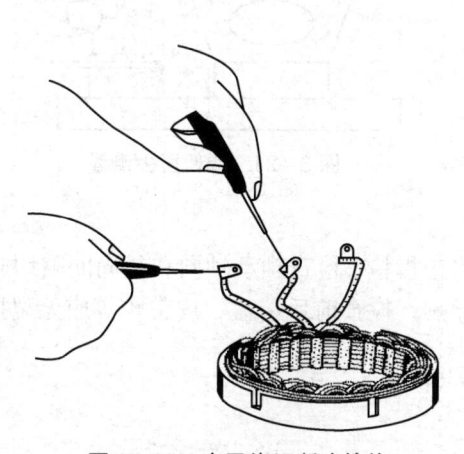

图 3-18 定子绕组断路检修　　　　图 3-19 定子绕组绝缘检修

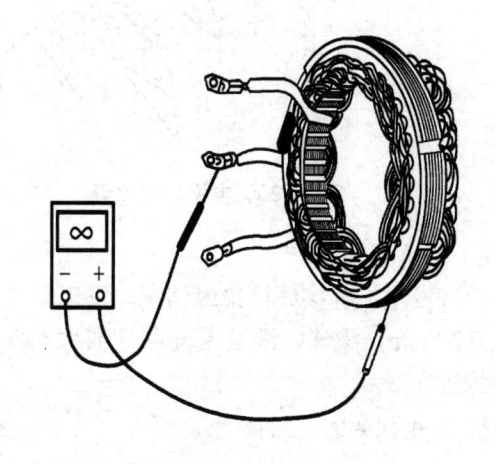

4）整流器检查

（1）检查二极管好坏。

将万用表的两表笔接于二极管的两极测其电阻，再反接测一次，若电阻值一大（10 kΩ）一小（8~10 Ω），差异很大，说明二极管良好。若两次测量阻值均为 ∞，则为断路；若两次测量阻值均为 0 Ω，则为短路。

对焊接式整流二极管来说，只要有一只二极管损坏，则须更换该二极管所在的正或负整流板总成；若为压装结构，则只需更换故障二极管即可。

（2）二极管的极性判别。

常用的万用表有机械式和电子式两种，机械式万用表检测方法是：

将万用表的正测试棒（红色）接二极管引出极，负测试棒（黑色）接二极管的另一极，测其电阻。若阻值大于 10 kΩ，则该二极管为正极管；若阻值为 8～10 Ω，则该二极管为负极管。

5）检查电刷组件

（1）外观检查。

电刷表面应无油污，无破损、变形，且应在电刷架中活动自如。

（2）电刷长度检查。

如图 3-20 所示，用游标卡尺或钢板尺测量电刷露出电刷架的长度，应与规定相符。（电刷磨损后一般不得超过原高度的 1/2。）

（3）弹簧压力测量。

如图 3-21 所示，用天平秤检测电刷弹簧压力应与规定相符。（电刷弹簧力一般为 2～3 N。）

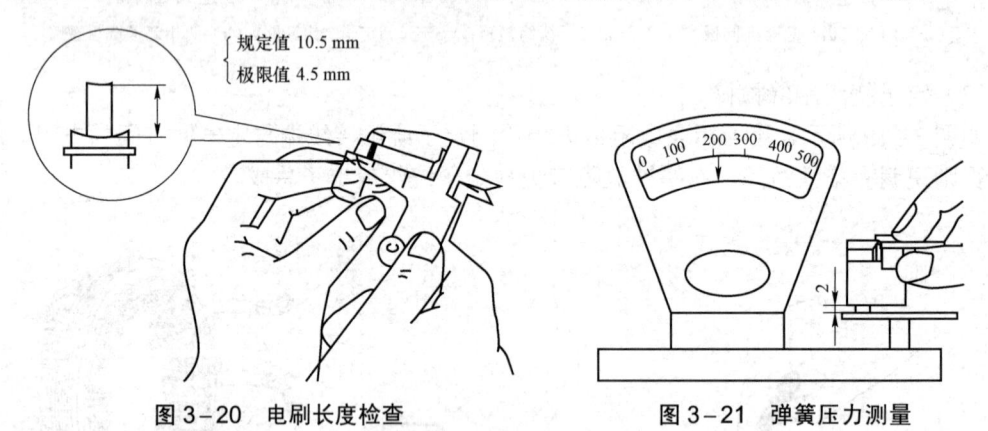

图 3-20 电刷长度检查

图 3-21 弹簧压力测量

6）其他零件检查

检查发电机各接线柱绝缘情况，发现搭铁故障应拆检；检查轴承轴向和径向间隙均应不大于 0.20 mm，滚珠、滚道无斑点，轴承无转动异响；检查前后端盖、皮带轮等应无裂损，绝缘垫应完好。

5. 电压调节器的检修

1）晶体管式电压调节器的检查

对晶体管式电压调节器进行检查前，应先了解调节器的电路特点及搭铁极性，再确定相应的测试方法。

（1）内搭铁式晶体管电压调节器的测试。

将可调直流电源与调节器按图 3-22 所示的线路接好，再逐步提高电源电压。当电压达到 6 V 左右时，指示灯点亮。继续提高电源电压，当电压达到 13.5～14.5 V 时，指示灯应熄灭，此时电压即为调节器的调节电压。若灯在电压达 6 V 时不亮，或者发电机电压超过规定值后灯仍不熄灭，则说明该调节器有故障。

（2）外搭铁式晶体管电压调节器的测试。

外搭铁式晶体管电压调节器的测试方法与内搭铁式晶体管电压调节器的测试方法一样，

如图 3-23 所示。

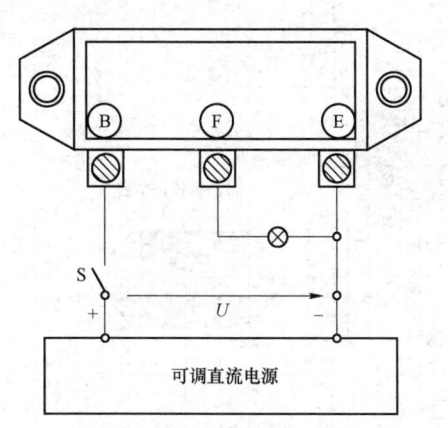

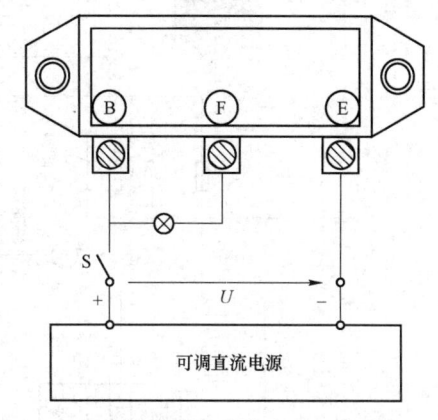

图 3-22　内搭铁式晶体管电压调节器的测试　　图 3-23　外搭铁式晶体管电压调节器的测试

2）集成电路电压调节器的检查

在检查集成电路电压调节器之前，必须弄清楚集成电路电压调节器引出线的根数及接线方法，以防将电源极性接错，如果接错，加上测试电压以后，调节器会因瞬时短路而损坏。有条件的应使用集成电路检查仪测试集成电路调节器。

任务 3.2　电源系统的故障与诊断

相关知识

3.2.1　典型电源系统电路

1. 解放 CA1092 型汽车电源电路（见图 3-24）

该车型电路由 JF152D 或 JF1522A 型交流发电机、JF106 型晶体管电压调节器和 6-QA-100 型干荷电蓄电池组成。

（1）充电指示灯电路：蓄电池"+"极→起动机电源接线柱→30 A 熔断丝→电流表→点火开关→充电指示灯→组合继电器 L 接线柱→常闭触点 K_2→搭铁→蓄电池"-"极。

（2）他励时，发电机磁场绕组电路：蓄电池"+"→起动机电源接线柱→30 A 熔断丝→电流表→点火开关→5 A 熔断丝→发电机 F_2 接线柱→磁场绕组→发电机 F_1 接线柱→调节器 F 接线柱→搭铁→蓄电池"-"极。

（3）自励时，充电指示灯通过 K_1 触点电源短路，发电机磁场绕组电路：发电机 B 接线柱→点火开关→5 A 熔断丝→发电机 F_2 接线柱→磁场绕组→发电机 F_1 接线柱→调节器 F 接线柱→搭铁→蓄电池"-"极。

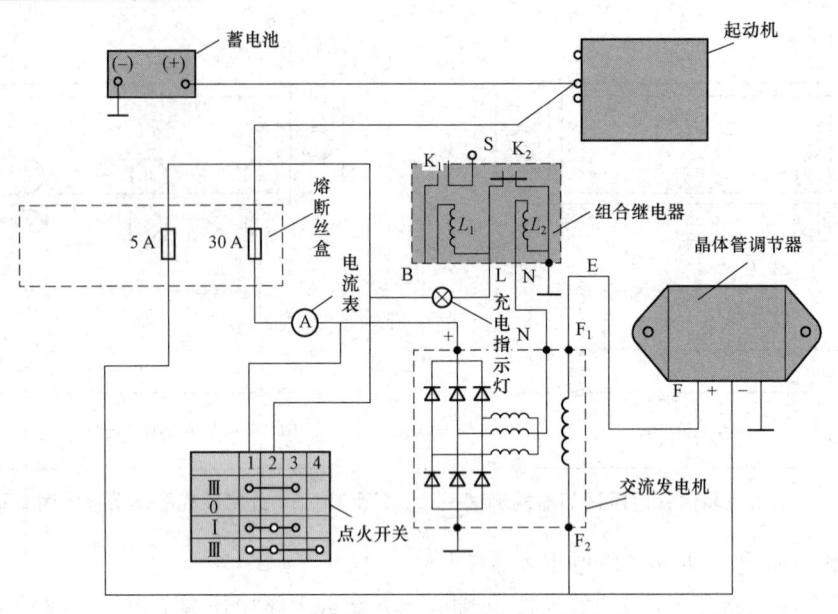

图 3-24　解放 CA1092 型汽车电源电路

2. 桑塔纳系列轿车电源系统电路（见图 3-25）

（1）发电机电压低于蓄电池电压时，充电指示灯及发电机磁场绕组线路：蓄电池正极→中央线路板单端子插座 P 端子→中央线路板内部线路→中央线路板单端子插座 P 端子→点火开关 30 端子→点火开关→点火开关 15 端子→电阻 R_2 和充电指示灯→二极管→中央线路板 A_{16} 端子→中央线路板内部线路→中央线路板 D_4 端子→单端子连接器 T_1→交流

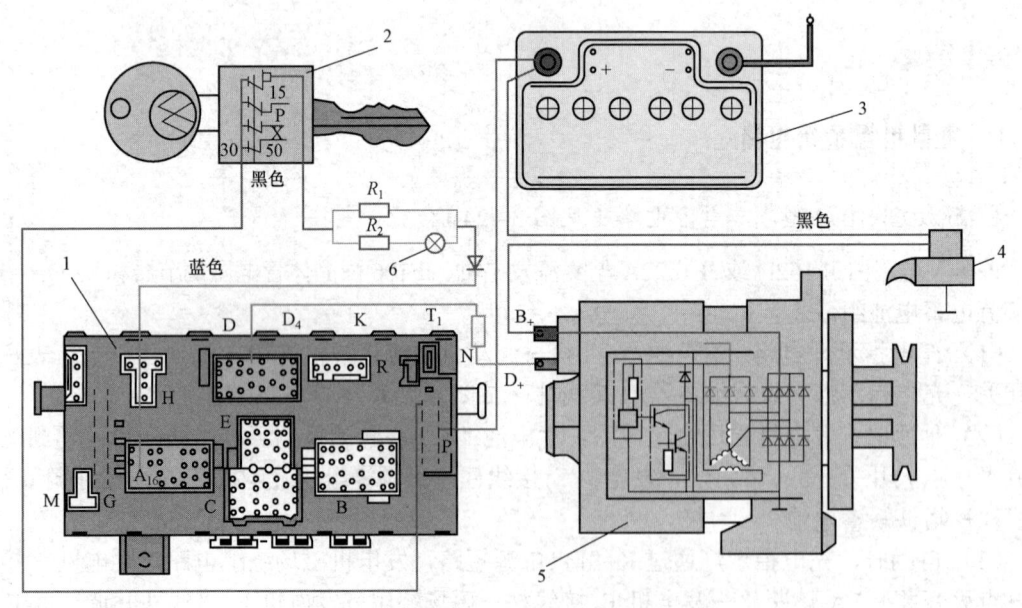

图 3-25　桑塔纳系列轿车电源系统电路

1—中央线路板；2—点火开关；3—蓄电池；4—起动机；5—整体式交流发电机；6—充电指示灯

发电机 D+端子→发电机的磁场绕组→电子电压调节器大功率晶体管→搭铁→蓄电池负极（他励）。

（2）发电机电压高于蓄电池电压时，充电指示灯电源短路，发电机磁场绕组线路：交流发电机 D+端子→发电机的磁场绕组→电子电压调节器大功率晶体管→搭铁（自励）。

3.2.2 电源系统故障诊断与排除

电源系统的常见故障：不充电、充电电流过小、充电电流过大、充电电流不稳。

1. 不充电故障

1）故障现象

发动机中高速运转，充电指示灯不熄灭。

2）故障原因

（1）发电机传动带过松。

（2）线路的接线断开或短路。

（3）发电机故障导致发电机不发电——定子、转子绕组；整流二极管烧坏；集电环脏污，电刷磨损过大。

（4）调节器调整不当或有故障。

3）故障诊断与排除

（1）检查发电机驱动带。

① 检查驱动带的外观：用肉眼观看应无裂纹或磨损现象，如有则应更换。

② 检查驱动带的挠度：用 100 N 的力压在驱动带的两个传动轮之间，新驱动带挠度为 5～10 mm，旧驱动带为 7～14 mm。

（2）检查导线的连接。

① 接线是否正确、牢靠。

② 发电机输出端接线螺栓必须加弹簧垫。

（3）检查运转时有无噪声。

（4）检查是否发电。

2. 充电电流过小

1）故障现象

（1）蓄电池在亏电情况下，发动机中速以上运转时，电流表指示充电电流过小。

（2）蓄电池经常存电不足。

（3）打开前照灯，灯光暗淡，按动电喇叭声音小。

说明：蓄电池接近充足电状态时，充电电流过小为正常现象。

2）故障原因

（1）发电机故障——个别二极管烧坏；定子绕组某相接头断开或局部短路；磁场绕组局部短路；电刷过短等。

（2）调节器故障。

(3) 发电机皮带过松。

(4) 线路接触不良。

3) 判断步骤与方法

(1) 外观检查。

① 检查发电机皮带的松紧度，用手指按下皮带的中部，若压下量过大，说明发电机皮带过松，应调整。

② 检查充电线路各导线接头是否接触不良或锈蚀脏污。

(2) 对于外搭铁的发电机，用一根导线将"F-"端子与"E"端子连接。

(3) 对于内搭铁的发电机，将"F"端子上的导线拆下，另用一根导线将"F"端子与"B"端子连接；若电流表指示的充电电流增大，说明故障在调节器；若电流表指示充电电流仍然过小，则说明故障在发电机。

3. 充电电流过大

1) 故障现象

(1) 在蓄电池不亏电的情况下，充电电流仍在 10 A 以上。

(2) 蓄电池电解液损耗过快。

(3) 分电器断电器触点经常烧蚀，各种灯泡经常烧坏。

2) 故障原因

(1) 蓄电池严重亏电或内部短路。

(2) 发电机和励磁接线柱短路。

(3) 电压调节器调节电压过高或失控。

说明：由于电子调节器采用树脂封装，不能检修，因此，确认调节器故障后，只能更换新品。

4. 充电电流不稳

1) 故障现象

汽车行驶时，如果电流表或充电指示灯指示充电，但电流表指针左右摆动或充电指示灯闪烁，则说明充电电流不稳。

2) 故障原因

(1) 发电机驱动皮带过松而打滑。

(2) 充电线路连接松动、接触不良。

(3) 发电机内部接触不良。

如电刷弹簧弹力过弱，电刷磨损过度，磁场绕组端头焊点松脱，集电环表面过脏；定子线圈有时短路或断路。

(4) 调节器故障。

触点式调节器触点接触不良、电子调节器内部元件虚焊，导致励磁电路接触不良。

5. 发电机异响故障

1) 故障现象

发电机在运转过程中有噪声产生。

2) 故障原因

（1）发电机装配时不到位，风扇皮带过紧、松动及其表面轻度不规则。

（2）发电机轴承损坏，发电机转子与定子相碰。

（3）电刷磨损过大或电刷与滑环接触角度不当。

3) 故障诊断

先检查风扇皮带方面的原因，再通过仔细听响声发出的部位来确定故障的确切位置。

6. 交流发电机电源系统常见故障部位（见图3-26）

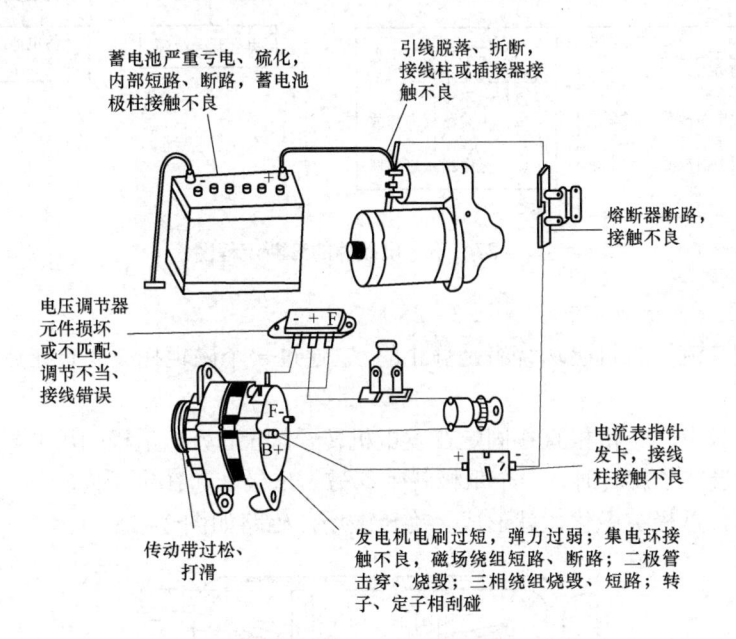

图3-26 交流发电机电源系统常见故障部位

任务实施

桑塔纳轿车不充电。

不充电的故障诊断步骤如图3-27所示。

知识拓展

1. 无刷交流发电机

由于没有电刷和集电环，因此不会因为电刷和集电环的磨损和接触不良造成激磁不稳定或发电机不发电等故障；同时工作时无火花，也减小了无线电干扰。

无刷交流发电机分为爪极式、激磁机式和永磁式三种。

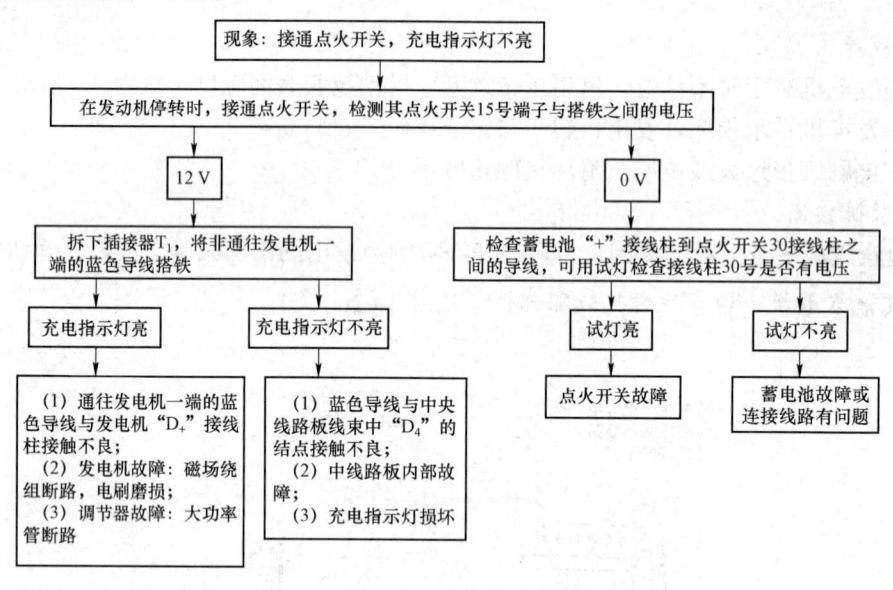

图 3-27 不充电故障的诊断流程图

1）爪极式无刷交流发电机（见图 3-28）

爪极式无刷交流发电机磁场绕组是静止的，它通过一个磁轭托架固定在后端盖上，所以，不再需要电刷。

两个爪极中只有一个爪极直接固定在发电机转子轴上，另一爪极则用非导磁连接环固定在前一爪极上。当转子旋转时，一个爪极就带动另一爪极一起在定子内转动，当磁场绕组中有直流电通过时，爪极被磁化，就形成了旋转磁场，磁路如图 3-28 所示。

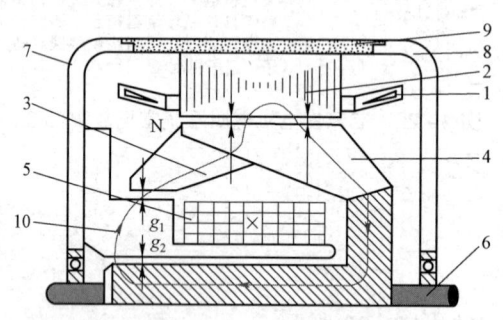

图 3-28 爪极式无刷交流发电机

1—定子绕组；2—定子铁芯；3，4—爪极；5—磁场绕组；6—轴；7—前端盖；8—后端盖；9—外壳；10—磁轭托架

2）激磁机式无刷交流发电机

激磁机式无刷交流发电机实际上是在一台爪极式三相交流发电机的基础上增加了一部专为其激磁的小型硅整流交流发电机，这台小型硅整流交流发电机称为激磁机，激磁机的磁场绕组固定，而三相绕组是转动的。当发电机转动时，在激磁机转子三相绕组中感应出三相交流电，在发电机内部经二极管整流后变为直流电，直接供给爪极式三相交流发电机的磁场绕组激磁发电。

这种无刷发电机的优点是磁路中无附加气隙，因而漏磁少，输出功率大，但结构复杂。

3）永磁式无刷交流发电机

该种发电机与普通发电机不同的是转子部分，以永久磁铁作为转子磁极而产生旋转磁场，不仅去掉了电刷和滑环，而且不需要磁场绕组和爪极。其结构简单可靠、使用寿命长。转子常用的永磁材料有铁氧体、铬镍钴、稀土钴、钕铁硼等。

由于转子为永磁结构，所以产生的旋转磁场强度是不变的、不可调的，因此，不能采用普通交流发电机通过调节器控制磁场电流的办法来调节发电机的输出电压。为解决调压问题可采用电压调节器与三相半控桥式整流相配合的办法，使发电机输出电压不随转速大幅度变化而变化。

2. 汽车双整流发电机

双整流发电机是一种最新型交流发电机，它大大改善了普通交流发电机低速充电性能和高速最大功率输出，又不增设比较复杂的控制电路，因此也没有增加充电系统的故障率。

1）结构原理

如图 3-29 所示，在普通交流发电机三相定子绕组基础上，增加绕组匝数并引出接线头，增加一套三相桥式整流器。低速时由原绕组和增绕组串联输出，而在较高转速时，仅由原三相绕组输出。工作中高低速供电电路的变换是自动的，没有增设任何机电控制装置，其工作原理分析如下：

在低速范围内，由于发电机转速低，三相绕组的串联输出，提高了发电机的输出电压，使发电机低速充电性能大大提高。在高速范围内，随着发电机转速的增大，串接的三相绕组的感抗增大，内压降增大，再加上电枢反应加强，使输出电压下降。这时原三相绕组 A、B、C 因内压降较小，产生的感应电流相对较大，确保高速下的功率输出。

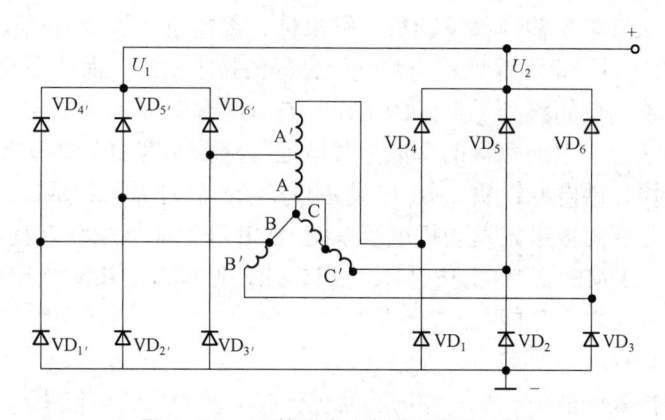

图 3-29 双整流发电机电压控制原理

2）双整流发电机的优点

（1）既降低了发电机的充电转速，又保证了高速大电流输出，提高了发电机的有效功率。双整流发电机比普通发电机最低充电转速降低了 200～300 r/min，在低速下发电机即可输出电流 10 A；而额定电压及额定电流下的转速不大于 2 500 r/min。

（2）结构简单，工作可靠，只在定子槽中增加绕组匝数，增加一套三相桥式整流。

3. 感应子式交流发电机

感应子式交流发电机也是一种无电刷交流发电机，由定子、转子、整流器和机壳组成。它的转子是由齿轮状钢片铆成，其上有若干个沿圆周均匀分布的齿形凸极，而没有磁场绕组。磁场绕组和电枢绕组均安放在定子槽中，如图3-30所示。

当磁场绕组 3 通入直流电后，在定子铁芯 1 中产生固定磁场。由于转子 4 凸齿部分磁通容易通过，磁感应强度最大，从而形成磁极。但转子的每个凸齿是没有固定极性的，当它对着定子 N 极它就是 S 极，对着 S 极它就是 N 极。

转子凸齿在不运动的磁场内旋转时，当凸齿对着定子凸齿时，磁通量最大，当转子槽对着定子凸齿时则磁通量最小。因此，转子旋转时，定子凸齿内产生脉动磁通，在定子绕组中感应出交变电动势。将电枢绕组以一定的方式连接起来，并经整流，便可得到直流电。

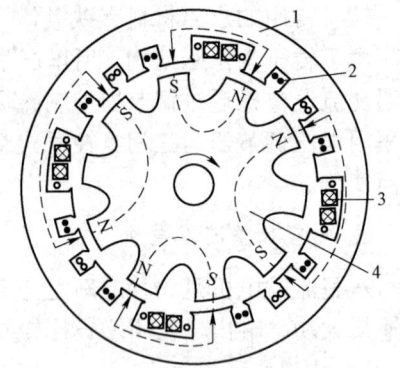

图3-30 感应子式交流发电机
1—定子铁芯；2—电枢绕组；3—磁场绕组；4—转子

感应子式交流发电机中电枢绕组交流电动势的频率恒等于 $zn/60$（z 为转子齿数，n 为转子转速），与磁场绕组形成的磁极对数无关，这与同步交流机本质不同。

感应子式无刷交流发电机机质量小、比功率高。

4. 汽车电源管理系统

当今有些品牌汽车具有各种形式的电源管理系统，其作用是确保汽车内的能量平衡，即确保汽车车辆内部发动机、发电机、蓄电池和能量消耗设备（用电设备）之间的能量平衡，保证蓄电池处于良好的技术状态，保证用电设备正常工作，保证发动机始终处于良好的工作状态。电源管理系统主要由发动机、发电机、安装于蓄电池负极的智能型蓄电池传感器（有的车型没有）、蓄电池、智能接线盒（或电源模块、微电源模块）、用电设备和发动机管理系统组成。

电源管理系统

电源管理系统主要由数字式发动机电子系统 DME 和智能接线盒以及其内部的电源管理系统软件组成。通过 DME 控制发动机和发电机电压，通过智能接线盒控制电流。

电源管理系统具有以下功能：

（1）优化起动性能。

电源管理系统控制电能的分配，并由此而优化起动发动机的电能供给。如果一部带有普通电源系统的汽车长期停驶，则汽车蓄电池会因电器的休眠电流（如防盗锁止系统）而将电流耗尽。这可能使得没有足够的电能来供起动发动机使用。智能化的电源管理系统负责电能的分配管理，这样便使本车的起动性能和蓄电池的寿命有了明显的改善和提高。此电源管理系统主要由蓄电池诊断、休眠电流管理和动态电源管理组成。

（2）蓄电池诊断。

蓄电池诊断持续地测定汽车蓄电池的状态。传感器掌握着蓄电池的电压、电流和温度，由此来测定蓄电池当前的充电状态和功率。

（3）休眠电流管理。

休眠电流管理是在汽车停放期间降低电流的消耗。在点火开关已关闭的情况下，它控制对各种不同电器的电流供给。此时要参考蓄电池诊断给出的数据。根据蓄电池的充电状态，会逐渐关闭某个电器，以免蓄电池大量放电，由此保持汽车的起动性能。

（4）动态电源管理系统。

在汽车行驶期间，动态电源管理将发电机产生的电流按需分配给不同的电器。当发电机产生的电流超过电器消耗的需要时，它便会进行调节处理，向蓄电池供电，使其达到最佳充电状态。

课后思考

一、判断题

1. 目前，国内外汽车交流发电机一般都采用三相桥式整流电路。（　　）
2. 整流电路是利用二极管的单向导电性，把交流电变为直流电的电路。（　　）
3. 电压调节器的作用是使发电机在转速变化时保持输出电压相对恒定。（　　）
4. 整流器的整流二极管需要 3 只就够了。（　　）
5. 汽车发动机起动时，起动机由发电机供电。（　　）
6. 充电指示灯亮就表示起动蓄电池处于放电状态。（　　）
7. 把励磁导线从发电机"D+"端子拔下，打开点火开关，用万用表测此接线端的电压，电压应为 12 V，否则电路不通有断路。（　　）
8. 电源管理系统主要由蓄电池诊断、休眠电流管理和动态电源管理组成。（　　）

二、选择题

1. 交流发电机的励磁方式是（　　）。
   A. 他励　　　　　B. 自励　　　　　C. 他励和自励
2. 电压调节器是通过控制交流发电机的（　　）来实现电压调节的。
   A. 转速　　　　　B. 励磁电流　　　C. 整流二极管
3. 从交流发电机在汽车上的实际功用来说，它是汽车上的（　　）。
   A. 主要电源　　　B. 次要电源　　　C. 充电电源　　　D. 照明电源
4. 汽车上交流发电机配装了调节器后，具有（　　）。
   A. 限制自身最大输出电流的性能
   B. 限制自身最大输出电压的性能
   C. 同时限制最大输出电流和最大输出电压的性能
   D. 控制激磁电流保持恒定不变的性能
5. 下面哪个选项不是蓄电池不充电故障的原因？（　　）
   A. 蓄电池严重亏电　　　　　　　B. 线路的接线断开或短路
   C. 电流表的接线错误　　　　　　D. 集电环脏污，电刷磨损过大
6. 蓄电池与发电机两者在汽车上的连接方法是（　　）。

A. 串联连接　　　　　B. 并联连接　　　　　C. 各自独立　　　　　D. 以上都不对

三、简答题

1. 简述交流发电机的组成及功用。
2. 8管、9管、11管交流发电机中分别有几只硅整流管二极管？几只励磁二极管？
3. 简述电子调节器的工作原理。
4. 充电系统的故障有哪些？

项目 4　起动系统的检修

学习目标

1. 掌握起动系统的组成与功用。
2. 熟悉起动系统各元件及其在汽车上的安装位置。
3. 掌握起动机的结构、工作原理。
4. 了解起动机的工作特性。
5. 掌握起动机的控制过程及控制电路。
6. 能进行起动机的拆装、检测和电路分析。
7. 掌握起动系统的线路连接，能够排除起动系统的故障。

任务引入

一辆速腾轿车，接通点火开关后，起动机快速转动但发动机却无法起动，也听不到齿轮的摩擦声和"嗒嗒"的声音。要求查出故障原因并进行修复。

要排除起动系统故障，首先要熟悉起动机的结构、工作原理和检修方法，理解起动机的工作过程，掌握起动机系统故障的常见原因及检修方法。

任务 4.1　起动机的检修

相关知识

4.1.1　起动系统概述

发动机必须依靠外力带动曲轴旋转后，才能进入正常工作状态。通常把汽车发动机曲轴在外力作用下从开始转动到怠速运转的全过程，称为发动机的起动。

起动系统的作用就是通过起动机将蓄电池的电能转换成机械运动来起动发动机，发动机起动之后，起动机便立即停止工作。

1. 起动系统的组成

汽车上的起动系统一般由蓄电池、起动机和起动控制电路组成，如图 4-1 所示，起动控制电路包括点火按钮或开关、起动继电器、电磁开关等。

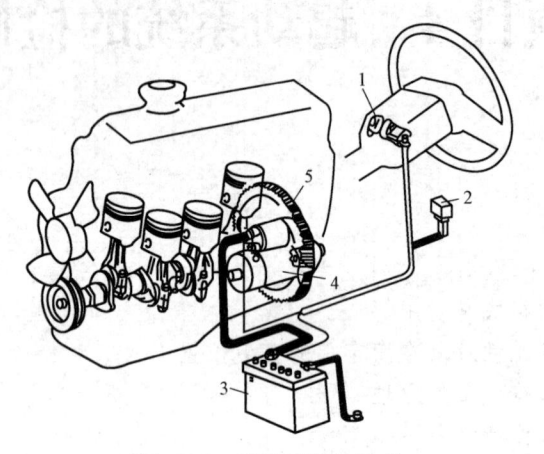

图 4-1　起动系统的组成

1—点火开关；2—起动继电器；3—蓄电池；4—起动机；5—飞轮

起动机的组成结构

2. 起动机的分类

1）按电动机磁场产生的方式分类

（1）励磁式起动机：通过向磁场绕组通电产生磁场。

（2）永磁式起动机：以永久磁铁作为磁极产生磁场。由于磁极采用永磁材料支撑，不需要磁场绕组，所以电动机结构简化，体积小、质量轻。

2）按传动机构啮合方式分类

（1）强制啮合式起动机：利用电磁力拉动杠杆机构，使驱动齿轮强制啮入飞轮齿圈。这种起动机工作可靠性高，结构也不复杂，因此在现代汽车上广泛采用。

（2）电枢移动式起动机：利用磁极产生的电磁力使电枢产生轴向移动，带动固定在电枢轴上的驱动齿轮啮入飞轮齿圈。它的特点是结构比较复杂，主要用于采用大功率发动机的汽车，如太脱拉 T138、斯柯达 706R 等。

（3）齿轮移动式起动机：利用电磁开关推动安装在电枢轴孔内的啮合杆，使驱动齿轮啮入飞轮齿圈。其结构也比较复杂，采用这种结构的一般是大功率的起动机。

4.1.2　起动机的组成和型号

起动机的组成如图 4-2 所示。

1. 起动机的组成

起动机由直流电动机、传动机构和控制装置三大部分组成。

（1）直流起动机：用于将蓄电池输入的电能转换为机械能，产生电磁转矩。汽车起动机

起动机的功用及型号

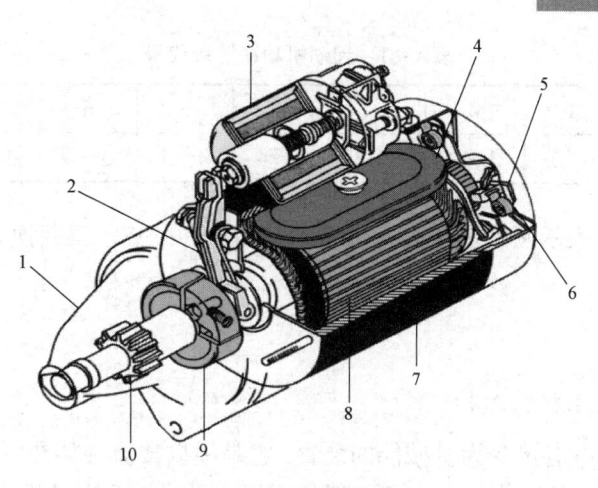

图 4-2 起动机的组成
1—驱动机构外壳；2—拨叉；3—电磁开关；4—励磁线圈；5—电刷；6—电刷弹簧；
7—外壳；8—电枢；9—起动机离合器；10—驱动齿轮

一般均采用直流串励式电动机，"串励"是指电枢绕组与磁场绕组串联。

（2）传动机构：其作用是在发动机起动时，使起动机的驱动齿轮与飞轮齿圈啮合，将电动机的转矩传递给发动机曲轴；在发动机起动后，又能使起动机驱动齿轮与飞轮齿圈脱离。

（3）控制装置：又称电磁开关，其作用是接通和切断电动机与蓄电池之间的电路；对于某些汽油发动机，还兼有在起动时短路点火线圈附加电阻的作用。

不同类型的汽车上使用的起动机尽管形式不同，但其直流电动机部分基本相似，主要的区别在于传动机构和控制装置。

2. 起动机的型号

国产起动机的型号表示如下：

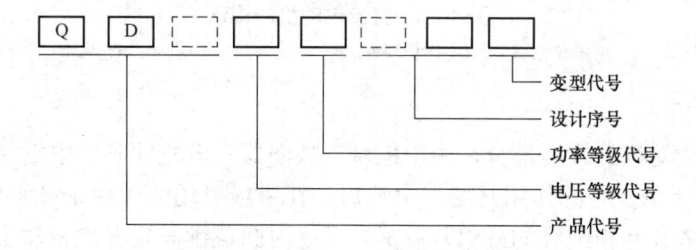

```
QD □ □ □ □ □
            └─变型代号
          └───设计序号
        └─────功率等级代号
      └───────电压等级代号
└───────────产品代号
```

（1）产品代号：起动机的产品代号 QD、QDJ、QDY 分别表示起动机、减速起动机及永磁起动机。

（2）电压等级代号：用一位阿拉伯数字表示，1 表示 12 V；2 表示 24 V；6 表示 6 V。

（3）功率等级代号：用一位阿拉伯数字表示，其含义如表 4-1 所示。

（4）设计序号：按产品设计先后顺序，以一位或两位阿拉伯数字表示。

（5）变型代号：在主要电器参数和基本结构不变的情况下，一般电器参数的变化和某些结构改变称为变型，以大写字母 A、B、C 等表示。

表 4-1　起动机功率等级代号

功率等级代号	1	2	3	4	5	6	7	8	9
功率/kW	0～1	1～2	2～3	3～4	4～5	5～6	6～7	7～8	8～9

例如，QD124 型表示额定电压为 12 V，功率为 1～2 kW，第四次设计的起动机。

4.1.3　直流电动机

1. 串励式直流电动机的结构

直流电动机是将电能转变为机械能的装置。它是根据载流导体在磁场中受到电磁力作用而发生运动的原理工作的。汽车起动机一般均采用串励式直流电动机。

直流电动机主要由电枢、磁极、电刷及机壳等部件组成，如图 4-3 所示。其中，电枢绕组与磁场绕组串联的直流电动机称为串励式直流电动机。

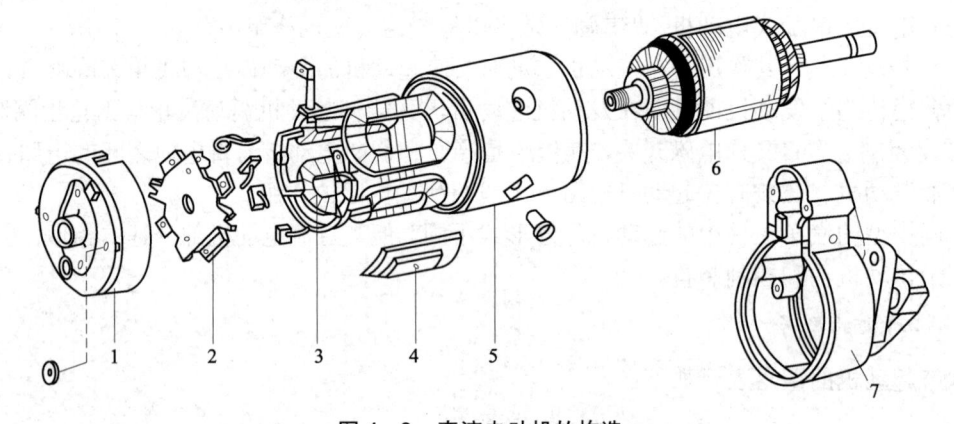

图 4-3　直流电动机的构造
1—前端盖；2—电刷和电刷架；3—磁场绕组；4—磁极铁芯；5—机壳；6—电枢；7—后端盖

1）电枢

电枢是直流电动机的旋转部分，由电枢轴、换向器、电枢铁芯、电枢绕组等组成。电枢的结构如图 4-4 所示，它的作用是通入电流后，在磁极磁场的作用下产生电磁转矩。

电枢铁芯用多片互相绝缘的硅钢片叠成，通过内圆花键固定在电枢轴上，外圆槽内绕有电枢绕组。为了得到较大的转矩，流经电枢绕组的电流很大，一般为 200～600 A，因此电枢绕组采用横截面积较大的矩形裸铜线绕制。

电枢绕组各线圈的端头均焊接在换向器的换向片上，通过换向器和电刷将蓄电池的电流引进来，并适时地改变电枢绕组中电流的方向。换向器由铜质换向片和云母片叠压而成，压装于电枢轴的一端。云母片使换向片间、换向片与轴之间均绝缘，如图 4-5 所示。

2）磁极

磁极的作用是产生电枢转动时所需要的磁场，它由铁芯和磁场绕组构成，并通过螺钉固定在机壳内部，如图 4-6 所示。一般采用四个磁极，大功率起动机有时采用六个磁极。磁

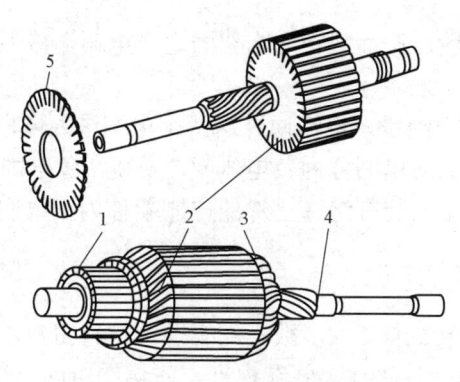

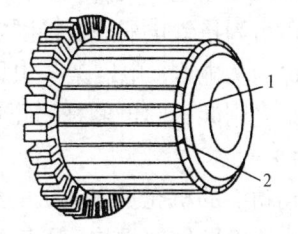

图 4-4 电枢的结构
1—换向器；2—电枢铁芯；3—电枢绕组；4—电枢轴；5—电枢叠片

图 4-5 换向器的结构
1—铜质换向片；2—云母片

场绕组也是用粗扁铜线绕制而成的，与电枢绕组串联。四个磁场绕组的连接方式有两种：一种是四个绕组串联后再与电枢绕组串联，如图 4-7（a）所示；另一种是两个绕组分别串联后并联，然后再与电枢绕组串联，如图 4-7（b）所示。磁场绕组一端接在外壳的绝缘接线柱上，另一端与两个非搭铁电刷相连。

图 4-6 磁极

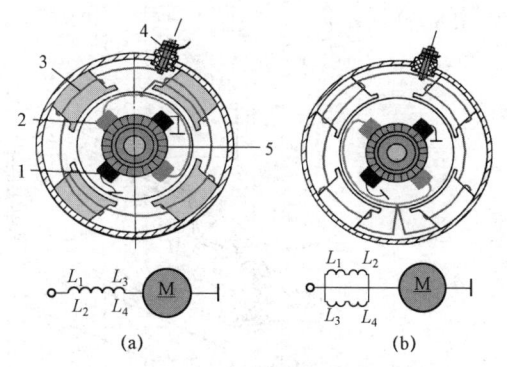

图 4-7 磁场绕组的连接方式
1—负电刷；2—正电刷；3—磁场绕组；4—接线柱；5—换向器

3）电刷组件

电刷组件的功用是将电源电压引入电枢绕组，它主要由电刷、电刷架和电刷弹簧组成，如图 4-8 所示。电刷和换向器配合使用以连接磁场绕组和电枢绕组的电路，并使电枢轴上

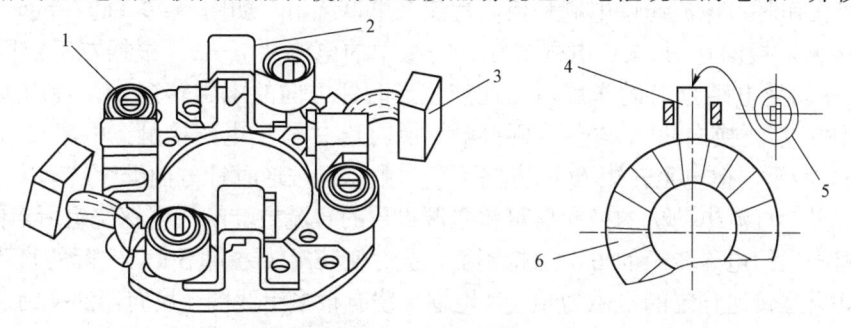

图 4-8 电刷组件
1，5—正电刷；2—电刷架；3，4—负电刷；6—换向器

的电磁力矩保持固定方向。电刷用铜粉与石墨粉压制而成,电刷架固定在电刷端盖上,电刷安放在电刷架内。

以四磁极电动机为例,其中两个电刷与机壳绝缘,电流通过这两个电刷进入电枢绕组;另外两个为搭铁电刷。直接固定在支架或端盖上的电刷称为负电刷架,安装在负电刷架内的电刷称为负电刷;电刷架与电刷支架或端盖之间安装有绝缘垫片的电刷架称为正电刷架,安装在正电刷架内的电刷称为正电刷。

4)机壳

起动机的机壳是电动机的磁极和电枢的安装机体,大多数一端有四个检查窗口,便于进行电刷和换向器的维护。机壳中部有一个电流输入接线柱,并在内部与磁场绕组的一端相连。起动机一般采用青铜石墨轴承或铁基含油滑动轴承。减速起动机由于电枢的转速较高,采用滚柱轴承或滚珠轴承。电刷装在前端盖内,后端盖上有拨叉座,盖口有凸缘和安装螺孔,还有拧紧中间轴承板的螺钉孔。

2. 串励式直流电动机的工作原理

直流电动机是根据通电导体在磁场中受电磁力作用而发生运动的原理制成的,其工作原理如图4-9所示。

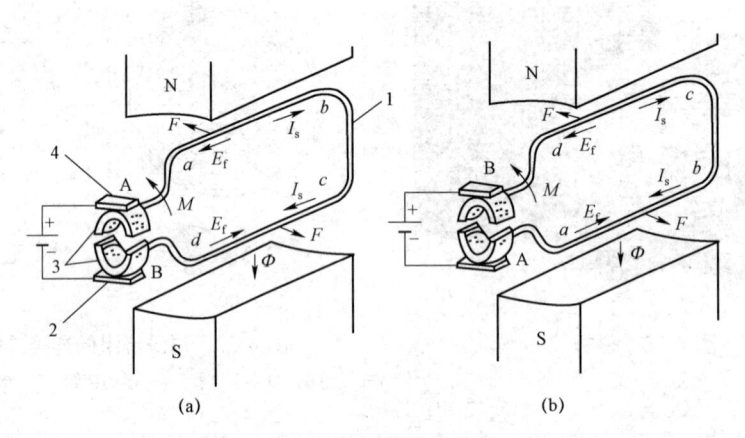

图4-9 直流电动机的工作原理
1—电枢绕组;2—负电刷;3—换向片;4—正电刷

电动机工作时,电流通过电刷和换向片流入电枢绕组。如图4-9(a)所示,换向片A与正电刷接触,换向片B与负电刷接触,绕组中的电流从 $a{\rightarrow}d$,根据左手定则判定绕组匝边 ab、cd 均受电磁力 F 的作用,由此产生逆时针方向的电磁转矩 M,使电枢转动;当电枢转过180°后,换向片A与负电刷接触,换向片B与正电刷接触,电流改由 $d{\rightarrow}a$,如图4-9(b)所示,但电磁转矩 M 的方向不变,电枢仍按逆时针方向继续转动。

由此可见,直流电动机的换向器可将电源提供的直流电转换成电枢绕组所需的交流电,以保证电枢产生的电磁转矩的方向保持不变,从而使其旋转方向不变。实际的直流电动机为了产生足够大且转速稳定的电磁力矩,其电枢上绕有很多组线圈,换向器的换向片也随之相应增加。

4.1.4 起动机的传动机构和控制装置

1. 起动机的传动机构

起动机的传动机构是起动机的主要组成部件，它包括单向离合器和拨叉两个部分。拨叉的作用是使离合器做轴向移动，使驱动齿轮啮入和脱离飞轮齿圈。电磁式拨叉的结构如图4-10所示。

单向离合器的作用是将电动机的电磁转矩传递给发动机的飞轮齿圈，并使发动机迅速起动，同时又能在发动机起动后自动打滑，防止起动机被飞轮反拖，保护起动机电枢。常用的单向离合器主要有滚柱式、弹簧式和摩擦片式等几种形式。

2. 起动机的控制装置

起动机的控制装置（见图4-11）也称电磁开关，其作用是控制驱动齿轮与飞轮齿圈的啮合与分离以及电动机电路的通断。电磁开关主要由吸引线圈、保持线圈、活动铁芯、接触片等组成。

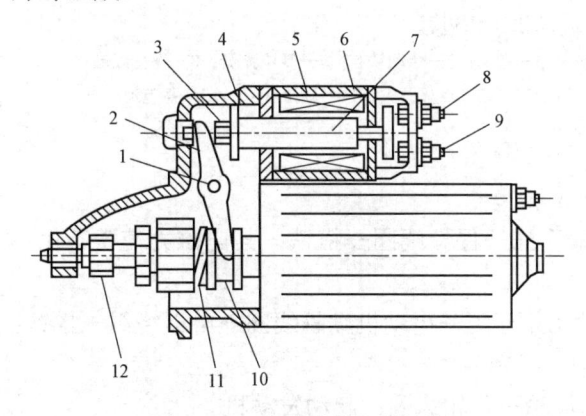

图4-10 电磁式拨叉的结构
1—拨叉轴；2—拨叉；3，4—弹簧；5—线圈；6—外壳；
7—电磁铁芯；8，9—接线柱；10—传动套筒；
11—缓冲弹簧；12—驱动齿轮

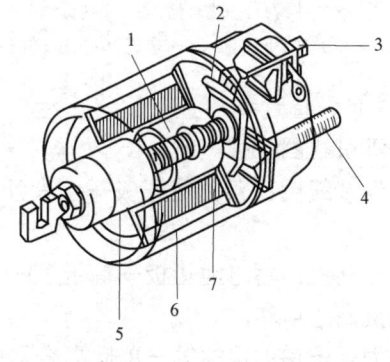

图4-11 控制装置
1—回位弹簧；2—接触片；3—端子C；4—端子30；
5—吸引线圈；6—保持线圈；7—活动铁芯

3. 起动机的工作过程

控制装置在起动操作时分为吸引、保持和复位三个步骤，如图4-12所示。

1）吸引过程

点火开关打到START挡，蓄电池经端子50给保持线圈、吸引线圈通电。

保持线圈：蓄电池正极→点火开关→端子50→保持线圈→搭铁。

吸引线圈：蓄电池正极→点火开关→端子50→吸引线圈→端子C→电动机励磁线圈→电枢绕组→搭铁；电动机低速运转。

吸引线圈和保持线圈的电磁力吸引可动铁芯右移，压缩弹簧，通过拨叉使驱动齿轮与飞轮齿圈啮合；接触片与触点接触，使端子30和端子C短接。

起动机的工作原理

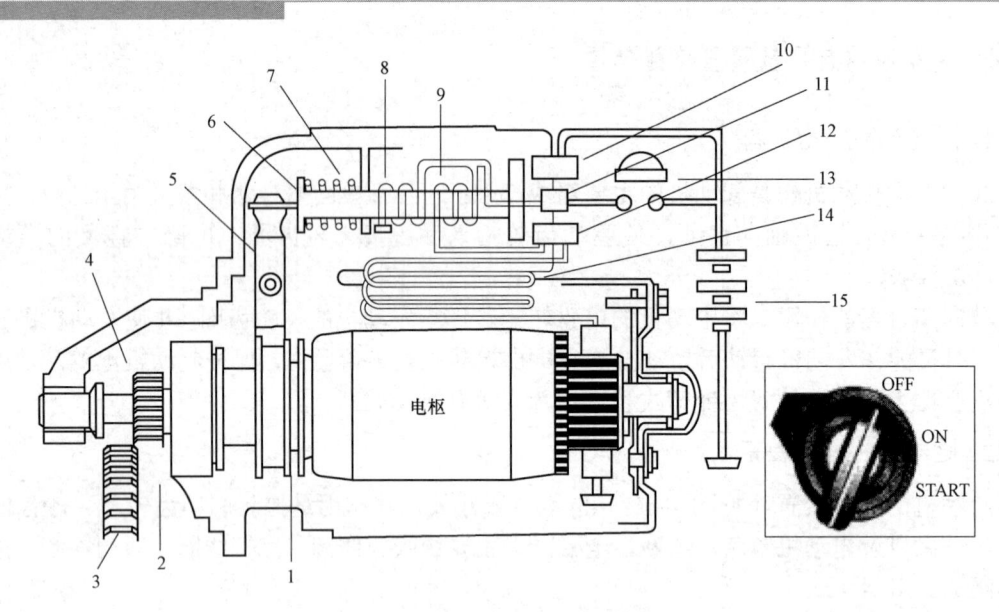

图 4-12 起动机工作过程

1—螺纹花键；2—离合器；3—飞轮齿圈；4—驱动齿轮；5—拨叉；6—活动铁芯；7—复位弹簧；8—保持线圈；9—吸引线圈；10—端子30；11—端子50；12—端子C；13—点火开关；14—励磁线圈；15—蓄电池

2）保持过程

吸引线圈：被短路。

保持线圈：蓄电池正极→点火开关→端子50→保持线圈→搭铁；其电磁力使铁芯保持不动。

电动机：蓄电池正极→端子30→接触片→端子C→电动机励磁线圈→电枢绕组→搭铁；电动机高速运转。

力矩传递：电枢轴→单向离合器→驱动齿轮→飞轮齿圈；起动发动机。

3）复位过程

发动机起动后，松开点火开关至"点火"挡（ON挡），端子50断电，端子C电流经过吸引线圈、保持线圈到搭铁，但由于两个线圈所产生的磁场抵消，复位弹簧使活动铁芯复位。活动铁芯带动拨叉使驱动齿轮与飞轮齿圈脱离；端子C断电，电动机停电停转。

注：对于不同的车系，起动机各接线端子的名称不尽相同。如通用车型将起动机各接线端子命名为S、B、M，分别对应端子50、端子30、端子C。

任务实施

1. 起动机的拆解

从汽车上拆下起动机后，清洁外部的油污和灰尘，然后按下列步骤进行解体。

（1）旋出防尘盖固定螺钉，取下防尘盖，用专用钢丝钩取出电刷；拆下电枢轴上止推圈处的卡簧，如图4-13所示。

（2）用扳手旋出两紧固穿心螺栓，取下前端盖，抽出电枢，如图4-14所示。

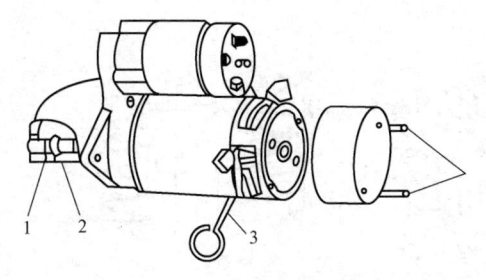

图4-13 拆卸电刷
1—卡簧；2—止推圈；3—钢丝钩

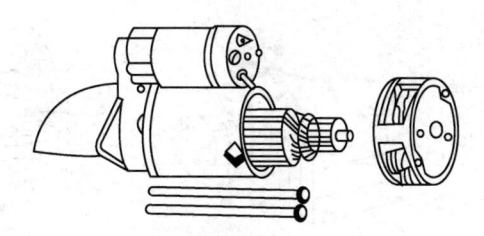

图4-14 拆卸前端盖和电枢

(3) 拆下电磁开关主接线柱与电动机接线柱间的导电片；旋出后端盖上的电磁开关紧固螺钉，使电磁开关后端盖与中间壳体分离，如图4-15所示。

(4) 从后端盖上旋下中间支撑板螺钉，取下中间支撑板，旋出拨叉轴销螺钉，抽出拨叉，取出离合器，如图4-16所示。

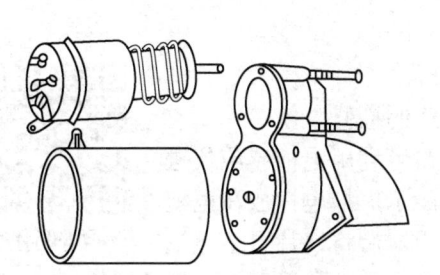

图4-15 拆卸电磁开关

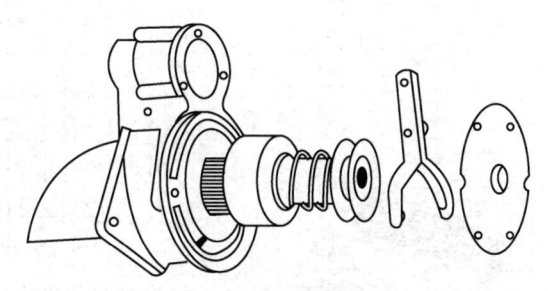

图4-16 拆下离合器

(5) 将已解体的机械部分浸入清洗液中清洗，电气部分用棉纱蘸少量汽油擦拭干净。

2. 起动机的检修

1) 起动机通电试验

在进行起动机的解体之前，最好进行不解体检测，通过不解体的性能检测可以大致找出故障。

起动机通电试验

(1) 吸引线圈性能测试。

如图4-17（a）所示，拆下起动机主接线柱2上的磁场绕组电缆引线端子，将蓄电池负极接在壳体和起动机主接线柱2上，正极接在电磁开关接线柱3上，此时驱动齿轮应被强有力地推出。如果驱动齿轮不被推出，说明电磁开关吸引线圈断路，应予以修理或更换。

(2) 保持线圈性能测试。

如图4-17（b）所示，在上述驱动齿轮推出的情况下，拆下起动机主接线柱2上的电缆夹，此时驱动齿轮应保持在伸出位置不动。如果驱动齿轮回位，说明保持线圈断路，应予以修理。

(3) 驱动齿轮回位测试。

在保持动作的基础上，再拆下起动机壳体上的电缆夹，如图4-17（c）所示。此时驱动齿轮应迅速回位，如果驱动齿轮不能回位，说明回位弹簧失效，应更换弹簧或电磁开关总成。

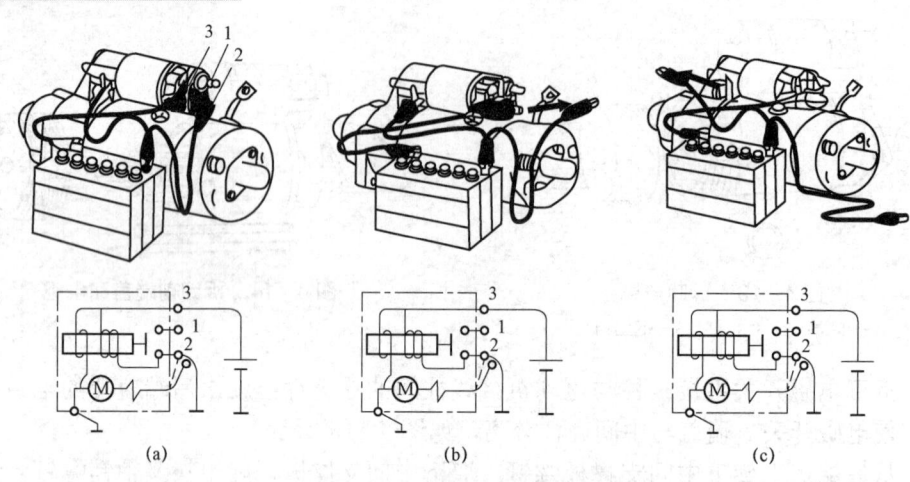

图 4-17 起动机电磁开关试验
(a) 吸引线圈性能测试；(b) 保持线圈性能测试；(c) 驱动齿轮回位测试
1，2，3—接线柱

2）电枢总成的检修

(1) 电枢绕组短路的检修。

电枢绕组是否短路可利用电枢感应仪进行检查，如图 4-18 所示。把电枢放在电枢感应仪上，当感应仪通电后将钢片置于电枢上方的线槽上，钢片在空间的位置不动，慢慢转动电枢。当钢片在某些槽上产生振动时，说明该槽内的电枢绕组有短路故障。

起动机的解体检修

(2) 电枢绕组搭铁的检修。

用万用表测量电枢铁芯（或电枢轴）和换向器之间的电阻，应为无穷大，否则说明电枢绕组与电枢轴之间绝缘不良，有搭铁之处，如图 4-19 所示。

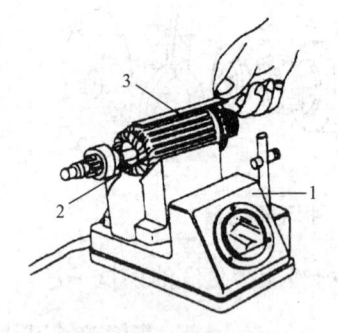

图 4-18 电枢绕组短路检查
1—电枢感应仪；2—电枢；3—钢片

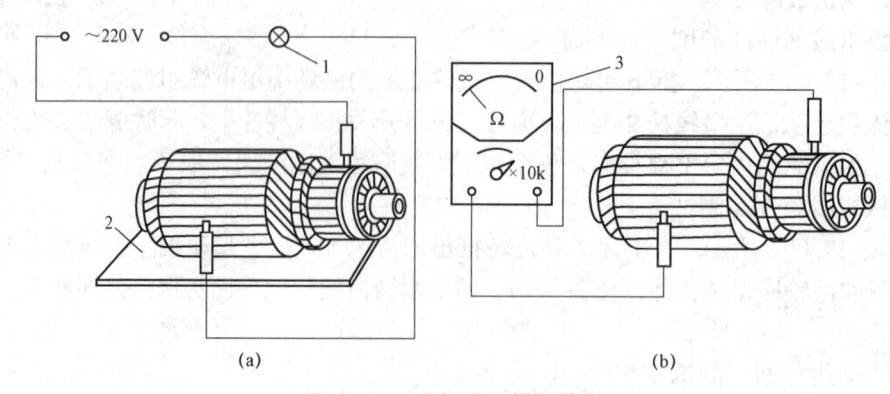

图 4-19 电枢绕组搭铁检查
(a) 用试灯检查电枢对地绝缘；(b) 用万用表检查电枢对地绝缘
1—试灯；2—绝缘垫；3—万用表

(3)电枢绕组断路的检修。

电枢绕组断路故障多发生在线圈端部与换向器的连接处。如图 4-20 所示,将两个表笔分别接触换向器相邻的两换向片,测量每相邻两换向片间是否相通。如果万用表指针指示"0",则说明电枢绕组无断路故障;如果万用表指针在某处不摆动,即电阻值为无穷大,则说明此处有断路故障。电枢绕组若有严重短路、搭铁或断路,则应更换电枢总成。

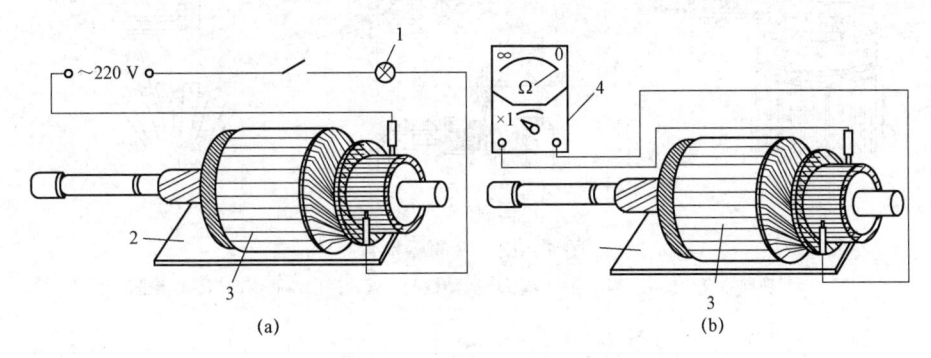

图 4-20 电枢绕组断路检查
(a)用试灯检查电枢绕组断路;(b)用万用表检查电枢绕组断路
1—试灯;2—绝缘垫;3—电枢;4—万用表

(4)电枢轴的检修

电枢轴的常见故障是弯曲变形。可用百分表来检查电枢轴是否弯曲,如图 4-21 所示。径向跳动应不大于规定值 0.1 mm,否则应进行校正或更换。

(5)换向器的检修

换向器有无脏污和表面烧蚀,若有此情况,轻微烧蚀用"00"号砂纸打磨即可,严重烧蚀或失圆时应精车加工,但加工后换向器铜片厚度不得少于 2 mm,否则应更换电枢。

检测换向器直径,不应小于最小直径,否则更换电枢,如图 4-22(a)所示。

检测换向器径向跳动,径向跳动应不大于规定值 0.1 mm,否则应进行校正或更换,如图 4-22(b)所示。

检测换向器底部凹槽深度,应为 0.5~0.8 mm,否则进行修正或更换,如图 4-22(c)所示。

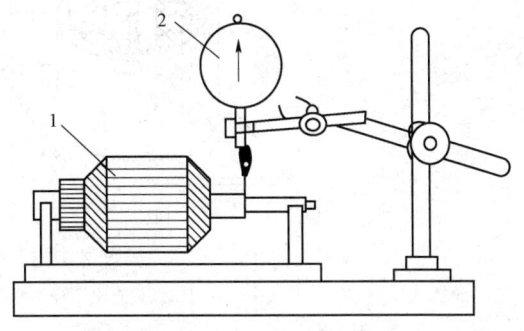

图 4-21 电枢轴弯曲检查
1—电枢;2—百分表

3)磁场绕组的检修

(1)磁场绕组断路的检修。

如图 4-23 所示,用万用表测量起动机外壳引线(电流输入接线柱)与磁场绕组绝缘电刷之间的电阻,阻值应很小,若为无穷大,则说明磁场绕组断路,应予以检修或更换。

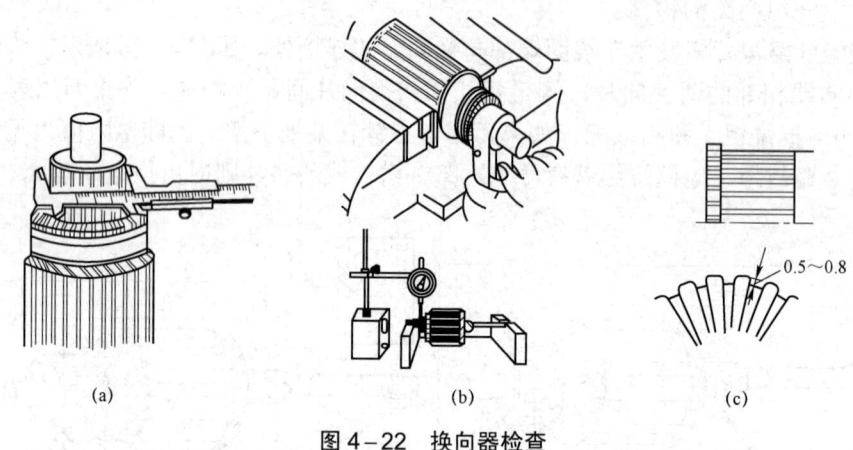

图 4-22 换向器检查
(a) 换向器直径检测；(b) 换向器径向跳动检测；(c) 换向器底部凹槽深度检测

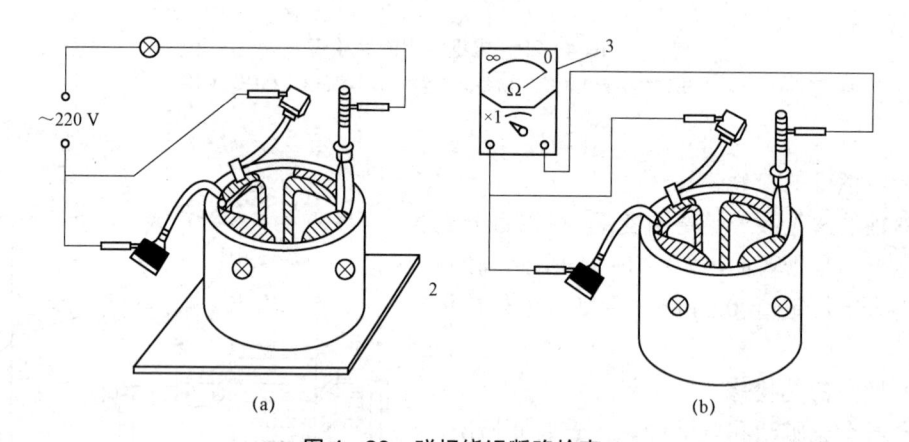

图 4-23 磁场绕组断路检查
(a) 用试灯检查磁场绕组断路；(b) 用万用表检查磁场绕组断路
1—试灯；2—绝缘垫；3—万用表

（2）磁场绕组搭铁的检修。

如图 4-24 所示，用万用表测量起动机外壳引线（电流输入接线柱）与外壳之间的电阻，阻值应为无穷大，否则表示磁场绕组与壳体搭铁，此时应予以检修或更换。

（3）磁场绕组短路的检修。

如图 4-25 所示，将蓄电池正极接起动机外壳引线（电流输入接线柱），负极接绝缘电刷，然后将螺丝刀放在每个磁极上，检查到的磁极对螺丝刀的吸力应相同。若某磁极吸力弱，则表示该处磁场绕组匝间短路。

4）电刷组件的检修

电刷在电刷架内应活动自如，无卡滞现象。电刷磨损后的高度不应小于电刷原高度的 2/3，否则应予以更换，如图 4-26 所示。用万用表测量绝缘电刷架和后端盖之间的电阻，应为无穷大；用万用表测量搭铁电刷架和后端盖之间的电阻，应为 0，如图 4-27 所示。

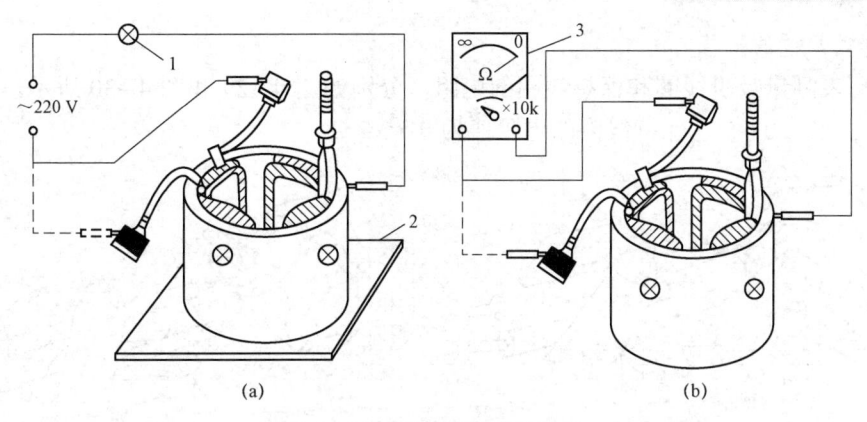

图 4-24 磁场绕组搭铁检查

（a）用试灯检查定子内磁场绕组对地绝缘；（b）用万用表检查定子内磁场绕组对地绝缘

1—试灯；2—绝缘垫；3—万用表

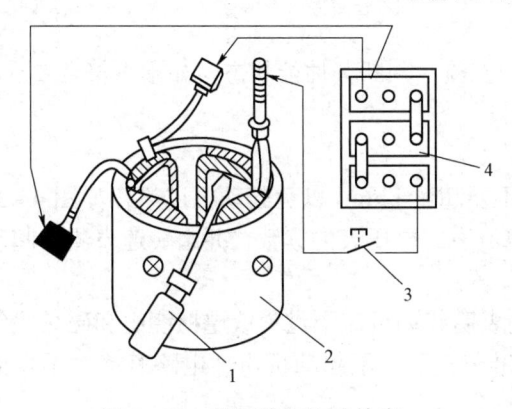

图 4-25 磁场绕组短路检查

1—旋具；2—定子；3—按钮；4—蓄电池

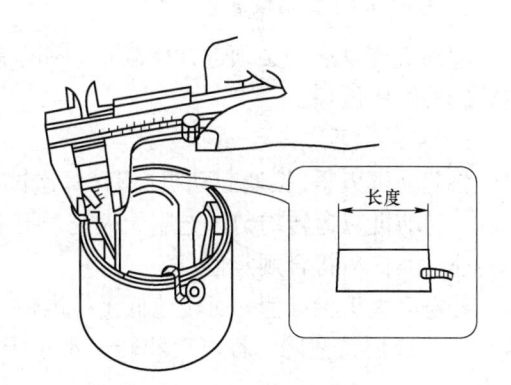

图 4-26 电刷长度检查

5）单向离合器的检修

按住单向离合器不动，如图 4-28 所示：顺时针转动驱动齿轮，应能自由转动；逆时针转动驱动齿轮，应转不动。

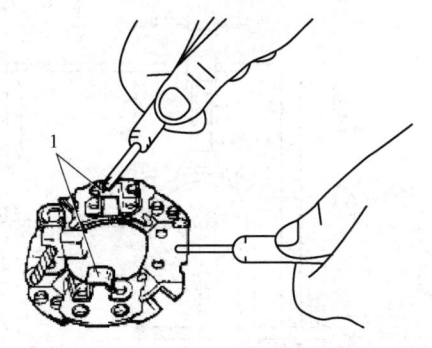

图 4-27 电刷绝缘检查

1—绝缘电刷座

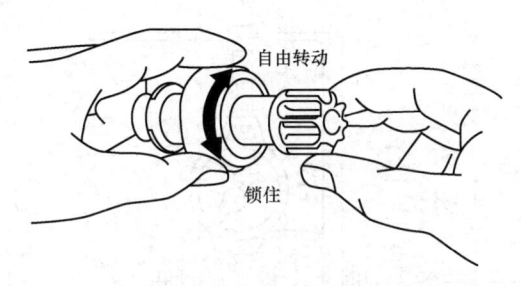

图 4-28 单向离合器单向性检查

6）电磁开关的检修

用万用表测量吸引线圈和保持线圈的电阻，分别如图4-29和图4-30所示。吸引线圈的电阻值为0.2~0.6 Ω，保持线圈的电阻值为0.5~2 Ω。

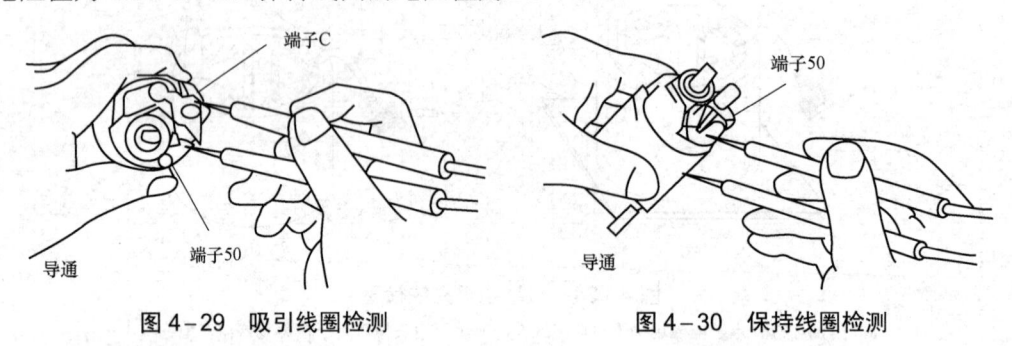

图4-29 吸引线圈检测

图4-30 保持线圈检测

3. 起动机的性能检验

起动机修复后，必须进行空载试验和全制动试验，判断其性能状态，如果不符合要求，应重新检查和修理。

1）空载试验

将起动机夹紧，接通起动机电路（每次试验不要超过1 min，以免起动机过热），如图4-31所示。起动机应运转均匀，电刷无火花。记下电流表、电压表的读数，并用转速表测量起动机转速，其值应符合规定值。

若电流大于标准值，而转速低于标准值，则表明起动机装配过紧或电枢绕组和磁场绕组内有短路或搭铁故障；若电流和转速都小于标准值，则表示起动机内部电路有接触不良的地方。

2）制动试验

全制动试验是在空载试验通过后，再通过测量起动机全制动时的电流和转矩来检验起动机的性能良好与否，试验方法如图4-32所示。电流表、电压表及弹簧秤的读数以及全制动电流和制动转矩应符合规定值。如果电流大而转矩小，则表明磁场绕组或电枢绕组有短路或搭铁故障；如果转矩和电流都小，则表明起动机内接触电阻过大；如果试验过程中电

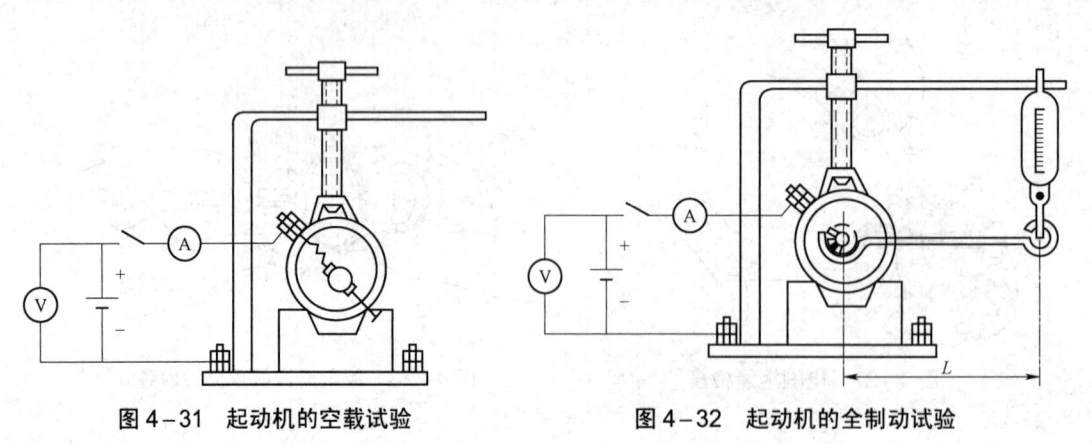

图4-31 起动机的空载试验

图4-32 起动机的全制动试验

枢轴有缓慢转动,则说明单向离合器有打滑现象。

注意:全制动试验要动作迅速,每次试验通电时间不要超过 5 s,以免损坏起动机及蓄电池。

任务4.2 起动系统的检修

相关知识

4.2.1 典型起动系统电路分析

桑塔纳轿车起动系统电路由点火开关直接控制起动机的电磁开关,其起动系统接线如图4-33所示。起动机电源端子30用黑色电缆7与蓄电池正极相连,起动机端子50用红黑色导线6与中央电路C插座的18接点C18连接。

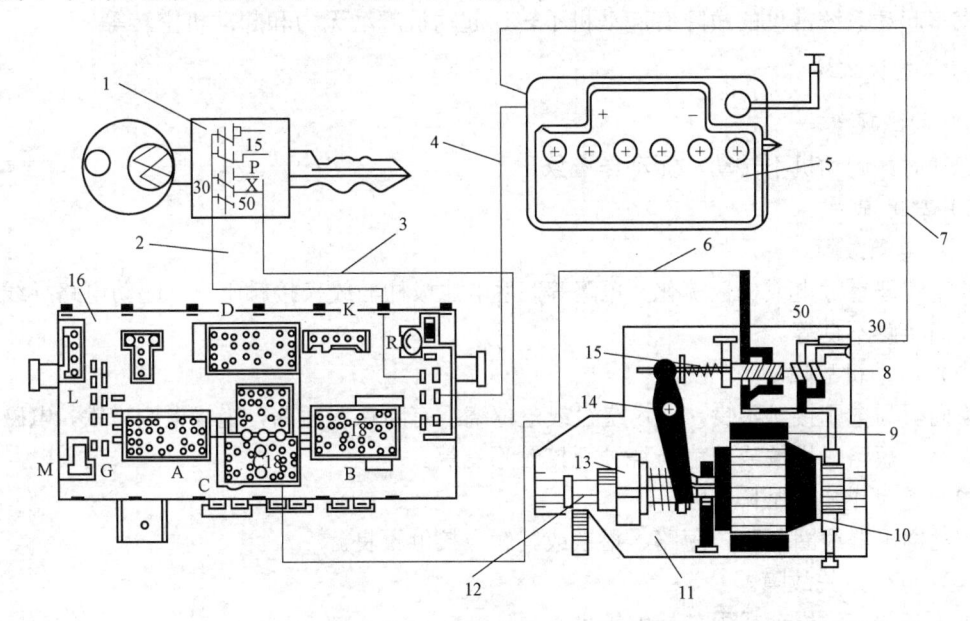

图4-33 桑塔纳轿车起动系统接线图
1—点火开关;2,4—红色导线;3,6—红黑色导线;5—蓄电池;7—黑色电缆;8—电磁开关;9—磁极;10—电枢;11—起动机总成;12—驱动齿轮;13—滚柱式单向离合器;14—拨叉;15—回位弹簧;16—中央电路板

1. 发动机起动时

将点火开关转到起动挡,电磁开关中吸引线圈和保持线圈电路即被接通,此时吸引线圈和保持线圈产生的磁通方向相同,在其电磁力的共同作用下,活动铁芯向右移动,并带动拨叉14绕支点转动,拨叉下端便拨动滚柱式单向离合器13向左移动,驱动齿轮12便与飞轮

齿圈进入啮合。

当吸引线圈电流流过磁场绕组和电枢绕组时,电枢轴便以较慢速度转动,以便驱动齿轮与飞轮齿圈啮合柔和。当驱动齿轮与飞轮齿圈接近完全啮合时,活动铁芯带动推杆右移,接触盘将起动机主电路接通,此时吸引线圈被短路,保持线圈的电磁力使接触盘与触点保持可靠接触。起动机主电路接通后,电枢绕组和磁场绕组内通过的电流很大,产生电磁转矩,驱动飞轮旋转,当转速大到一定值时,发动机便被起动。

2. 发动机起动后

当发动机起动后,单向离合器开始打滑,松开点火钥匙,点火开关将自动转回一个角度,起动挡断开,吸引线圈和保持线圈串联。此时吸引线圈和保持线圈产生相反方向的磁通,电磁力相互削弱,在回位弹簧 15 的张力作用下,活动铁芯立即左移回位,并带动推杆和接触盘向左移动,使起动机主电路切断而起动机停转。与此同时,拨叉 14 带动单向离合器 13 向右移动,使驱动齿轮与飞轮齿圈分离,起动工作结束。

4.2.2 起动系的故障诊断与排除

汽车起动系统常见的故障有起动机不转、起动机起动无力和起动机空转等。

1. 起动机不转

1) 故障现象

起动时,起动机不转动,无动作迹象。

2) 故障原因

(1) 电源故障。

蓄电池严重亏电或极板硫化、短路等,蓄电池极柱与线夹接触不良,起动电路导线连接处松动而接触不良等。

(2) 起动机故障。

换向器与电刷接触不良,磁场绕组或电枢绕组有断路或短路,绝缘电刷搭铁,电磁开关线圈断路、短路、搭铁或其触点烧蚀而接触不良等。

(3) 起动继电器故障。

起动继电器线圈断路、短路、搭铁或其触点接触不良。

(4) 点火开关故障。

点火开关接线松动或内部接触不良。

(5) 起动系统线路故障。

起动系统线路中有断路、导线接触不良或松脱等。

3) 故障诊断

(1) 检查电源。

按喇叭或开大灯,如果喇叭声音小或嘶哑、灯光比平时暗淡,说明电源有问题,应先检查蓄电池极柱与线夹及起动电路导线接头处是否松动,触摸导线连接处是否发热。若某连接处松动或发热则说明该处接触不良。如果线路连接没有问题,则应对蓄电池进行检查。

（2）检查起动机。

如果判断电源没有问题，则对起动机进行检查。用螺丝刀将起动机电磁开关上连接蓄电池和电动机导电片的接线柱短接，如果起动机不转，则说明是电动机内部有故障，应拆检起动机；如果起动机空转正常，则按以下步骤检查。

（3）检查电磁开关。

用螺丝刀将电磁开关上连接起动继电器的接线柱与连接蓄电池的接线柱短接，若起动机不转，则说明起动机电磁开关有故障，应拆检电磁开关；如果起动机运转正常，则说明故障在起动继电器或有关的线路上。

（4）检查起动继电器。

用螺丝刀将起动继电器上的"电池"和"起动机"两接线柱短接，若起动机转动，则说明起动继电器内部有故障；否则进行下一步检查。

（5）检查点火开关及线路。

将起动继电器的"电池"与点火开关用导线直接相连，若起动机能正常运转，则说明故障在起动继电器至点火开关的线路中，可对其进行检修。

2. 起动机起动无力

1）故障现象

起动时，起动机转速明显偏低甚至停转。

2）故障原因

（1）电源故障。

电源故障有蓄电池亏电或极板硫化短路、起动电源导线连接处接触不良等。

（2）起动机故障。

起动机故障有换向器与电刷接触不良、电磁开关接触盘和触点接触不良、电动机磁场绕组或电枢绕组有局部短路等。

3）故障诊断

如出现起动机运转无力，首先检查起动机电源，如果起动电源没有问题，则应拆检起动机，首先检查电磁开关接触盘、换向器与电刷的接触情况，其次检查磁场绕组和电枢绕组。

3. 起动机空转

1）故障现象

接通起动开关后，只有起动机快速旋转而发动机曲轴不转。

2）故障原因

这种症状表明起动机电路畅通，故障在起动机的传动装置和飞轮齿圈等处。

3）故障诊断方法

（1）若在起动机空转的同时伴有齿轮的撞击声，则表明飞轮齿圈牙齿或起动机小齿轮牙齿磨损严重或已损坏，致使不能正确地啮合。

（2）起动机传动装置故障有单向离合器弹簧损坏、单向离合器滚子磨损严重、单向离合器套管的花键槽锈蚀。这些故障会阻碍小齿轮正常移动，造成不能与飞轮齿圈准确啮合。

（3）有的起动机传动装置采用一级行星齿轮减速装置，其结构紧凑，传动比大，效率高。

但使用中常会出现载荷过大而烧毁卡死。有的采用摩擦片式离合器，若压紧弹簧损坏、花键锈蚀卡滞或摩擦离合器打滑，也会造成起动机空转。

任务实施

1. 起动系统电路

上海帕萨特 B5 轿车起动系统电路图如图 4-34 所示，起动系统电路如下。

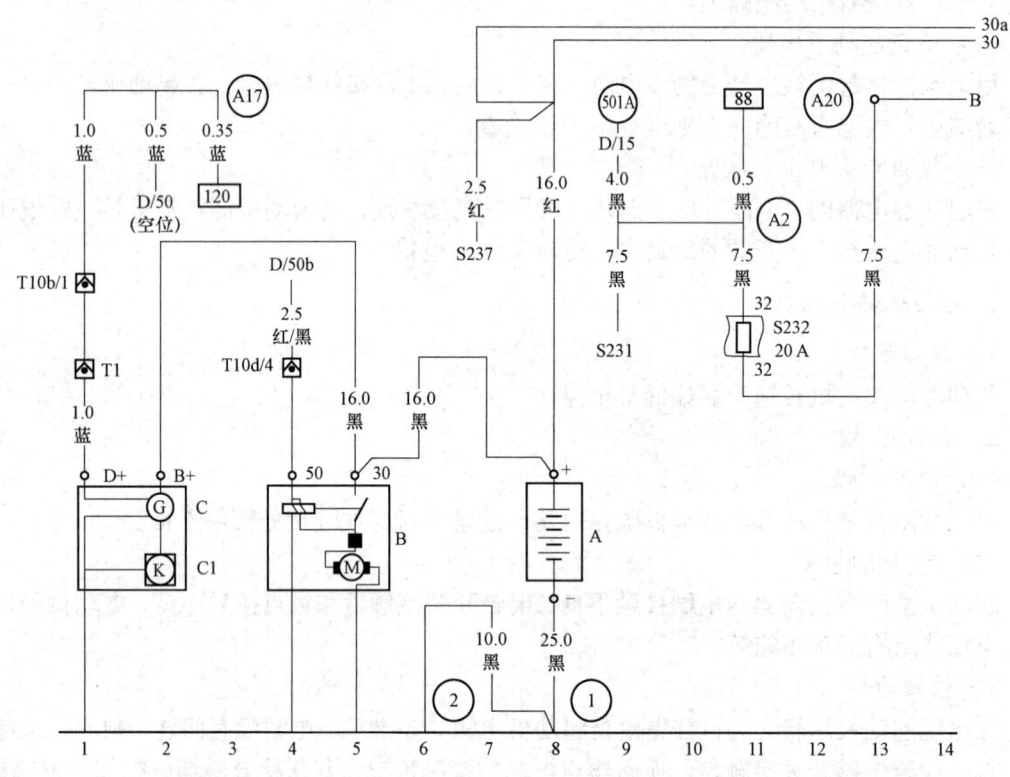

图 4-34　上海帕萨特 B5 轿车起动系统电路图

A—蓄电池；
B—起动机；
C—发电机；
C1—发电机调压器；
D—点火开关；
S231—熔断器（在熔断器架上）；
S232—熔断器，20 A（在熔断器架上）；
S237—熔断器（在熔断器架上）；
T1—单针插头，在发动机缸体的右侧，蓝色；
T10b—10 针插头，在发动机室中的控制单元防护罩内左侧，黑色（1号位）；

T10d—10 针插头，在发动机室中的控制单元防护罩内左侧，棕色（2色位）；

A2—正极连接点（15 号火线），在仪表板线束内；

A17—连接点（51），在仪表板线束内；

A20—连接点（15a），在仪表板线束内；

501A—螺栓连接点 2（303 号火线），在继电器板上；

① —接地点，蓄电池至车身；

② —接地点，变速器至车身。

（1）保持线圈电路：蓄电池正极→点火开关→起动机接线柱 50→保持线圈→搭铁→蓄

电池负极。

（2）吸引线圈电路：蓄电池正极→点火开关→起动机接线柱50→吸引线圈→磁场绕组→电枢→搭铁→蓄电池负极。

保持线圈和吸引线圈通电产生磁场，吸引铁芯前移，接通电动机主电路，电动机旋转，经传动机构、驱动齿轮传给曲轴飞轮，起动发动机。

（3）电动机主电路：蓄电池正极→起动机接线柱30→磁场绕组→电枢→搭铁→蓄电池负极。

2. 起动系统电路诊断

（1）用螺丝刀短接起动机接线柱30和50，起动机应高速旋转，否则起动机有故障，应按起动机的检修方法检修起动机。

（2）使用万用表的直流电压挡，检查蓄电池的电压降。第一次，把万用表的两表笔接在蓄电池的正、负极柱头上，起动发动机，测电压；第二次，把万用表的正表笔接在起动机的火线接线柱上，负表笔接在起动机外壳上，起动起动机，测电压；第三次，把万用表的正表笔接在蓄电池的正极柱头上（+），负表笔接在起动机外壳上，起动起动机，测电压。故障分析：第一次测试，电压由原来的12 V降到10 V左右，说明蓄电池存电容量正常，否则电量不足；第二次和第三次测试结果一样，且电压降太大，说明是搭铁接触不良故障，就在搭铁线路方面找；如果第三次测试结果和第一次一样，说明起动机至蓄电池之间的粗火线有故障。

打开点火开关处于起动挡，用万用表测起动机接线柱30的电压，其电压降不要超过0.2 V。

（3）拆下起动机50端子连线，打开点火开关处于起动挡，用万用表的直流电压挡检测连线电压，电压应为12 V，如果没电压，说明没有电过来，应检测控制线路。

知识拓展

1. 减速起动机

减速起动机与常规起动机的主要区别是在其传动机构和电枢轴之间安装了一套齿轮减速装置。通过减速装置把力矩传递给单向离合器，可以降低电动机的速度，增大输出力矩，减小起动机的体积和质量。

减速起动机的减速机构有外啮合式、内啮合式和行星齿轮式三种。

1）外啮合式减速起动机

减速机构在电枢轴和起动机驱动齿轮之间，利用惰轮作中间传动，且电磁开关铁芯与驱动齿轮同轴心，直接推动驱动齿轮进入啮合，无须拨叉，如图4-35所示。因此，起动机的外形与普通的起动机有较大的差别。通常分为有惰轮外啮合式减速起动机和无惰轮外啮合式减速起动机。外啮合式减速机构的传动中心距较大，因此受起动机构的限制，其减速比不能太大，一般不大于5，多用在小功率的起动机上。

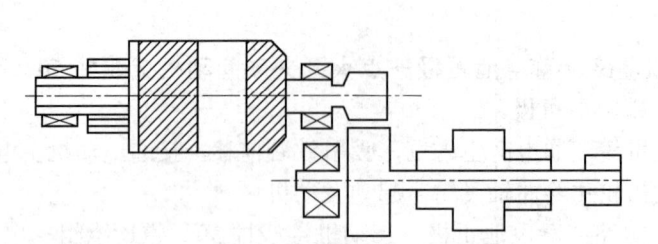

图 4-35　外啮合式减速起动机

2）内啮合式减速起动机

如图 4-36 所示,其减速机构传动中心距小,可有较大的减速比,故适用于较大功率的起动机。但内啮合式减速机构噪声较大,驱动齿轮仍需拨叉拨动进入啮合,因此,起动机的外形与普通起动机相似。

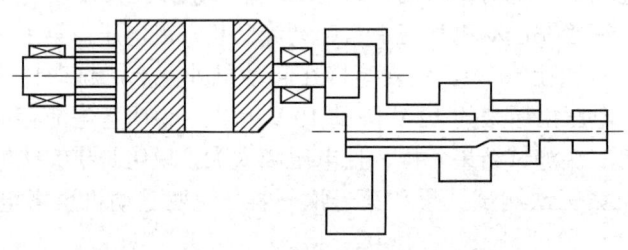

图 4-36　内啮合式减速起动机

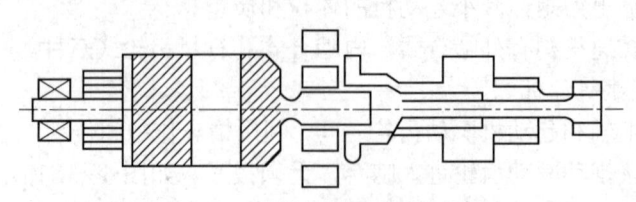

3）行星齿轮式减速起动机

减速机构结构紧凑、传动比大、效率高。由于输出轴与电枢轴同轴线、同旋向,电枢轴无径向载荷,振动小,整机尺寸较小,如图 4-37 所示。另外,行星齿轮式减速起动机还具有如下优点:

(1) 负载平均分配在三个行星齿轮上,可以采用塑料内齿圈和粉末冶金的行星齿轮,使质量减轻、噪声降低。

(2) 尽管增加了行星齿轮减速机构,但是起动机的轴向其他结构与普通起动机相同,故配件可以通用。因此,行星齿轮式减速起动机应用越来越广泛,丰田系列轿车和部分奥迪轿车也都采用了行星齿轮式减速起动机。

图 4-37　行星齿轮式减速起动机

目前,采用减速起动机的汽车越来越多,如北京现代索纳塔、北京切诺基吉普车、奥迪、本田和丰田轿车等都采用了减速起动机。

2. 无钥匙起动系统

1）定义

无钥匙起动就是指智能钥匙，即起动车辆不用掏拧钥匙，持此钥匙靠近车门（大概 2 m），无须开车门，手拉即可打开，上车后，无须将钥匙插进钥匙孔，直接旋转钥匙开关，即可启动车辆。离开车辆后，无须锁车，远离车门（大概 2 m），车门自动落锁。

2）优点

（1）上车启动车辆后，第一脚制动，四门将会自动落锁。

（2）进入车辆时，车辆能辨认出真正的车主，如果车主不在车内，车辆将无法启动并马上报警。

（3）完备的密码身份识别器（电子钥匙）加密系统无法复制，采用第四代射频识别技术（RFID）芯片，完全达到了无法复制的要求。

（4）整车防盗——通过对电路、油路、起动三点锁定，当防盗器被非法拆除时，车辆照样无法启动。

（5）不误报警——产品采用最先进的防冲突技术，极大地增强了系统的可靠性。

（6）锁车后自动关闭车窗，当车主下车后，如果忘记关闭车窗，无须重新起动发动机逐个关闭车窗，车辆安全系统会自动升起车窗，大大地提高了汽车的安全防范水平。

课 后 思 考

一、判断题

1. 直流串激式电动机中"串激"的含义是四个激磁绕组串联。　　　　　　　（　　）

2. 判断起动机电磁开关中吸引线圈和保持线圈是否已损坏，应以通电情况下看其能否有力地吸动活动铁芯为准。　　　　　　　　　　　　　　　　　　　　　（　　）

3. 起动机电枢上的换向片之间应绝缘，因此用万用表测量相邻两个换向片之间的电阻应为无穷大。　　　　　　　　　　　　　　　　　　　　　　　　　　（　　）

4. 起动机由直流电动机、传动机构和控制装置三大部分组成。　　　　　　（　　）

5. 点火开关打到"START"位置，测量端子 50 电压，电压应为 0 V。　　　（　　）

6. 用螺丝刀把起动机的端子 30 和端子 C 进行短接，起动机应高速旋转，如不转，说明起动机电动机有故障，应检修或更换起动机。　　　　　　　　　　　　（　　）

二、选择题

1. 起动机在起动瞬间，则（　　）。

A. 转速最大　　　　B. 转矩最大　　　　C. 反电动势最大　　　D. 功率最大

2. 起动机在汽车的起动过程中（　　）。

A. 先接通起动电源，然后让起动机驱动齿轮与发动机飞轮齿圈正确啮合

B. 先让起动机驱动齿轮与发动机飞轮齿圈正确啮合，然后接通起动电源

C. 在接通起动电源的同时，让起动机驱动齿轮与发动机飞轮齿圈正确啮合

D. 以上都不对

3. 当起动继电器线圈通过电流时，铁芯被磁化而吸闭触点，致使吸引线圈和保持线圈之间的电路被（　　）。

A. 断开　　　　　B. 接通　　　　　C. 隔离　　　　　D. 以上都不对

4. 发动机起动运转无力，其主要原因在（　　）。

A. 蓄电池与起动机　　　　　　　B. 起动机与点火系统

C. 蓄电池与供油系统　　　　　　D. 蓄电池与点火系统

三、简答题

1. 起动机由哪些部分组成？各组成部分的作用是什么？
2. 起动机是如何分类的？
3. 简述起动机的工作过程。
4. 起动系统常见的故障有哪些？

项目 5　点火系统的检修

学习目标

1. 了解汽油机对点火系统的要求。
2. 了解点火系统的发展状况。
3. 掌握点火系统的组成结构。
4. 理解点火系统的工作原理。
5. 掌握点火系统元件的检测方法。
6. 熟悉点火系统常见故障及检修。

任务引入

一辆速腾轿车采用的微机控制独立点火系统，发动机不能起动，初步检查，发现高压线路火花塞无火，判断点火系统有故障。

要准确合理地检测点火系统各部件，并排除故障，必须熟悉点火系统结构、工作原理及电路分析。

任务 5.1　点火系统的认知

相关知识

5.1.1　点火系统概述

1. 点火系统的功用

按汽油机工作循环的需要，定时将电源的低电压转变为高电压，送至各缸火花塞，产生高压电火花，点燃可燃混合气。根据发动机工况和使用条件的变化，自动调节点火时间，实现可靠而准确的点火。

2. 点火系统的要求

1）提供足够高的击穿电压

火花塞电极间产生火花时的电压，称为击穿电压。汽油机正常工作时所需的击穿电压与汽油机的运行工况有关。发动机正常工作时击穿电压一般均在 15 kV 以上；发动机在满载低速时击穿电压为 8~10 kV；起动时需 19 kV。考虑各种不利因素的影响，通常点火系统的设计电压为 30 kV。

2）提供足够高的点火能量

正常工作情况下，可靠点燃可燃混合气的点火能量为 50~80 mJ，起动时需 100 mJ 左右的点火能量。

3）点火时刻（点火提前角）应与汽油机的运行工况相匹配

点火正时对汽油机的动力性、经济性及排放性具有重要的影响。点火系统除了应按各缸的工作顺序依次点火外，还必须把开始点火的时刻控制在最佳时刻。最佳的点火正时能提高汽油机动力性，并能降低燃油消耗率，减少有害物的排放量。

3. 点火系统的发展

汽油机点火系统的发展经历了三个阶段。

1）传统点火系统

1908 年，美国人首先在汽车上使用蓄电池点火装置，这种以蓄电池和发电机为电源的点火系统称为传统点火系统，现在已经被淘汰。

2）电子点火系统

20 世纪 60 年代，出现了电子点火系统。20 世纪 70 年代，无触点电子点火系统开始应用并得到了迅速发展。

3）微机控制点火系统

20 世纪 70 年代末，以微机控制点火时刻的点火系统开始在汽车上使用。

发动机点火系统从最初的传统触点式点火系统，发展到电子（晶体管）点火系统，又发展到今天的微机控制点火系统，点火时间越来越精确，点火可靠性越来越高，装置越来越复杂。

5.1.2 传统点火系统

1. 传统点火系统的组成

传统点火系统的组成如图 5-1 所示，主要由电源（蓄电池）、信号发生器、点火线圈、配电器、电容器、火花塞、高压导线、阻尼电阻等组成。其中信号发生器、配电器一般和点火提前机构合在一起，称为分电器。

传统点火系统的组成及工作原理

2. 传统点火系统的工作原理

点火系统能将 12 V 的低压电转变为 20 kV 以上的高压电，这是靠点火线圈和断电器来共同完成的；然后，再由配电器分配到各缸火花塞。

项目 5　点火系统的检修

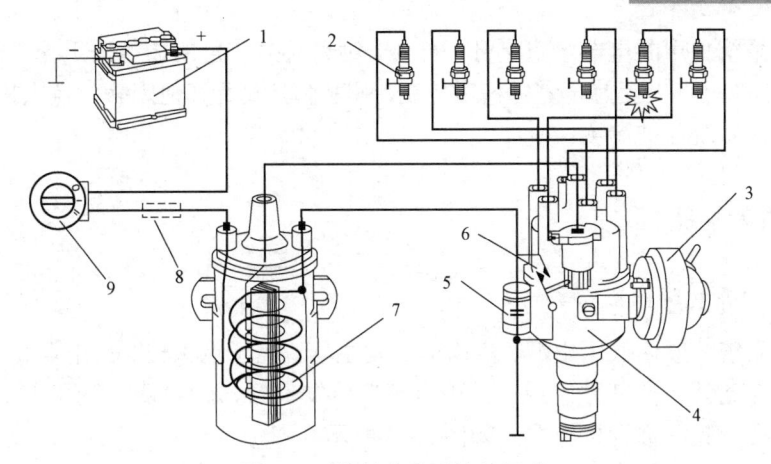

图 5-1　传统点火系统的组成

1—蓄电池；2—火花塞；3—点火提前机构；4—断电配电器；5—电容器；6—白金触点；
7—点火线圈；8—外电阻；9—点火开关

传统点火系统的工作原理如图 5-2 所示。发动机工作时，由发动机凸轮轴以 1:1 的传动比驱动分电器轴。分电器上的凸轮使断电器触点交替地闭合和打开。当触点闭合时，接通点火线圈初级绕组的电路；当触点打开时，切断点火线圈初级绕组的电路，使点火线圈的次级绕组中产生高压电；经火花塞的电极产生电火花，点燃混合气。其工作过程可分为三个阶段：

（1）触点闭合，初级电流逐步增长。
（2）触点断开，次级绕组中产生高压电。
（3）火花塞电极间隙被击穿，产生电火花。

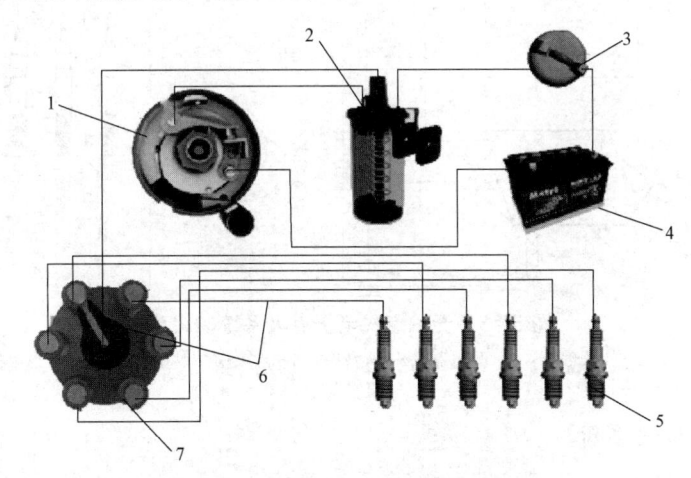

图 5-2　传统点火系统的工作原理

1—断电器；2—点火线圈；3—点火开关；4—蓄电池；5—火花塞；6—高压线；7—配电器

分电器轴每转一转，各缸按点火顺序轮流点火一次。发动机工作时，上述过程周而复始地重复，若要停止发动机的工作，只要断开点火开关，切断电源电路即可。

传统点火系统采用断电器触点起开关作用,对点火提前角的调整采用真空式和离心式调整机构,因此不能对点火提前角进行精确控制,同时不能顾及其他因素对点火提前角的影响。目前,传统点火系统已被淘汰。

5.1.3 电子点火系统

1. 电子点火系统的组成

电子点火系统一般由低压电源、点火信号发生器、电子点火器、配电器、点火线圈、火花塞等主要部件组成,其中点火信号发生器、配电器一般和点火提前机构合在一起,称为分电器,如图5-3所示。

2. 电子点火系统的工作原理

其基本工作原理如图5-3所示,转动的分电器根据发动机做功的需要,使点火信号发生器产生某种形式的电压信号(有模拟信号和数字信号两种),该电压信号经电子点火器大功率晶体管前置电路的放大、整形等处理后,控制串联于点火线圈初级回路的大功率晶体管的导通和截止。大功率晶体管导通时,点火线圈初级电路通路,点火系统储能;大功率晶体管截止时,点火线圈初级电路断路,次级绕组便产生高压电。

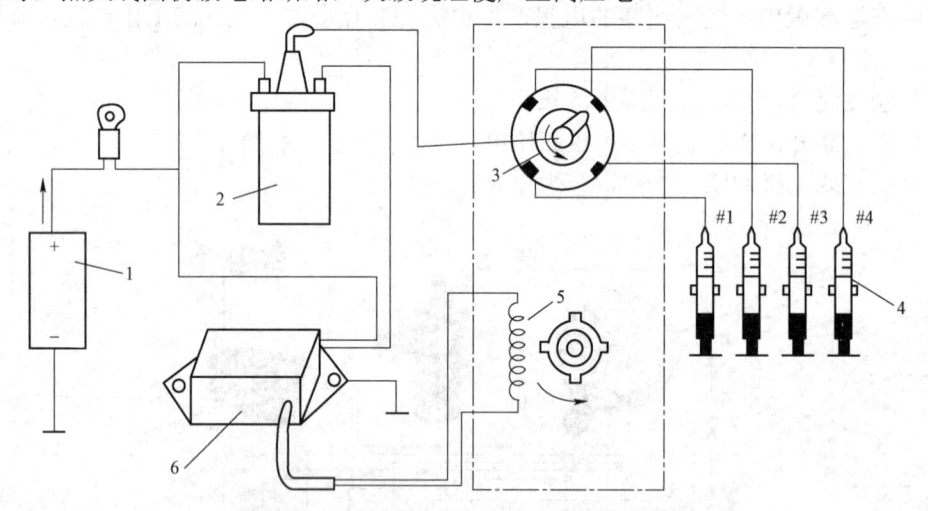

图5-3 无触点式电子点火系统的组成

1—蓄电池;2—点火线圈;3—配电器;4—火花塞;5—点火信号发生器;6—电子点火控制器

5.1.4 微机控制点火系统

电子点火系统对点火时刻的控制与传统点火系统一样,依靠在分电器上装设的离心式和真空式点火提前装置来控制。这两种装置由于受到其机械结构及性能的限制,调节能力有限,很难实现对点火时刻的精确控制。

由于点火时刻对发动机动力、油耗、排放污染、压缩比、大气压力、冷却液温度、空燃比、爆燃、行驶稳定性都会产生直接影响,所以需要对点火时刻进行精确控制,显然普通电子点火系统是无法胜任的,只有采用微机控制点火系统才能使点火时刻控制在最佳状态。

1. 微机控制点火系统的组成(见图 5-4)

1)传感器

检测与点火有关的发动机工作信息和状态信息,将检测结果输入 ECU,作为计算和控制点火时刻的依据。

2)ECU

接收传感器输入信号,按预先编制的程序进行计算、分析、判断,向点火控制器发出接通与切断点火线圈初级电路的控制信号。

3)点火执行器

根据 ECU 输出的点火控制信号,控制点火线圈的初级电路的接通与切断,产生次级高压,使火花塞点火;同时把点火确认信号反馈给 ECU。

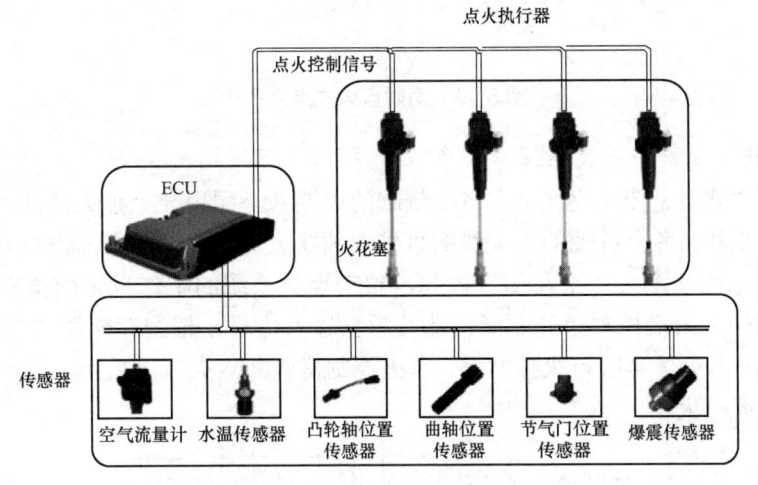

图 5-4 微机控制点火系统的组成

2. 微机控制点火系统的工作原理

发动机工作时,ECU 不断采集发动机的转速、转角、负荷信号,与微机内存中预先储存的最佳控制参数进行比较,确定出该工况下最佳点火提前角和初级电路的最佳导通时间,向点火控制模块发出指令。

点火控制模块根据 ECU 的点火指令,控制初级回路的导通与截止。当初级回路导通时,点火线圈将点火能量以磁场的形式储存起来。当初级线圈中的电流被切断时,次级线圈中产生 15~30 kV 的高压电,送给火花塞,点燃可燃混合气。

ECU 根据爆震、冷却液温度、进气温度、车速等信号来判断发动机的爆震程度,将点火提前角控制在爆震界限的范围内,使发动机始终处于最佳的燃烧状态。

3. 微机控制点火系统类型

微机控制点火系统可分为两种类型:同时点火式和单独点火式。

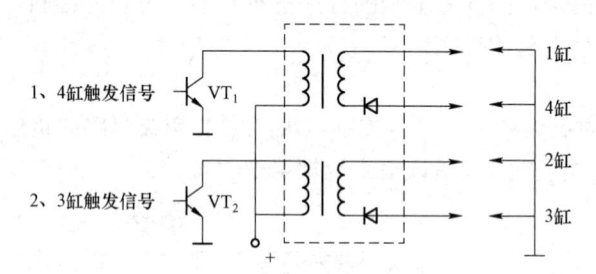

1）同时点火式点火系统

同时点火式点火系统（见图5-5）是利用一个点火线圈对活塞接近压缩上止点和排气上止点的两个气缸同时进行点火的高压配电方法。其中，活塞接近压缩上止点的气缸点火后，混合气燃烧做功，该气缸火花塞产生的电火花是有效火花；活塞接近排气上止点的气缸，火花塞产生的电火花是无效火花。由于排气气缸内的压力远低于压缩气缸内的压力，排气气缸中火花塞的击穿电压也远低于压缩气缸中火花塞的击穿电压，因此绝大部分点火能量主要释放在压缩气缸的火花塞上。同时在点火方式中，由于点火线圈远离火花塞，所以点火线圈与火花塞之间需要高压线连接。

图 5-5 同时点火式点火系统

2）独立点火式电子点火系统

独立点火方式（见图5-6）是在每个气缸的火花塞上配用一个点火线圈，单独对本缸进行点火的点火系统。各个单独的点火线圈直接安装在火花塞上，各点火线圈的初级绕组分别由点火控制器中的一个大功率晶体管控制，整个点火系统的工作也是由微机控制单元控制的。发动机工作时微机控制单元不断检测传感器输入信号，根据存储器（ROM）存储的数据，计算并输出点火信号给点火控制器，点火控制器判断点火气缸后由大功率晶体管控制初级电路的通断而点火。

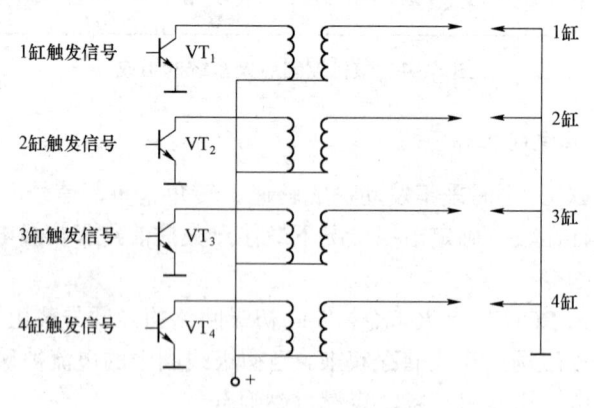

图 5-6 独立点火方式

绝大部分独立点火式的无分电器点火系统均采用无高压线的直接点火方式，直接点火使高压电能的传递损失和对无线电的干扰降到最低水平。此外，同时点火式只能用于气缸数为偶数的发动机，而独立点火式则不受气缸数限制。

任务实施

1. 点火信号发生器

电子点火器与点火信号发生器配套使用，点火信号发生器一般安装在分电器内，按点火信号产生的性质不同，可分为三类，即磁脉冲式、霍尔式和光电式（光电式应用较少）。

（1）霍尔式点火信号发生器：其结构组成如图5-7所示，与传统点火装置的分电器相比，只是由霍尔式电子点火信号发生器取代了断电器。霍尔式电子点火信号发生器主要由触发叶轮、霍尔集成块、导板及永久磁铁构成。

（2）磁感应式点火信号发生器：磁感应式（又称磁脉冲式）分电器总成与传统的分电器相比，只是由磁脉冲式点火信号发生器取代了断电器，并取消了电容器。磁脉冲式点火信号发生器的组成如图5-8所示，它主要由信号转子、感应线圈、定子、永久磁铁等组成。

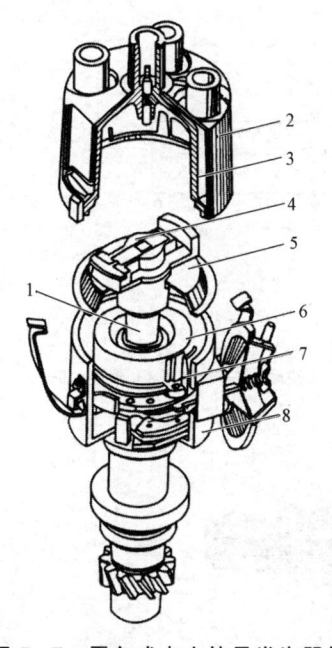

图5-7 霍尔式点火信号发生器的结构组成

1—分电器轴；2—抗干扰屏蔽罩；3—分电器盖；4—分火头；5—防尘罩；6—信号转子；7—霍尔信号发生器；8—分电器壳

图5-8 磁脉冲式点火信号发生器的组成

1—转子轴；2—信号转子；3—传感线圈；4—定子；5—永久磁铁；6—活动底板；7—固定底板

信号发生器的定子套在分电器的轴上可随分电器轴一起转动，定子与永久磁铁构成一定的磁场与磁路，当信号转子转到与定子对齐时，磁路被接通并形成闭合的磁路，磁场增强，当信号转子转离定子时，磁路被切断，磁场减弱，于是在感应线圈中产生交变的电压信号并输出。

2. 电子点火器

电子点火器（见图5-9）是电子点火系统的核心部件，其功能是：控制点火线圈初级电路的接通与切断，大多数点火器还有限流控制、导通控制、停车断电控制和过电压保护控制等功能。

3. 点火线圈

点火线圈的初级和次级线圈都环绕在铁芯上，次级线圈的匝数大约是初级线圈的100倍。

初级线圈的一端连接在点火器上，次级线圈的一端通过分电器、高压线等连接在火花塞上，如图5-10、图5-11所示。

图5-9　电子点火器

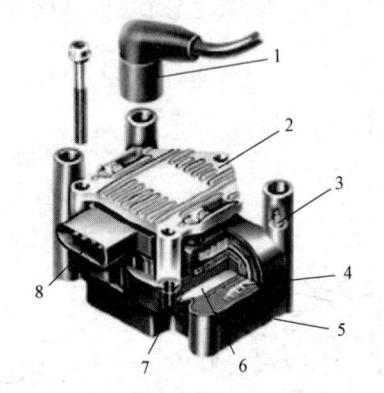

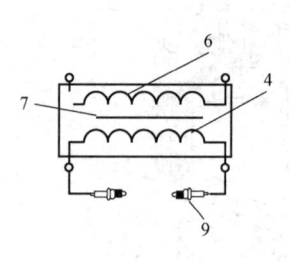

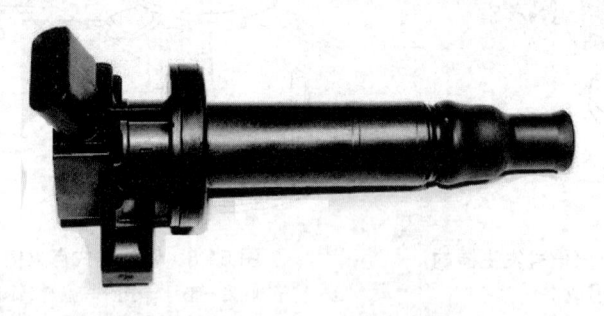

图5-10　双缸点火点火线圈
1—点火线接头；2—点火器；3—高压端头；4—次级线圈；5—壳体；6—初级线圈；7—铁芯；8—摇头；9—火花塞

图5-11　独立点火点火线圈

4. 点火提前机构

分电器上装有随发动机转速和负荷的变化而自动改变点火提前角的离心提前机构和真空提前机构。在其他使用因素变化时，可适当地进行手动调节。

（1）离心提前机构：安装在断电器底板的下方，其结构如图5-12所示。当发动机的转速升高时，在离心力的作用下，重块克服弹簧拉力向外甩出。其上的销钉推动拨板（凸轮）顺旋转方向相对分电器轴朝前转过一个角度，使凸轮提前顶开触点，点火提前角增大。转速降低时，重块在弹簧力的作用下收回，使点火提前角自动减小。

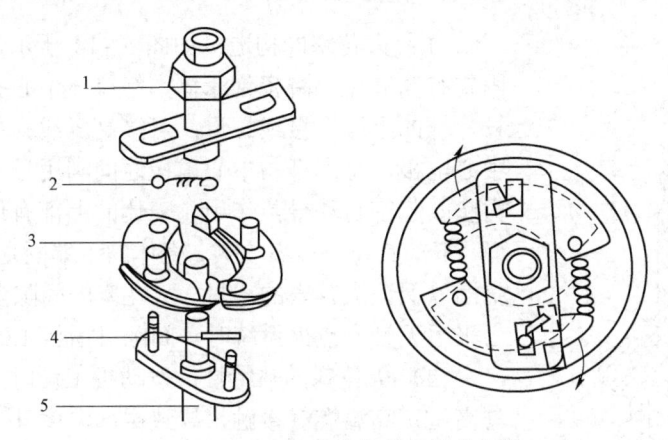

图 5-12 离心点火提前机构的结构
1—断电器凸轮带离心提前机构横板；2—软弹簧；3—离心重块；4—软弹簧；5—分电器轴

（2）真空点火提前机构：装在分电器的外侧，其工作原理如图 5-13 所示，主要由膜片、弹簧、拉杆、活动底板、触点等组成。发动机负荷减小时，节气门开度小，小孔处真空度较大，吸动膜片，拉杆推动活动板带着触点副逆着凸轮旋转一定角度，使点火提前角增大，反之点火提前角减小。

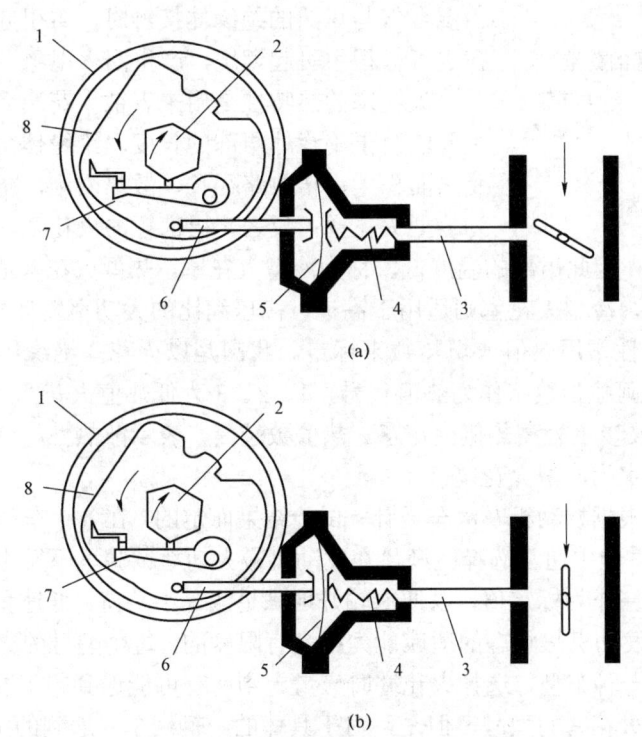

图 5-13 真空提前机构工作原理
（a）节气门开度小时；（b）节气门开度大时
1—分电器壳体；2—凸轮；3—真空管；4—弹簧；5—膜片；6—拉杆；7—触点；8—活动底板

5. 火花塞

（1）火花塞的构造：如图5-14所示，在钢质的壳体内固定有高氧化铝陶瓷绝缘体，绝缘体中心孔的上部装有金属杆，杆的上端有接线螺母，可接高压线；中心孔的下部装有中心电极，金属杆与中心电极之间利用导电玻璃密封。铜制内垫圈起密封和导热作用。壳体的上部有便于拆装的六角平面，下部有螺纹以备安装，壳体的下端固定有弯曲的侧电极、垫圈以保证火花塞的密封。火花塞的间隙多为0.6～0.7 mm，当采用无触点点火系统时，间隙可增至1.0～1.2 mm。

（2）火花塞的热特性：发动机工作时，火花塞裙部直接与高压、高温燃气接触，导致裙部温度升高。同时，可通过热传递方式将这部分热量经缸体或空气散发。在火花塞吸收的热量和散出的热量达到一定的平衡时，可使火花塞的各个部分保持一定的温度。实践证明，火花塞绝缘体裙部保持在500～600 ℃时，落在绝缘体上的油滴能立即烧去，这个不形成积炭的温度称为火花塞自净温度。低于这个温度时，火花塞可因冷积炭引起漏电，导致不点火；高于这个温度时，则当混合气与炽热的绝缘体接触时，可引起早燃或爆燃，甚至在进气行程中引起燃烧，产生回火现象。

火花塞的热特性是用来表征火花塞受热能力的物理量，主要取决于绝缘体裙部的长度。绝缘体裙部长的火花塞，其受热面积大、传热路径长、散热困难，裙部的温度较高，称为热型火花塞；反之，裙部短的火花塞，吸热面积小、传热路径短、散热容易，因此裙部的温度低，称为冷型火花塞。热型火花塞适用于低速、低压缩比的小功率发动机，冷型火花塞则适用于高速、高压缩比的大功率发动机。

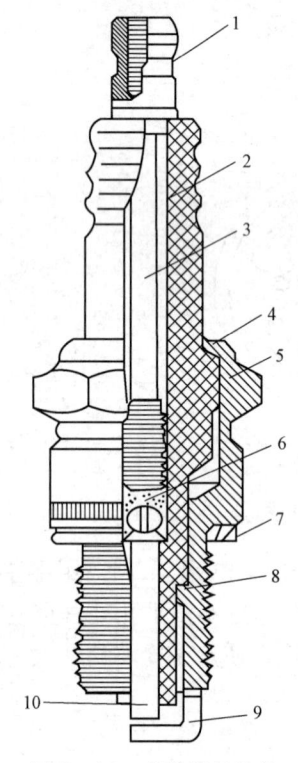

图5-14 火花塞的构造
1—接线螺母；2—绝缘体；3—金属杆；
4，8—内垫圈；5—壳体；6—导电玻璃；
7—多层垫圈；9—侧电极；
10—中心电极

火花塞的热特性常用热值或炽热数来标定。我国是以火花塞绝缘体的裙部长度来标定的，并以1～11的阿拉伯数字作为热值代号，1、2、3为低热值火花塞；4、5、6为中热值火花塞；7、8、9及以上为高热值火花塞。热值数越高，表示散热性越好。因而，小数字为热型火花塞，大数字为冷型火花塞。

火花塞热值是根据发动机及汽车设计、试验结果而定的，在各个车型的说明书中都对此做出了明确规定。试验中通常选择能满足在发动机最大功率试验里不发生炽热点火的火花塞中热值最小的火花塞作为标定值，以便能较好地满足汽车小负荷、低速积炭试验的要求。然而，任何火花塞对发动机热状态的适应能力都是有限度的，每个型号的火花塞都有其最适宜的工作条件。作为一种车型，选择火花塞时应考虑到所有可能遇到的工况，权衡利弊，决定取舍后，再决定其火花塞的型号。但是，对于具体的一辆汽车，遇到的工况可能有所不同。如作为市内运输的车辆，发动机长期在低速、小负荷工况下运行，而用于长途运输的同一型号的汽车，发动机却长期在高速大负荷下运转，故选用的火花塞的热值有所不同，应视具体情况而定。火花塞的热特性选用是否合适，其判断方法是：若火花塞经常由于积炭而导致断火，表示它太冷，即热值过高；若经常发生炽热点火，则表示火花塞的热值选用过低。热值选择不合适时，原则上应选用比原标定值高一级或低一级的火花塞。

任务 5.2　点火系统的故障与检修

相关知识

5.2.1　电子点火系统的故障与诊断

电子点火系统的电路、工作原理差异较大，因此产生故障的部件和原因也不尽相同，诊断故障的方法也区别较大，现就一般规律简述如下。

1. 直观检查

仔细检查接线、插接件是否可靠，电线有无老化与破损，蓄电池的技术状况是否良好。

2. 判断故障在低压电路还是在高压电路

判断方法与传统点火系统基本相同。采用高压跳火法检查时，从分电器盖上拔出中央高压线，使其端头离缸体 4~6 mm，然后接通点火开关，摇转曲轴，观察跳火情况。

（1）跳火正常，表明点火线圈输出的低压电正常，故障在高压电路。高压电路的故障诊断与传统方法完全相同。

（2）无火花，为低压电路故障。此时应分别检查点火信号发生器、电子组件和高能点火线圈。

3. 点火信号发生器

（1）检查转子凸齿与定子铁芯或凸齿之间的气隙。

（2）检查传感器线圈电阻，并与标准值比较。电阻值若为无穷大，为断路；电阻值若较小，为匝间短路。

（3）检查传感器的输出信号电压并与规定值（一般为 1~1.5 V）比较，偏低或为零则为有故障。

4. 点火控制器

（1）检测点火控制器的输入电压值并与标准值比较，当差值较大时应检查插接器、屏蔽线和各级晶体管。

（2）霍尔效应式点火控制器可用电压表检测控制组件，将各测试点的电压读数与厂家规定值比较，判断其故障，也可用万用表测量一次绕组两端的电压。闭合点火开关，电压表的读数为 5~6 V，并在几秒内迅速降到 0。如果电压不降，则表明霍尔效应式点火控制器有故障。

5. 点火线圈

点火线圈的检查主要是用万用表测量初级绕组和次级绕组的电阻值，并根据其大小判断是否短路、断路。必要时应上实验台复检。

5.2.2 微机控制点火系统的故障与诊断

微机控制点火系统的工作可靠性虽然提高，但是点火系统的故障仍是比较常见的，且常见故障的现象和晶体管点火系统类似。由于微机控制点火系统的组成、工作原理与传统点火系统、晶体管点火系统有差异，因此其故障诊断也复杂一些。

微机控制点火系统的故障原因除了点火控制器、点火线圈、配电器、高压线、火花塞发生故障外，还包括各种传感器及其线路连接异常或微机控制单元及其线路连接异常。

发动机 ECU 在发动机工作过程中时刻监视各个电子控制系统的传感器、执行器的工作状态，一旦发现某些信号失常，自诊断系统就会点亮仪表板上的故障指示灯，通知驾驶员出现故障；同时发动机 ECU 将故障信息以代码的形式存储起来，维修时技术人员可以通过发动机故障指示灯或专用仪器调取。

利用发动机 ECU 的自诊断功能诊断和检查故障的主要步骤如下：

（1）按规定步骤读取故障码。

可以就车调取故障码，也可以借助于解码器等一些检测设备。即使采用解码器，不同的系统，故障码的读取方法也不同，应以相关维修手册为准。

（2）根据故障代码，确定故障具体部位、原因，并予以排除。

维修人员读出故障代码后，可根据故障代码表查出故障的含义、类别以及故障范围。一般情况下，故障代码只代表了故障类型及大致的范围，不能具体指明故障的全部原因，因此，必须以此为依据进行具体、全面的检查，找出故障并予以排除。

（3）清除故障代码。

故障彻底排除后，电子控制系统虽然恢复正常工作，发动机检查灯也指示正常，但是故障代码仍然存储在存储器中，不会自行消掉，再读取故障代码时，这些故障代码会和新的代码一起显示出来，给诊断维修增加困难。因此，在故障彻底排除且发动机检查指示灯指示正常后，应及时消除故障代码。

（4）进行路试检查，确定故障彻底排除。

故障全部修理完以后，应进行路试检查。路试中，发动机检查指示灯应指示正常，即当点火开关旋至接通位置且不起动发动机时，发动机检查指示灯点亮；起动发动机后，发动机检查指示灯熄灭，此时说明故障已经彻底排除。若起动发动机后，发动机检查指示灯不熄灭，则说明电子控制系统还存在故障。若出现原来的故障码，则说明故障部位未能彻底修理好；若出现新的故障码，则说明发生了新的故障，需要继续修理。

任务实施

1. 大众桑塔纳 3000 双缸点火系统检修

1) 点火线圈的检测

拔下点火线圈的插头，并从火花塞上拔下点火线。用万用表测量点火线圈的次级电阻：A、D 端子电阻表示 1、4 缸线圈次级电阻，B、C 端子电阻表示 2、3 缸线圈次级电阻，如图 5-15 所示；1、4 缸和 2、3 缸电阻规定值均为 4~6 kΩ。如电阻值不符合规定，应更换点火线圈总成。

2) 点火控制组件供电与搭铁情况的检测

如图 5-16 所示，将点火控制组件的 4 针插头拔下，用万用表测量线束端插头端子 2（电源端）和 4（搭铁端）之间的电压。打开点火开关，其电压值应为蓄电池电压，大于或等于 11.5 V。

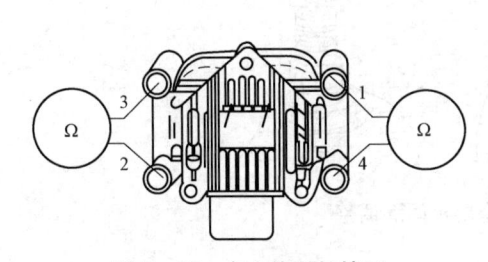

图 5-15 点火线圈的检测

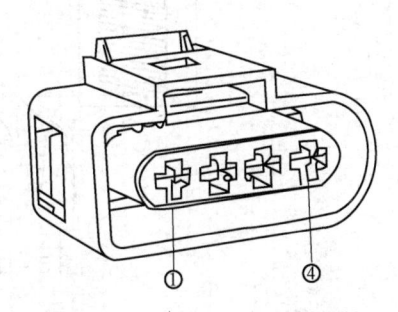

图 5-16 点火控制组件供电与搭铁情况的检测

3) 点火控制器工作的检测

拔下所有喷油器的插头，拔下点火线圈插头；用辅助导线连接二极管检测灯与点火控制器插头端子 1（点火输出）和端子 4（搭铁端）、端子 3（点火输出）和端子 4（搭铁端），以检查控制单元 1、4 缸和 2、3 缸点火线圈的控制信号。短时起动发动机，二极管必须闪烁（注意二极管的方向）。

4) 火花塞的检修

火花塞工作于高温、高压下，是汽油发动机的易损件之一，它的性能好坏直接影响着发动机的工作状况。

(1) 火花塞技术状况的检查。

① 短路法。起动发动机，使其怠速运转，然后用螺丝刀逐缸对火花塞短路，听发动机转速和响声变化，转速和响声变化明显，表明火花塞正常，反之为不正常。

② 跳火法。旋下火花塞，放在气缸体上，用高压线试火，若无火花或火花较弱，表明火花塞漏电或不工作。

③ 观色法。拆下火花塞观察，如为赤褐色或铁锈色，表明火花塞正常；如为渍油状，表明火花塞间隙失调或供油过多，高压线短路或断路；如为烟熏的黑色，表明混合气过浓、机油上窜；如顶端与电极间有沉积物，当为油性沉积物时，说明气缸窜机油与火花塞无关，

当为黑色沉积物时，说明火花塞积炭而旁路。若严重烧蚀，如顶端起疤、有黑色花纹破裂、电极熔化，表明火花塞损坏。

（2）检查火花塞的绝缘电阻。

现代汽车普遍采用电阻型火花塞，其绝缘电阻值为 3～15 kΩ。将万用表两只表笔分别连接中心电极和高压线插头进行测量。如阻值为无穷大，说明电阻断路，应更换火花塞；如阻值过小，则不能抑制无线电干扰信号，亦应更换火花塞。

（3）检查调整电极间隙。

汽车每行驶 1 600 km，电极烧蚀约 0.025 mm，应及时检查调整间隙，一般行驶 1.5 万～2 万 km 应调整。用专用量规进行测量和调整，调整为 0.9～1.1 mm，如图 5-17 所示。

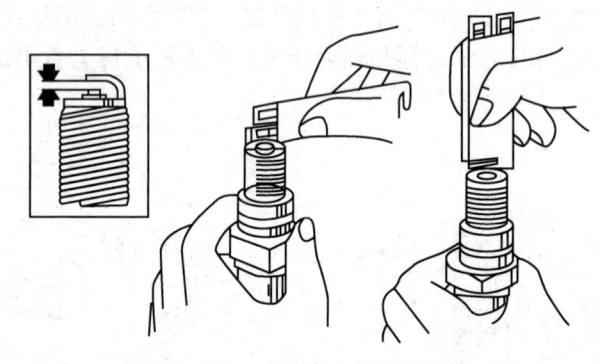

图 5-17 火花塞电极间隙调整

5）高压线的电阻检修

用万用表欧姆挡检查高压线的电阻，其值应为 0～2.8 kΩ，分火线的电阻应为 0.6～7.4 kΩ。如果不在上述检查的范围内，则须调换高压线。

2. 丰田卡罗拉 1ZR 独立点火系统检修

1）火花测试（见图 5-18）

注意：务必断开所有的喷油器连接器。

不要使发动机起动时间超过 2 s。

（1）从气缸盖上拆下点火线圈。

（2）将火花塞安装至点火线圈。

（3）断开 4 个喷油器连接器。

（4）将火花塞总成安装至气缸盖。

（5）起动发动机但持续时间不超过 2 s，并检查火花。电极间隙间跳火为正常。

（6）重新连接 4 个喷油器连接器。

（7）安装点火线圈。

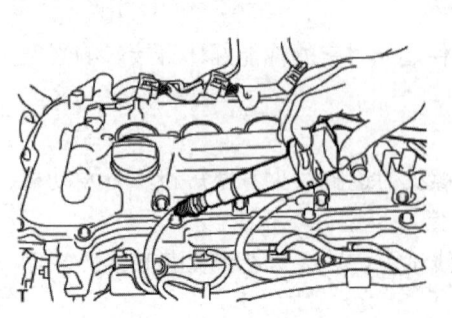

图 5-18 火花测试

2）检查点火线圈总成（电源）

线束连接器前视图（至点火线圈总成）如图 5-19 所示。

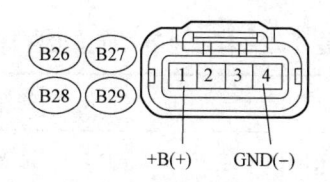

图 5-19　点火线圈总成（电源）线束连接器前视图

（1）断开点火线圈总成连接器。
（2）将点火开关置于 ON 位置。
（3）根据表 5-1 中的值测量电压。

表 5-1　标准电压

检测仪连接	开关状态	规定状态/V
B26-1（+B）—B26-4（GND）	点火开关置于 ON 位置	9~14
B27-1（+B）—B27-4（GND）	点火开关置于 ON 位置	9~14
B28-1（+B）—B28-4（GND）	点火开关置于 ON 位置	9~14
B29-1（+B）—B29-4（GND）	点火开关置于 ON 位置	9~14

（4）重新连接点火线圈总成连接器。
异常：转至步骤 6。
3）检查点火线圈总成—ECM
线束连接器前视图（至点火线圈总成）如图 5-20 所示。

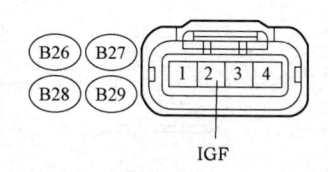

图 5-20　线束连接器前视图（至点火线圈总成）

线束连接器前视图（至 ECM）如图 5-21 所示。

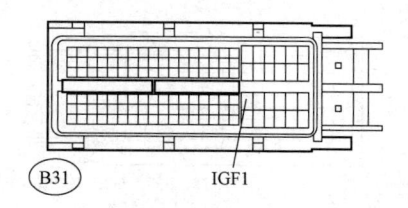

图 5-21　线束连接器前视图（至 ECM）

（1）断开点火线圈总成连接器。
（2）断开 ECM 连接器。
（3）根据表 5-2、表 5-3 中的值测量电阻。

表 5-2 标准电阻（断路检查）

检测仪连接	条件	规定状态/Ω
B26-2（IGF）—B31-81（IGF1）	始终	小于 1
B27-2（IGF）—B31-81（IGF1）	始终	小于 1
B28-2（IGF）—B31-81（IGF1）	始终	小于 1
B29-2（IGF）—B31-81（IGF1）	始终	小于 1

表 5-3 标准电阻（短路检查）

检测仪连接	条件	规定状态/kΩ
B26-2（IGF）或 B31-81（IGF1）—车身搭铁	始终	10 或更大
B27-2（IGF）或 B31-81（IGF1）—车身搭铁	始终	10 或更大
B28-2（IGF）或 B31-81（IGF1）—车身搭铁	始终	10 或更大
B29-2（IGF）或 B31-81（IGF1）—车身搭铁	始终	10 或更大

（4）重新连接 ECM 连接器。

（5）重新连接点火线圈总成连接器。

线束连接器前视图（至点火线圈总成）如图 5-22 所示。

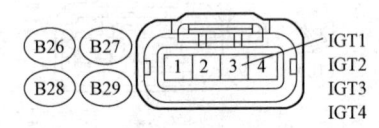

图 5-22 线束连接器前视图（至点火线圈总成）

线束连接器前视图（至 ECM）如图 5-23 所示。

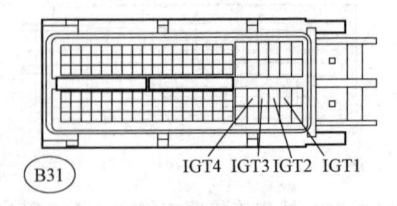

图 5-23 线束连接器前视图（至 ECM）

（1）断开点火线圈总成连接器。

（2）断开 ECM 连接器。

（3）根据表 5-4、表 5-5 中的值测量电阻。

表 5-4 标准电阻（断路检查）

检测仪连接	条件	规定状态/Ω
B26-3（IGT1）—B31-85（IGT1）	始终	小于 1
B27-3（IGT2）—B31-84（IGT2）	始终	小于 1
B28-3（IGT3）—B31-83（IGT3）	始终	小于 1
B29-3（IGT4）—B31-82（IGT4）	始终	小于 1

表 5-5 标准电阻（短路检查）

检测仪连接	条件	规定状态/kΩ
B26-3（IGT1）或 B31-85（IGT1）—车身搭铁	始终	10 或更大
B27-3（IGT2）或 B31-84（IGT2）—车身搭铁	始终	10 或更大
B28-3（IGT3）或 B31-83（IGT3）—车身搭铁	始终	10 或更大
B29-3（IGT4）或 B31-82（IGT4）—车身搭铁	始终	10 或更大

（4）重新连接 ECM 连接器。
（5）重新连接点火线圈总成连接器。
4）检查点火线圈总成—车身搭铁
线束连接器前视图（至点火线圈总成）如图 5-24 所示。

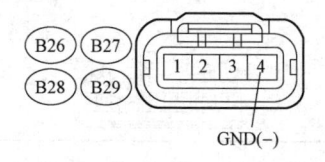

图 5-24 线束连接器前视图（至点火线圈总成）

（1）断开点火线圈总成连接器。
（2）根据表 5-6 中的值测量电压。

表 5-6 标准电阻（断路检查）

检测仪连接	条件	规定状态/Ω
B26-4（GND）—车身搭铁	始终	小于 1
B27-4（GND）—车身搭铁	始终	小于 1
B28-4（GND）—车身搭铁	始终	小于 1
B29-4（GND）—车身搭铁	始终	小于 1

（3）重新连接点火线圈总成连接器。
异常：维修或更换线束或连接器（点火线圈总成—车身搭铁）。

5）检查点火线圈总成—集成继电器（IG2）

线束连接器前视图（至点火线圈总成）如图5-25所示。

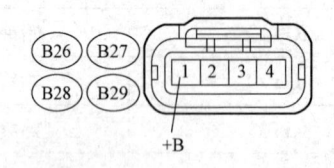

图5-25　线束连接器前视图（至点火线圈总成）

发动机室继电器盒如图5-26所示。

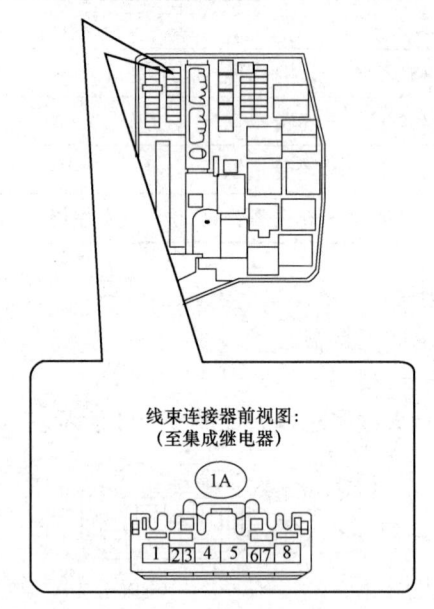

图5-26　发动机室继电器盒

（1）断开点火线圈总成连接器。
（2）从发动机室继电器盒上拆下集成继电器。
（3）断开集成继电器连接器。
（4）根据表5-7、表5-8中的值测量电阻。

表5-7　标准电阻（断路检查）

检测仪连接	条件	规定状态/Ω
B26-1（+B）—1A-4	始终	小于1
B27-1（+B）—1A-4	始终	小于1
B28-1（+B）—1A-4	始终	小于1
B29-1（+B）—1A-4	始终	小于1

项目 5　点火系统的检修

表 5-8　标准电阻（短路检查）

检测仪连接	条件	规定状态/kΩ
B26-1（+B）或 1A-4—车身搭铁	始终	10 或更大
B27-1（+B）或 1A-4—车身搭铁	始终	10 或更大
B28-1（+B）或 1A-4—车身搭铁	始终	10 或更大
B29-1（+B）或 1A-4—车身搭铁	始终	10 或更大

（5）重新连接集成继电器连接器。
（6）将集成继电器重新安装至发动机室继电器盒。
（7）重新连接点火线圈总成连接器。
异常：维修或更换线束或连接器（点火线圈总成—集成继电器（IG2 继电器））。
6）检查火花塞
（1）拆下点火气缸的点火线圈和火花塞。
（2）测量火花塞电极间隙，如图 5-27 所示。

图 5-27　火花塞电极间隙

标准间隙：1.0～1.1 mm（0.039～0.043 in[①]）。
（3）检查电极是否积炭。
注意：如果电极间隙大于标准值，须更换火花塞，不要调整电极间隙。
（4）重新安装点火线圈和火花塞。

知识拓展

点火系统波形检测与分析

对于点火系统故障造成的发动机工作不正常的故障，可以用示波器检测点火系统的初级和次级电压的波形变化进行诊断。

1. 点火次级高压波形

对于独立点火和同时点火的具有高压线的发动机，单缸次级高压波对于故障分析很有帮助；对于各缸点火线圈直接点火，次级高压波形检测不到。

---

① 1 in = 25.4 mm。

检测点火次级高压单缸波形的主要作用是分析单个缸的点火闭合角，分析点火线圈和次级高压电路性能，查出单缸不合适的混合气空燃比（从燃烧线看），检测造成气缸失火的火花塞。

点火系统各部分工作都正常时，单缸次级波形如图5-28所示，波形上各点的意义如下：

a——初级电路切断，次级电压急剧上升。

ab——击穿电压，应为6~12 kV，且各缸之差不大于3 kV。

bc——电容放电。

cd——电感放电，称为火花线，应该在0.8~2 ms。

e——火花消失后，剩余磁场能维持的衰减振荡，称为第一次振荡，通常应该有3~5个振荡波形。

f——初级电路接通。

fg——初级电路接通后，初级电流增长引起的振荡，称为第二次振荡。

af——初级电路断开对应的角度（时间）。

fh——初级电路接通对应的角度（时间），叫作闭合角，这段时间应超过4 ms。

2. 点火初级低压波形

由于点火初级和次级线圈有互感作用，因而当继电器触点断开时，次级线圈感应出高压，在点火次级发生跳火状态时还会反馈给初级电路，如图5-29所示。点火初级闭合角测试是初级低压波形中的一个重要数据，初级点火闭合角显示主要用于分析单个气缸的点火闭合角（初级线圈通电时间），确定平均闭合角的度数或毫秒数及分析点火线圈初级电路性能。汽车示波器在显示屏上可以用数字显示出波形的特征值。

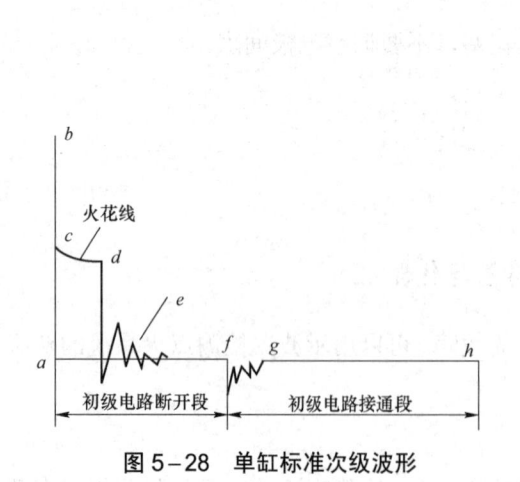

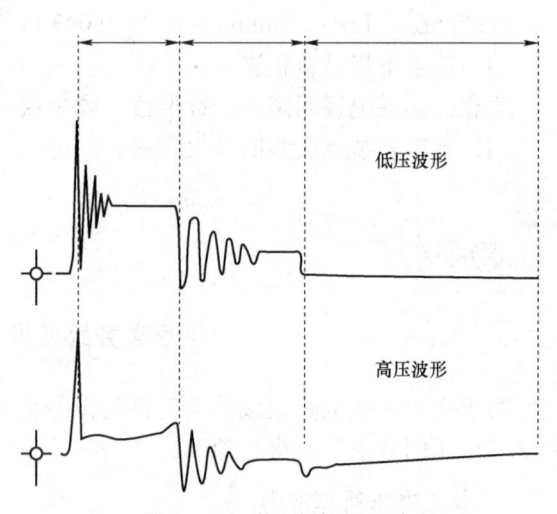

图5-28 单缸标准次级波形

图5-29 点火初级低压波形

检测点火初级低压波形时，先使发动机怠速运转，再加速发动机或按照行驶性能出现故障或点火不良发生的条件来起动发动机或驾驶汽车，密切注意当发动机负荷和转速变化时闭合角的变化情况，核实初级点火闭合角是否在标准范围内。

课 后 思 考

一、判断题

1. 绝缘体裙部长的火花塞,其受热面积大、传热路径长、散热困难,裙部的温度较高,称为冷型火花塞。( )
2. 若火花塞经常发生炽热点火,则表示火花塞的热值选用过高。( )
3. 电极间隙应当使用火花塞专用量规进行测量和调整,火花塞的标准间隙可随意进行调整。( )
4. 点火控制模块根据ECU的点火信号指令,控制点火线圈初级回路的导通和截止。( )
5. 微机控制点火系统中,点火提前角转速提前量和负荷提前量由微处理器直接控制,因此无法调整。( )
6. 点火线圈按磁路结构特点可分为开磁路和闭磁路两种类型。( )

二、选择题

1. 下面哪个选项不是点火系统发展经历的阶段?( )
   A. 传统点火系统　　　　　　　　B. 电子点火系统
   C. 机械点火系统　　　　　　　　D. 微机控制点火系统
2. 电感放电式点火系统的每一点火过程可以划分的三个阶段是( )。
   A. 触点张开→触点闭合→火花放电
   B. 触点闭合→触点张开→火花放电
   C. 触点闭合→火花放电→触点张开
   D. 点火开关闭合→火花放电→点火开关打开
3. 点火线圈上附加电阻的作用是( )。
   A. 减小初级电流　　　　　　　　B. 增大初级电流
   C. 稳定初级电流　　　　　　　　D. 使初级电流达到最大值

三、简答题

1. 国产火花塞的热特性是如何进行标定的?热值数越高,表示什么?
2. 点火系统的作用及对点火系统的要求是什么?

项目6　汽车照明与信号系统的检修

学习目标

1. 了解汽车照明与信号系统的作用及分类。
2. 熟悉汽车照明与信号系统的基本组成。
3. 理解汽车照明与信号系统的工作原理。
4. 学会汽车照明与信号系统电路的分析。
5. 掌握汽车照明与信号系统的故障检修方法。
6. 能排除汽车照明与信号系统常见的故障。
7. 能进行汽车照明与信号装置的检测与调整。
8. 能进行汽车照明与信号装置的拆装与更换。

任务引入

一辆丰田卡罗拉汽车右近光灯不亮，急需修理。要求对前照灯电路进行检测，查出故障原因，进行修复，并对前照灯进行检测。

照明系统的故障严重影响行车安全，要排除照明系统故障，必须对照明系统的组成、结构有一个全面的了解。首先要理解照明灯电路的工作过程；接着根据照明灯电路和故障现象来制定相应的诊断流程，依据诊断流程来逐项检测，查找故障原因。同时，可对照明灯进行检测，进而进行相应的调整。

任务6.1　汽车照明系统的检修

相关知识

6.1.1　汽车照明系统概述

1. 汽车照明系统的作用

汽车照明系统是为了提高光线不好的条件下汽车行驶的安全性从而减少交通事故的发

生而设置的。一般来说,汽车照明系统除了主要用于照明外,还用于汽车装饰。随着汽车电子技术应用程度的不断提高,照明系统也正在向智能化方向发展。

2. 汽车照明系统的组成

汽车照明系统根据在汽车上安装位置和作用的不同,一般可分为外部照明装置和内部照明装置。外部照明装置主要包括前照灯、雾灯、牌照灯等;内部照明装置主要包括仪表灯、开关照明灯、顶灯、阅读灯、行李厢灯等。

(1) 前照灯。装在汽车头部两侧,用于夜间行车道路的照明,是照亮汽车前方道路的主要灯具。有四灯制和两灯制,功率一般为 40~60 W。

(2) 雾灯。用于雨雾雪天气行车时的道路照明,有前雾灯和后雾灯两种。

(3) 牌照灯。安装在汽车尾部的牌照上方或左右,用于夜间照亮汽车牌照,功率一般为 5 W,确保行人在后方 20 m 内能够清楚地看见牌照上的文字。

(4) 仪表灯。安装在汽车仪表板上,用于仪表照明,便于驾驶员查看仪表获取行车信息。

(5) 开关照明灯。开关照明灯主要用于夜间行车时开关的照明,为驾驶员操作开关提供了便利条件。

(6) 顶灯及阅读灯。顶灯安装在驾驶室或车厢顶部,用于车内照明。有的车辆顶灯还具有门灯的作用,即当车门关闭不严时灯会亮,以便提醒驾驶员注意。阅读灯一般装于乘客座位旁边,供乘客阅读使用,既提供给乘坐人员足够亮度,同时又不会影响驾驶员的正常驾驶或者其他乘员的休息。

(7) 行李厢灯。安装在行李厢内,用于行李厢打开时照明。

(8) 车门灯(门控灯)。车门灯一般用于轿车或旅行车。当车门打开时,车门灯电路即接通,车门灯被点亮;当车门关上时,车门灯便熄灭。为了便于驾驶员上下车或打开其他照明设备以及插入点火钥匙等操作,有的车门灯电路还设有自动延时器。

(9) 工作灯。用于在排除汽车故障或检修时提供照明(一般只装工作灯插座)。

6.1.2 汽车前照灯

1. 前照灯的基本要求

前照灯是汽车照明系统最重要的外部照明灯具,用来照亮前方路面和环境,保证汽车全天候安全行驶。由于汽车前照灯的照明效果直接影响着夜间交通安全,所以世界各国交通管理部门一般都以法律形式规定了汽车前照灯的照明标准,以确保夜间行车的安全,其基本要求主要有以下几个方面:

(1) 前照灯应保证车前有明亮而均匀的照明,使驾驶员能看清车前 100~150 m 以内路面上的任何障碍物,现代高速汽车前照灯的照明距离应达到 200~250 m。

(2) 前照灯应具有防炫目装置,确保在夜间会车时,不使对方驾驶员因产生炫目而造成事故。

（3）在横向上，前照灯的光束应有一定的散射，以便让驾驶员在直行时能看清来自侧面的运动物体，转弯时能看清路面。

2. 前照灯的结构

汽车前照灯一般由灯泡、反射镜和配光镜三部分组成。

1）灯泡

灯泡是前照灯的光源，目前汽车前照灯用的灯泡有普通白炽灯泡、卤钨灯泡和 HID 灯泡（氙气灯泡）几种类型，如图 6-1 所示。

（1）普通白炽灯泡。其灯丝是用钨丝制成，为了减少钨丝受热后的蒸发，延长灯泡寿命，制造时将玻璃泡内空气抽出，再充以约 86%的氩气和约 14%的氮气的混合气体，但仍会有钨丝的蒸发，使灯丝损耗，灯泡壁发黑。随着汽车技术的不断发展，普通白炽灯泡已被淘汰，现在汽车的前照灯多以卤钨灯泡和氙气灯泡为主。

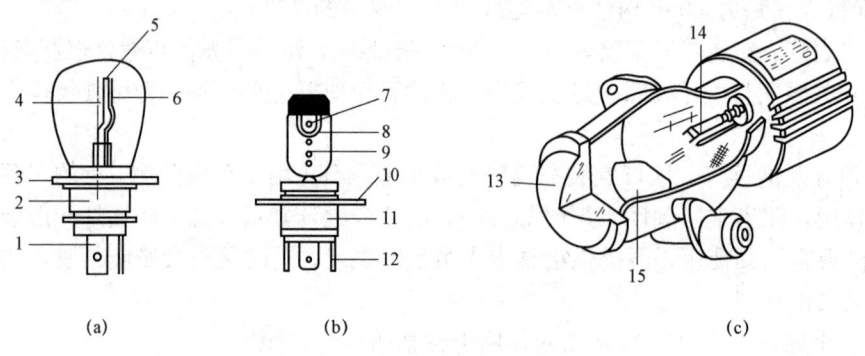

图 6-1 前照灯的灯泡
(a) 普通白炽灯泡；(b) 卤钨灯泡；(c) HID 灯泡
1, 12—插片；2, 11—灯头；3, 10—定焦盘；4, 9—远光灯丝；5, 8—配光屏；
6, 7—近光灯丝；13—透镜；14—弧光灯；15—遮光板

（2）卤钨灯泡。卤钨灯泡就是在灯泡内掺杂少量的卤族元素（如碘、溴），利用卤钨再生循环反应原理制成。从灯丝蒸发出来的气态钨与卤素相遇反应，生成挥发性的卤化钨，而卤化钨扩散到炽热灯丝附近（温度超过 1 450 ℃），又会受热分解还原为钨和卤素，钨会重新回到灯丝中去，卤素则重新进入气体中，如此循环不已，灯丝几乎不会蒸发，灯泡也不会发黑。

在相同功率下，卤钨灯的亮度为白炽灯的 1.5 倍，寿命比白炽灯长 2~3 倍，目前已得到广泛的应用。现在使用的卤钨灯泡多为碘钨灯泡和溴钨灯泡，我国生产的主要是溴钨灯泡。

（3）HID（High Intensity Discharge）灯也叫高压气体放电灯，可称为重金属灯或氙气灯。新型高压放电氙气灯由弧光灯组件、电子控制器和增压器三大部件组成，其结构如图 6-2 所示。氙气灯在抗紫外线水晶石英玻璃管内，以多种化学气体填充，其中大部分为氙气（Xe）与金属卤

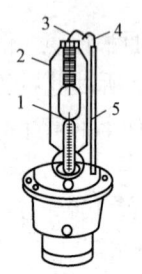

图 6-2 氙气灯结构
1—电极；2—外部灯泡；3—外引线；
4—内引线；5—陶瓷管

化物等惰性气体，还有少量的汞蒸气，接通电源后通过增压器将车上 12 V 的直流电瞬时增压至 20 000 V 以上，激发石英管内的氙气电离，使电子发生能级跃迁而开始发光，电极间蒸发少量汞蒸气，光源立即引起汞蒸气弧光放电，待温度上升后再转为卤化物弧光灯工作，这就是所谓的气体放电。氙气灯的亮度约为卤钨灯泡的 3 倍，使用寿命约为卤钨灯泡的 5 倍。

2）反射镜

反射镜材料有薄钢板、玻璃、塑料等，其表面形状是旋转抛物面，如图 6-3 所示，其内表面镀银、铝或铬，再进行抛光处理。

前照灯灯泡灯丝发出的光亮有限，功率仅 40～60 W，如无反射镜，只能照清车前 6 m 左右的路面。反射镜的作用是将灯泡发出的散光束聚合成强光束后射向远方，如图 6-4 所示，灯丝位于焦点上，灯丝的绝大部分光线向后射在立体角范围内，经过反射镜反射后变成平行光射向远方，使反射出来的光亮度比灯丝本身光亮度提高几百倍至上千倍，车前 150 m 甚至 400 m 内的路面照得足够清楚。

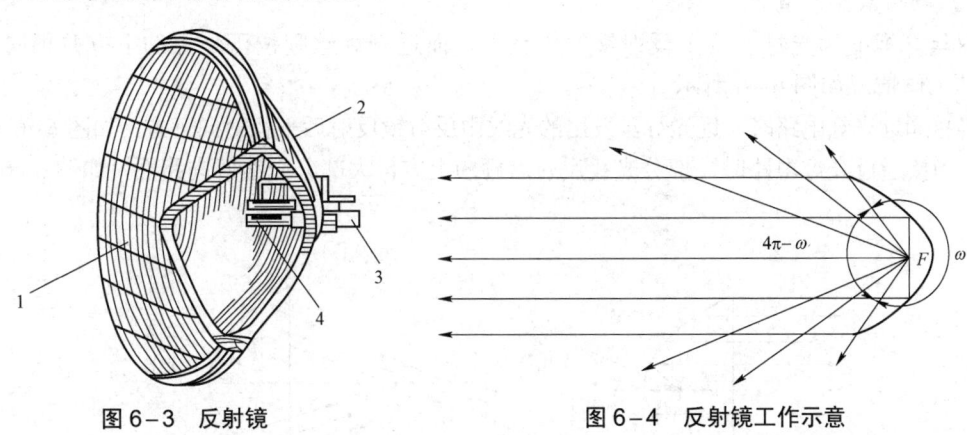

图 6-3 反射镜

1—散光玻璃；2—反射镜；3—插头；4—灯丝

图 6-4 反射镜工作示意

3）配光镜

配光镜又称为散光玻璃，由透光玻璃压制而成，是多块特殊棱镜和透镜的组合，如图 6-5 所示。配光镜的作用是将反射镜反射出的平行光束进行折射，使车前的路面和路缘有良好而均匀的照明。现代轿车的组合前照灯往往将反射镜和配光镜作为一体，即反射镜形状经过计算机辅助设计，既起到反光作用，同时也进行了光的合理分配。

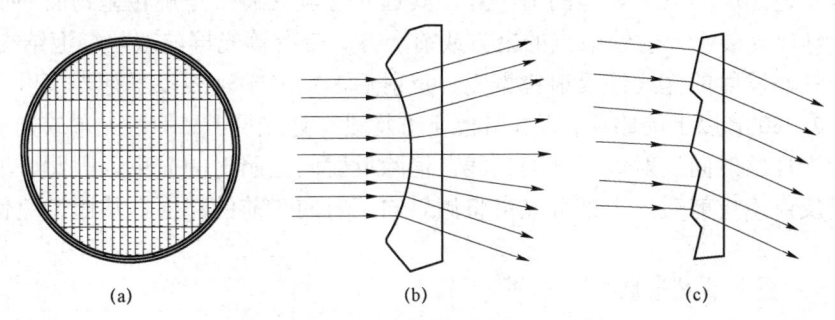

图 6-5 配光镜的结构与作用

(a) 圆形配光镜；(b) 向左右散射；(c) 向下折射

3. 前照灯的防炫目措施

夜间行驶的汽车在交会时，由于前照灯的亮度较强，会引起对方驾驶员炫目。所谓炫目，是指人的眼睛突然受强光照射时，由于视觉神经受刺激而失去对眼睛的控制，本能地闭上眼睛或看不清暗处物体的生理现象。

为了避免前照灯的强光线使对面来车驾驶员产生炫目，而造成交通事故，并保持良好的路面照明，在现代汽车上普遍采用双丝灯泡的前照灯。其中一根灯丝为远光灯丝，光度较强；另一根灯丝为近光灯丝，光度较弱。当夜间行驶无迎面来车时，可通过控制电路接通远光灯丝，使前照灯光束射向远方，便于提高车速。当两车相遇时，接通近光灯丝，前照灯光束倾向路面，将车前 50 m 内路面照得十分清晰，从而避免了迎面来车驾驶员的炫目现象。

双丝灯泡有以下几种形式：

1) 普通双丝灯泡

双丝灯泡的远光灯丝位于反射镜的焦点上，而近光灯丝则位于焦点的上方并稍向右偏移，其工作情况如图 6-6 所示。

当接通远光灯电路时，远光灯丝发出的光线由反射镜反射后平行射向远方，如图 6-6（a）所示；当接通近光灯电路时，部分光线反射后倾向上方，大部分光线倾向路面，如图 6-6（b）所示。

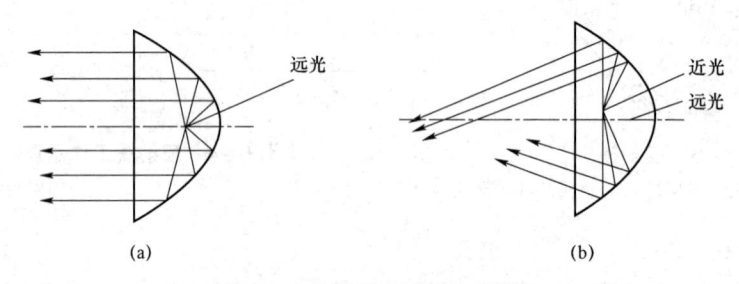

图 6-6 普通双丝灯的工作情况
（a）远光光形；（b）近光光形

2) 带有遮光屏的双丝灯泡

采用带有遮光屏的双丝灯泡的前照灯，其远光灯丝安装于呈旋转抛物面的反射镜的焦点处，近光灯丝安装于反射镜焦点的上方或前上方。带有遮光屏的双丝灯泡结构如图 6-7 所示，远光灯丝发射的光线经反射镜聚光、反射后，沿光学轴线以平行光束射向远方，以此照亮车前方 150 m 以上的路面；近光灯丝下方均设有遮光屏（又称遮光罩或光束偏转器），用于遮挡近光灯丝射向反射镜下部的光线，消除反射向上照射的光束，因此，近光灯丝发射的光线经反射镜反射后，大部分光束将倾斜向下射向车前的路面，从而避免使对方驾驶员炫目。

3) 非对称配光屏双丝灯泡

非对称配光方式的远光灯丝位于反射镜的焦点处，近光灯丝位于焦点前方且稍高出光学

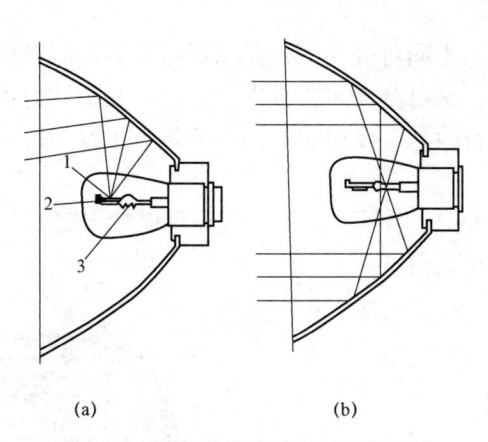

图 6-7 带有遮光屏的双丝灯泡结构
(a) 近光光形；(b) 远光光形
1—近光灯丝；2—遮光屏；3—远光灯丝

轴线，其下方装有金属配光屏，非对称式配光的配光屏安装时偏转一定角度，左侧边缘倾斜 15°，与新型配光镜配合使用，形成图 6-8 所示的近光光形。光形中有条明显的明暗截止线，区域Ⅲ是一个明显的暗区，该区 B50L 点表示相距 50 m 处迎面来车驾驶员眼睛的位置，由于此点光的照度值规定的很低（最大值为 0.3 lx），所以可避免使迎面来车驾驶员炫目。下方Ⅰ、Ⅱ、Ⅳ区域及上方 15°区域是亮区，将车前路面和右方人行道照亮。这种非对称形的配光性能，称为欧式配光，其符合联合国欧洲经济委员会制订的 ECE 标准，所以又称 ECE 方式，它是比较理想的配光，已被世界公认。

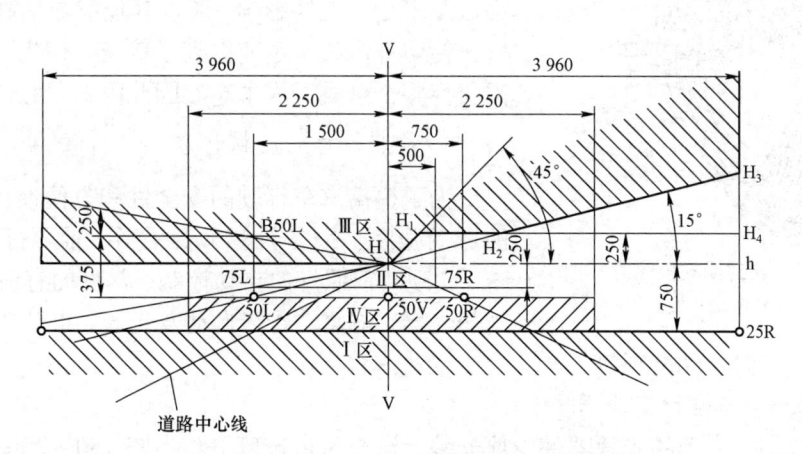

图 6-8 非对称配光光形（尺寸单位：cm，测定距离：25 m）

4）Z 形配光

近年来，国外又发展了一种更优良的光形，其近光光形如图 6-9 所示。明暗截止线呈 Z 形，故称 Z 形配光。它不仅可以避免迎面来车驾驶员的炫目，还可以防止迎面而来的行人和非机动车使用者的炫目，更加保证了汽车夜间行驶的安全。

4. 前照灯的分类

前照灯按照装车形式的不同可分为两灯制前照灯和四灯制前照灯。

前照灯按结构的不同，又可分为可拆式前照灯、半封闭式前照灯和全封闭式前照灯。

可拆式前照灯由于气密性差、反射镜易污染而降低了反射能力，进而降低了照明效果，目前已很少采用。

半封闭式前照灯如图6-10所示，其配光镜和反射镜固定结合，灯泡可从反射镜后部更换，维修方便，因此被广泛采用。

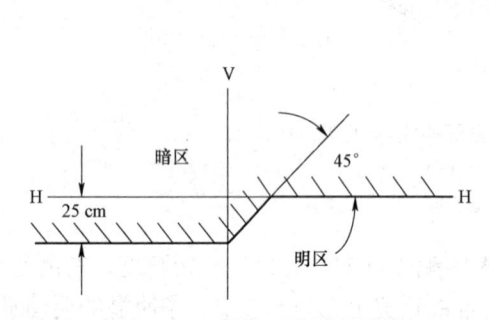

图6-9　Z形非对称配光示意

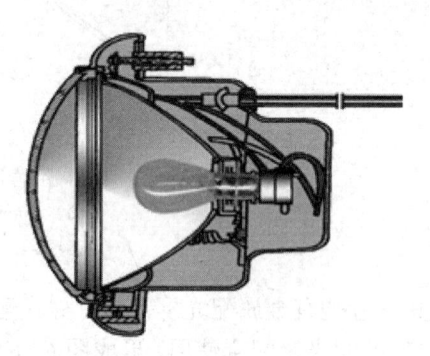

图6-10　半封闭式前照灯

全封闭式前照灯又叫真空灯，如图6-11所示，其反射镜和配光镜用玻璃制成一体，形成灯泡，灯丝焊在反射镜底座上，反射镜的反射面经真空镀铝，里面充以惰性气体。由于全封闭式前照灯完全避免了反射镜被污染以及不受大气的影响，所以其反射效率高，照明效果好，使用寿命长，迅速得到了普及；但当灯丝烧断后，需更换整个总成，成本高，因此限制了它的使用范围。

5. 前照灯自动控制电路

为了提高汽车行驶的安全性和方便性，减轻驾驶员的劳动强度，很多新型车辆采用了前照灯自动控制系统，实现对前照灯的自动控制。常见的有前照灯会车自动变光器、前照灯昏暗自动发光器、自动变光控制、光束自动调整、延时自动控制等。

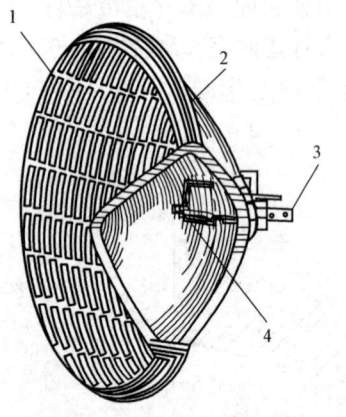

图6-11　全封闭式前照灯
1—配光镜；2—反射镜；3—接头；4—灯丝

1) 前照灯会车自动变光器

前照灯自动变光器的光敏器件一般安装于汽车风窗玻璃下。当在150～200 m以外对方车辆有灯光信号时，它能够自动地将本车的远光变为近光，避免给对方驾驶员带来炫目；两车交会后又可自动恢复为远光，确保汽车行驶过程中照明的要求。

前照灯自动变光器控制电路很多，现举例说明，图6-12所示为一款前照灯的自动变光器控制电路，它是由自动/手动转换开关、变光继电器J、变光开关、前照灯、灯光传感器VD_1和VD_2及VT_1、VT_2、VT_3、VT_4等元件组成的放大电路。

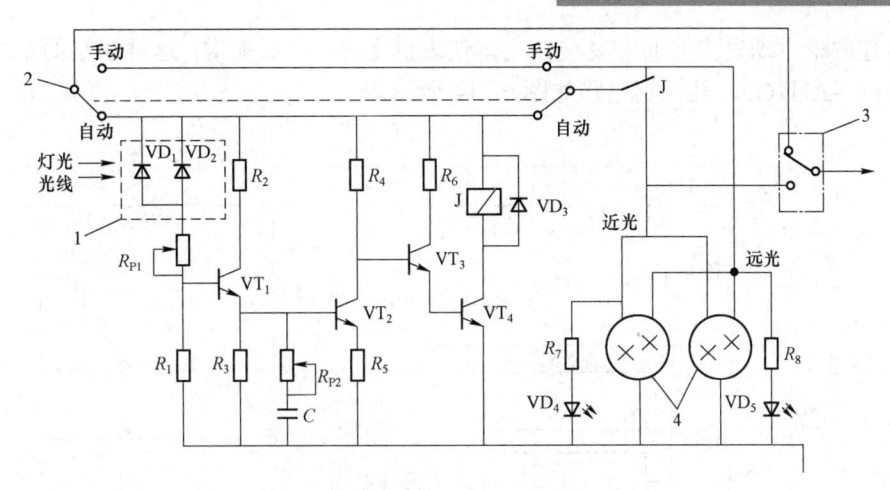

图 6-12 前照灯自动变光器控制电路

1—灯光传感器；2—自动/手动变光转换开关；3—变光开关；4—前照灯；5—变光继电器

（1）在夜间行车无迎面来车灯光照射时，感光器（VD_1、VD_2）内阻较大，使 VT_1 基极没有导通所需的正向电压而截止，于是 VT_2、VT_3、VT_4 的基极也都因为无正向导通电压而截止，变光继电器线圈不通电，其常闭触点接通远光灯。

（2）当有迎面来车或道路有较好的照明度时，VD_1、VD_2 的电阻下降，这使 VT_1 基极电位升高从而导通，VT_2、VT_3、VT_4 的基极也随之有正向偏置而导通，使变光继电器线圈通电，其常闭触点打开，常开触点闭合，前照灯由远光自动切换为近光。

（3）会车结束后，VD_1、VD_2 因无强光照射而电阻增大，使 VT_1 又截止。此时，由于电容 C 的放电，使 VT_2、VT_3、VT_4 仍保持导通，1~5 s 后，待电容 C 放电至 VT_2 不能维持导通状态时，变光继电器线圈才断电，前照灯恢复远光照明。延时恢复远光可避免会车过程中由于光照突变而引起的频繁变光，以提高近光会车的可靠性。延时的时间可通过电位器 R_{P2} 来调整。

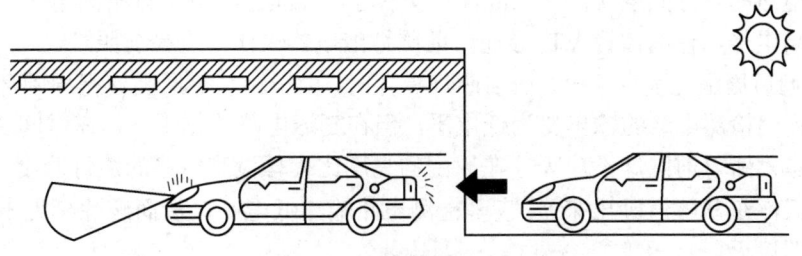

2）前照灯昏暗自动发光器

前照灯昏暗自动发光器的作用是在汽车行驶过程中（并非夜间行驶），当汽车前方自然光的强度降低到一定程度时，如汽车通过高架桥、林荫小道、树林、竹林或者天空突然乌云密布等，发光器便自动将前照灯电路接通，从而开灯行驶以确保行车安全，如图 6-13 所示。

图 6-13 前照灯昏暗自动发光器

前照灯昏暗自动发光器通常安装在汽车仪表盘上方。一般来讲，这种轿车的车灯开关设有自动挡位（AUTO），其控制电路如图6-14所示。

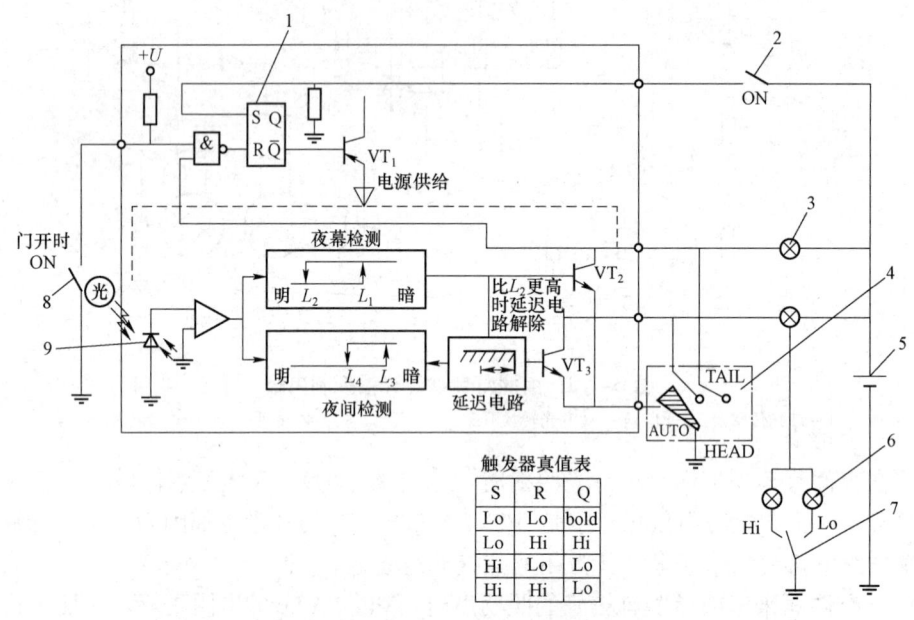

图6-14 前照灯自动点亮系统的控制电路
1—触发器；2—点火开关；3—尾灯；4—车灯开关；5—蓄电池；6—前照灯；
7—变光开关；8—驾驶座门控开关；9—光电二极管

当车灯开关位于"AUTO"位置时，由安装在仪表板上部的光传感器检测周围的光线强度，自动控制灯光的点亮，下面介绍其工作原理。

当车门关闭，点火开关处于"ON"状态时，触发器控制晶体管 VT_1 导通，为灯光自动控制器提供电源。

（1）周围环境明亮。当周围环境的亮度比夜幕检测电路的熄灯照度 L_2（约550 lx）及夜间检测电路的熄灯照度 L_4（200 lx）更亮时，夜幕检测电路与夜间检测电路都输出低电平，晶体管 VT_2 和 VT_3 截止，所有灯都不工作。

（2）夜幕及夜间时。当周围环境的亮度比夜幕检测电路的点灯照度 L_1（约130 lx）暗时，夜幕检测电路输出高电平，使 VT_2 导通，尾灯电路接通，点亮尾灯。当变成更暗的状态，达到夜间点灯电路的点灯照度 L_3（约50 lx）以下时，夜间检测电路输出高电平，此时，延迟电路也输出高电平，使晶体管 VT_3 导通，前照灯继电器工作，点亮前照灯。

（3）接通后周围亮度变化时。在前照灯点亮时，由于路灯等原因使得周围环境变为明亮的情况下，夜间检测电路的输出变为低电平。但在延迟电路的作用下，在时间 T 内，VT_3 仍保持导通状态，所以前照灯不熄灭。在周围的亮度比夜幕检测电路的熄灯照度 L_2 更亮的情况下（如白天汽车从隧道驶出来），夜幕检测电路输出低电平，从而解除延迟电路，尾灯和前照灯都立即熄灭。

（4）自动熄灯。点火开关断开，使发动机停止工作时，触发器 S 端子断电，处于低电平。

但是，触发器由+U供电，VT_2仍是导通状态，因为触发器 R 端子也是低电平，不能改变触发器的输出端$\overline{Q}$的状态。在这种状态下打开驾驶室门时，触发器 R 端子就变成高电平，$\overline{Q}$端输出就反转成为高电平，向电路供应电源的晶体管 VT_1 截止，VT_2 及 VT_3 也截止，所有灯都熄灭。上述情况下，在夜间黑暗的车库等处下车前，因为有车灯照亮周围，所以给下车提供了方便。

3）光束自动调整电路

当车辆的载荷发生变化时，车身会因为前后负载的不同，改变纵倾的角度，安装在车身上的车灯射出光线的角度也会发生改变，因而不能适当地照亮前方路面，对夜间行车安全产生不利的影响，如图 6-15 所示，图 6-15（a）是正常的前照灯出射角度和照明范围，图 6-15（b）、（c）分别是后倾和前倾情况下的前照灯出射角度和照明范围。

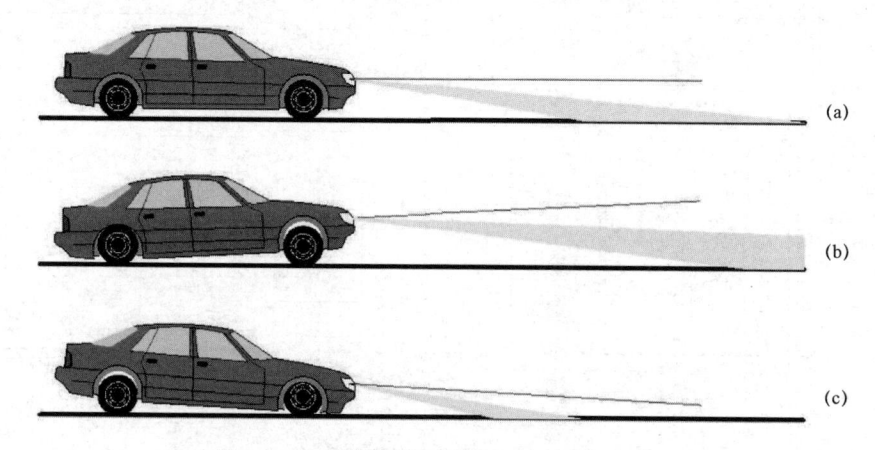

图 6-15　车辆载荷对前照灯照明产生的影响
（a）正常的前照灯；（b）后倾的前照灯；（c）前倾的前照灯

前照灯光束调整控制就弥补了普通前照灯的这一缺陷，光束自动调整电路如图 6-16 所示，它由降光继电器、升光继电器、灯光束控制执行器及光束控制开关等组成。

执行器由电动机和齿轮机构组成，在进行光束轴线调整时，执行器驱动调整螺钉正反向旋转，使调整螺钉左右移动并带动前照灯以枢轴为中心摆动，实现前照灯光束的调整。

前照灯光束调整控制工作过程如下：

（1）降低光束过程。例如，光束控制开关打至"Ⅲ"时，如图 6-16（a）所示，电流路线为：灯光束控制器（促动器）端子 6→降光继电器线圈→控制器端子 4→光束控制开关端子 6→搭铁，构成回路，前照灯降光继电器闭合。于是电流路线为：控制器端子 6→前照灯降光继电器开关→直流电动机→前照灯升光继电器开关→执行器端子 5→搭铁，构成回路，电动机工作，使前照灯光束降低。电动机转过一定角度后，限位开关工作，执行器端子 6 与 4 之间断开，前照灯降光继电器线圈断开，前照灯光束停留在"Ⅲ"的水平位置上。

（2）升高光束过程。例如，光束控制开关打至"0"时，如图 6-16（b）所示，电流路线为：灯光束控制控制器（促动器）端子 6→升光继电器线圈→控制器端子 1→光束控制开关端子 1→光束控制开关端子 6→搭铁，构成回路，前照灯升光继电器闭合。于是电流路线为：控制器端子6→前照灯升光继电器开关→直流电动机→前照灯降光继电器开关→控制器端子5→搭铁，构成回路，电动机工作使前照灯升高。电动机转过一定角度，限位开关工作，控制器端子6与1断开，前照灯升光继电器线圈断开，前照灯光束停留在"0"的水平位置上。

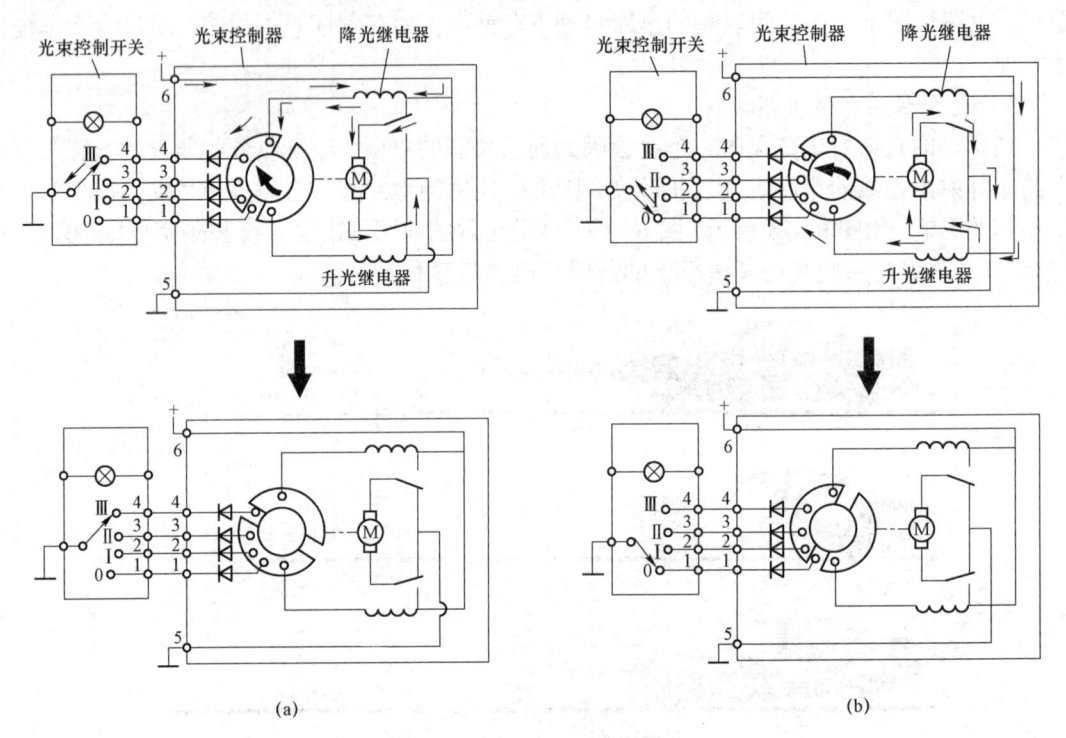

图 6-16 光束自动调整电路

（a）降低光束照射位置过程；（b）升高光束照射位置过程

4）延时自动控制电路

前照灯自动关闭延时器是一种自动关闭前照灯的控制装置，驾驶员将汽车停放在无照明的车库时，只要接通仪表板上的按钮开关，就能使前照灯延长一个时间再自动切断前照灯，一般可延迟约 1 min，利用这段时间的照明驾驶员可以离开车库，其典型电路如图 6-17 所示。前照灯延时电路由晶体管 VT、电阻 R、电容 C 组成，利用电容 C 的充放电特性，使晶体管导通后能延时截止。机油压力开关在无机油压力时闭合，将其连接在延时控制电路与搭铁之间，其作用是使前照灯延时控制只在发动机熄火后起作用。前照灯延时开关为自动复位的按钮开关，按下延时开关时，接通电源对电容 C 的充电电路。

（1）发动机熄火后，机油压力开关处于闭合状态，当需要前照灯延时关灯时，驾驶员在离车前按一下仪表板上的前照灯延时按钮，电源就开始对电容 C 充电。充电电路为：蓄电池"+"→延时按钮开关→电容 C→机油压力开关→搭铁→蓄电池"−"。随着电容 C 充电电压的上升，晶体管 VT 基极的电位随之升高，并很快使 VT 导通。VT 的导通使前照灯延时继电器线圈通电而吸合触点，接通前照灯电路。

（2）松开前照灯延时开关后，电容 C 开始放电，电容 C 的放电电流经过电阻 R 到晶体管 VT 的发射极后，使 VT 保持导通，前照灯保持通电照明，一直到电容 C 的电压下降至不能维持 VT 导通时，VT 截止，继电器断电，前照灯熄灭。

调整前照灯延时电路中的 C、R 参数，就可以改变前照灯延时关闭的时间。

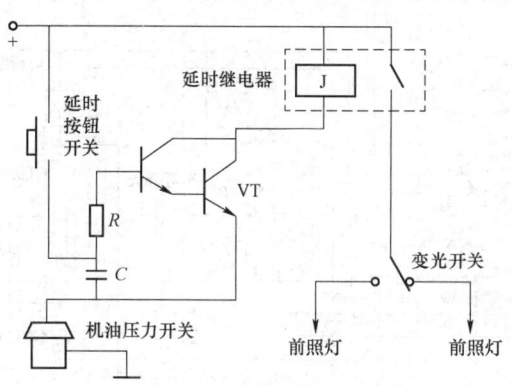

图 6-17 前照灯延时自动控制电路

6.1.3 雾灯

雾灯是在极端恶劣的天气情况下（指能见度小于 20 m），提供一个强大的散射光源，使车辆能够发现对方，因此雾灯的光源需要有较强的穿透性，雾天能见度较低，打开前后雾灯对行车安全较为有利。

雾灯分为前雾灯和后雾灯两种，有的车上仅配备前雾灯。

前雾灯安装在前照灯附近或比前照灯较低的前保险杠下方位置，为防止迎面车辆驾驶员的炫目，前雾灯光束在地面的投射距离相对近光光束来说要近。大多前雾灯设计为黄色，前雾灯功率为 45～55 W。一般的车辆用的都是卤钨雾灯，也有少数车辆配置氙气雾灯。

后雾灯主要是在大雾情况下，从车辆后方观察，使得车辆更为易见的灯具。由于它的穿透力较尾灯更强，可在很大程度上减少不良天气情况下汽车的追尾事故，预防交通事故的发生。后雾灯若采用单只时，一般安装于车辆纵向平面的左侧，与制动灯之间的距离应大于 100 mm；有的安装在保险杠下方中间位置。后雾灯灯光光色为红色，灯泡功率一般为 35 W。

6.1.4 汽车照明系统电路分析

1. 桑塔纳轿车照明系统电路

桑塔纳轿车照明系统电路如图 6-18 所示，前照灯电路：电源正极→点火开关 30 号线→点火开关 X 线→车灯开关 X→车灯开关 56→变光超车组合开关 56→

⎡ 变光超车组合开关 56a→S9/S10→左右远光灯 ⎤
⎣ 变光超车组合开关 56b→S21/S22→左右近光灯 ⎦ →搭铁→电源负极。

由此可见，前照灯受点火开关和车灯开关控制，点火开关在 1 挡、车灯开关在 2 挡时，通过变光开关进行远光和近光变换控制，当变光开关打到远光位置时，远光灯点亮；当变光开关打到近光位置时，近光灯点亮。

此外，远光灯还可由超车开关直接控制，在超车前使用。

超车电路：电源正极→变光超车组合开关（超车开关）→变光超车组合开关 56a→S9/S10→左右远光灯→搭铁→电源负极。

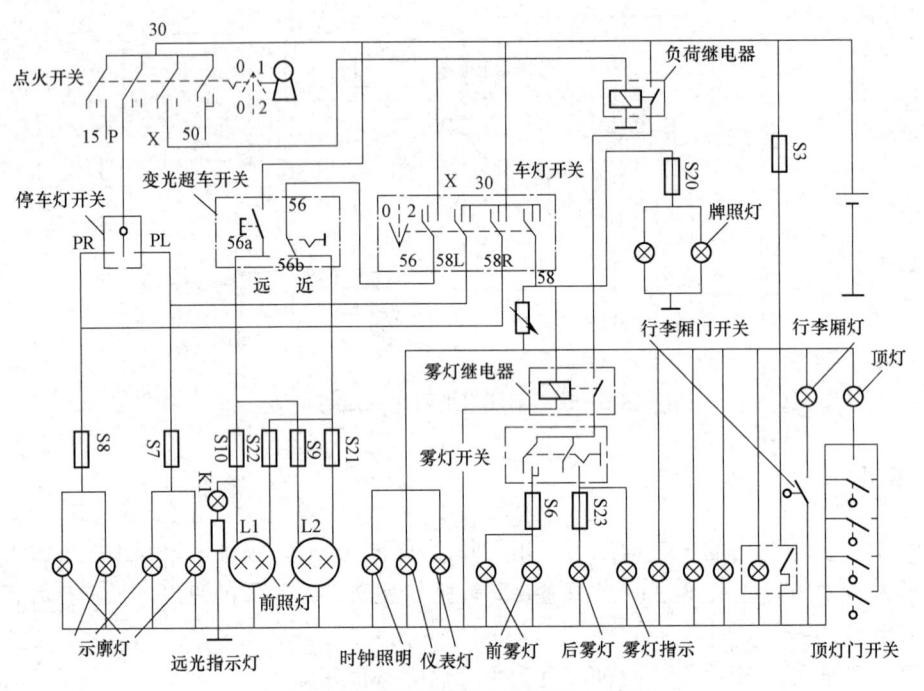

图 6-18　桑塔纳轿车照明系统电路

前雾灯电路：30 号线→负荷继电器触点→雾灯继电器触点→雾灯开关→S6→左右前雾灯→搭铁→电源负极。

后雾灯电路：30 号线→负荷继电器触点→雾灯继电器触点→雾灯开关→S23→后雾灯→搭铁→电源负极。

由此可见，雾灯由雾灯继电器及负荷继电器控制。

控制电路 1（负荷继电器线圈电路）：电源正极→点火开关 30 号线→点火开关 X 线→负荷继电器线圈→搭铁→电源负极。

控制电路 2（雾灯继电器线圈电路）：电源正极→车灯开关 30→车灯开关 58→雾灯继电器线圈→搭铁→电源负极。

点火开关打到 1 挡，负荷继电器线圈通电，触点闭合；车灯开关打到 1 挡或 2 挡，雾灯继电器线圈通电，触点闭合。同时若雾灯开关打到 1 挡时，前雾灯点亮；若雾灯开关打到 2 挡时，前后雾灯均点亮。

牌照灯由车灯开关控制，在车灯开关 1 挡或 2 挡时都接通。

仪表板、时钟、空调开关、后风窗除霜开关、雾灯开关、点烟器等照明灯均由车灯开关控制，在车灯开关 1 挡或 2 挡时都接通，且亮度通过可变电阻可以调整。

2. HONDA Accord（本田雅阁）轿车照明系统电路

HONDA Accord 轿车照明系统电路如图 6-19 所示。灯光组合开关在 1 挡时，控制仪表

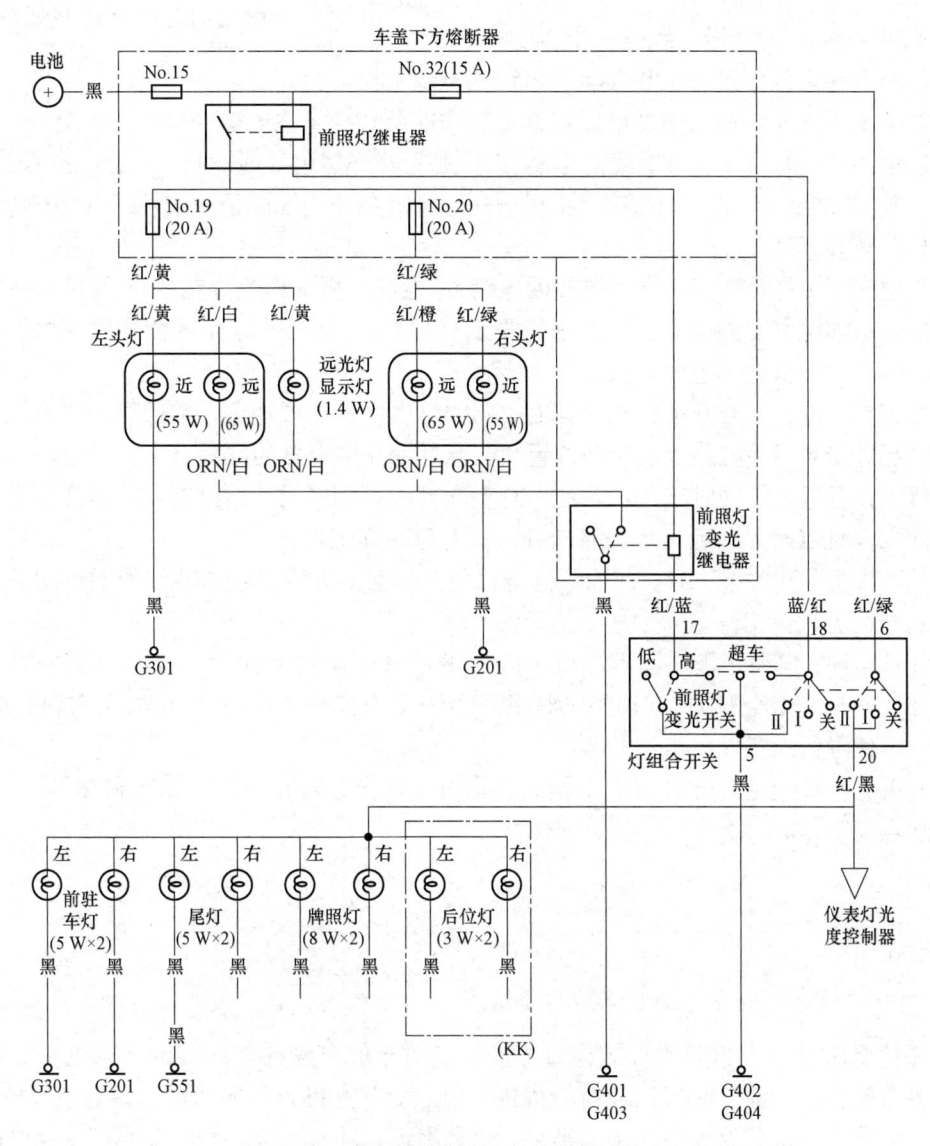

图 6-19 本田雅阁轿车照明系统电路

灯、前驻车灯、尾灯、牌照灯和后位灯工作；灯光组合开关在 2 挡时，上述灯继续亮的同时，前照灯近光灯工作，同时通过前照灯变光开关控制远光灯的工作。此外远光灯还可通过灯光开关中的超车挡直接控制，在超车时使用。

近光灯电路：电源正极→黑色导线→15 号熔丝→前照灯继电器触点→

$\left[\begin{array}{l}\text{20A 19 号熔丝→红/黄导线→左近光灯→黑色导线→G301 搭铁} \\ \text{20A 20 号熔丝→红/绿导线→右近光灯→黑色导线→G201 搭铁}\end{array}\right]$→电源负极。

由此可见，近光灯的工作受前照灯继电器的控制。

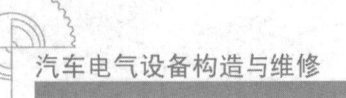

远光灯电路：电源正极→黑色导线→15 号熔丝→前照灯继电器触点→

$\begin{bmatrix} 20A\ 19\ 号熔丝→红/黄导线→红/白导线→左远光灯 \\ 20A\ 20\ 号熔丝→红/绿导线→红/橙导线→右远光灯 \end{bmatrix}$→ORN/白导线→前照灯变光继电器触点→黑色导线→G401/G403 搭铁→电源负极。

由此可见，远光灯的工作受前照灯继电器和前照灯变光继电器的控制。

控制电路 1（前照灯继电器线圈电路）：电源正极→黑色导线→15 号熔丝→前照灯继电器线圈→蓝/红导线→灯光组合开关 18 端子→灯光组合开关 5 端子→黑色导线→G402/G404 搭铁→电源负极。

控制电路 2（前照灯变光继电器线圈电路）：电源正极→黑色导线→15 号熔丝→前照灯继电器触点→前照灯变光继电器线圈→灯光组合开关 17 端子→灯光组合开关 5 端子→黑色导线→G402/G404 搭铁→电源负极。

由此可见，灯光组合开关打到 2 挡时，前照灯继电器线圈通电，前照灯近光灯工作；同时，若前照灯变光开关打到"高"挡位置，前照灯变光继电器的线圈通电，触点闭合，远光灯电路接通，远近光灯同时工作；若前照灯变光开关打到"低"挡位置，前照灯变光继电器的线圈断电，触点断开，远光灯电路断开，只有近光灯工作。

此外，当超车开关按下时，前照灯继电器线圈和前照灯变光继电器线圈通过超车开关直接搭铁通电，远光灯工作，用于超车提示。

其他灯电路：电源正极→黑色导线→15 号熔丝→15 A 32 号熔丝→红/绿导线→灯光组合开关 6 端子→灯光组合开关 20 端子→红/黑导线→左右前驻车灯/左右尾灯/左右牌照灯/左右后位灯→黑色导线→搭铁→电源负极。

由此可见，灯光组合开关位于 1 挡或 2 挡时，灯光组合开关的 6 端子和 20 端子接通，这些灯均点亮工作。

任务实施

1. 汽车前照灯的检查与调整

本任务要求掌握汽车前照灯的检查方法，能对一般车辆的前照灯的光束进行正确的调整。调整前照灯时，前轮胎气压应符合规定，前照灯配光镜表面应清洁，并且汽车应空载，驾驶室内只准乘坐 1 名驾驶员，场地平整。对装用远、近光双丝灯泡的前照灯，应以调整近光光形为主。

1）前照灯的国家标准

在使用过程中，前照灯会因为灯泡老化、反射镜变暗、照射位置不正确而使发光强度不足或照射位置不正确，进而影响汽车行驶速度和行车安全，因此必须对前照灯进行定期检测。前照灯的发光强度是指光源在给定方向上所发出的光线强度（单位：坎，单位符号：cd）。目前，前照灯光束调整标准各国略有差异。我国现行汽车前照灯远光光束的发光强度、照射位置等国家标准如表 6-1 和表 6-2 所示。

表6-1 前照灯远光光束发光强度要求

机动车类型	检查项目			
	新注册车/cd		在用车/cd	
	两灯制	四灯制	两灯制	四灯制
最高车速小于70 km/h	10 000	8 000	8 000	6 000
其他汽车	18 000	15 000	15 000	12 000

表6-2 前照灯光束照射位置要求

检测方法	在检验前照灯近光和远光光束照射位置时，前照灯照射在距离10 mm的屏幕上		
上下偏差	检测标准	近光光束明暗截止线转角或中点的高度 || 远光光束及远光单光束灯照射位置时	
		乘用车	应为（0.7～0.9）H	乘用车	应为（0.9～1.0）H
		其他机动车	应为（0.6～0.8）H	其他机动车	为（0.8～0.95）H
		说明：表中"H"为前照灯基准中心高度			
左右偏差	检测标准	左灯：向左偏不允许超过170 mm，向右偏不允许超过350 mm			
		右灯：向左偏或向右偏均不允许超过350 mm			

2）前照灯的检测

前照灯的检测可以采用屏幕检测法或仪器检测法。

（1）屏幕检测法。

将汽车停在平坦路面上，按规定充足轮胎气压，并擦净配光镜。在离前照灯 S 处挂一幕布（或利用白墙壁），在屏幕上画出两条水平线，一条离地 H，另一条比它低 D。再画一条汽车的垂直中心线，在它两侧距中心线 $A/2$（A 为两灯中心距）处再画两条垂直线，与离地 H 处的线相交点即为大灯中心点，与下一条线相交点即为光点中心（图中 A、D、H、S 应参见车型规定标准数据），如图6-20所示。

用屏幕检测法只能检测前照灯的光束照射位置，不能检测发光强度。另外，屏幕检测法检测时操作不便，精确度也低，不同车型其调整方法和数据也不同。因此，目前汽车维修企业和汽车检测站广泛采用前照灯检测仪来检测前照灯的发光强度和光束照射位置，据此来检验和调整汽车前照灯的发光强度和光轴偏斜量。

（2）前照灯检验仪检测法。

QD-2型前照灯检测仪如图6-21所示。前照灯检测仪是利用光电池受光线照射后产生电动势，再由光度计来指示前照灯的发光强度的。检测前照灯光束位置时，将四块光电池组合在一起，位于上、下的光电池接有上下偏斜指示计，位于左、右的光电池接有左右偏斜指示计，当前照灯照射在光电池上后，上下偏斜指示计和左右偏斜指示计将发生摆动，据此可测出前照灯的光束照射位置。

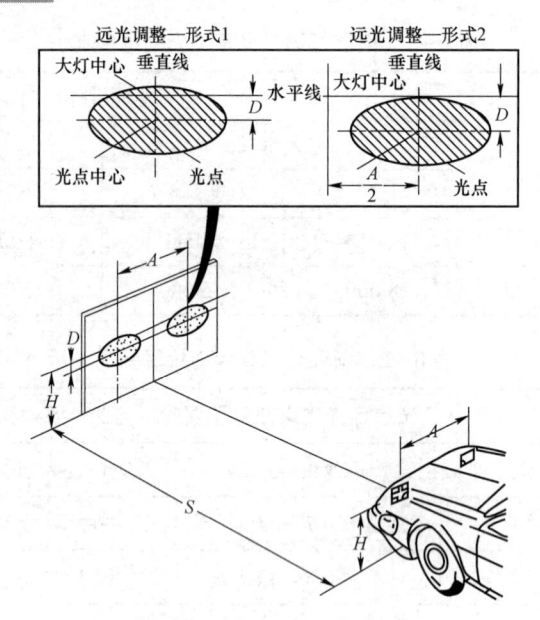

图 6-20 前照灯屏幕检测法

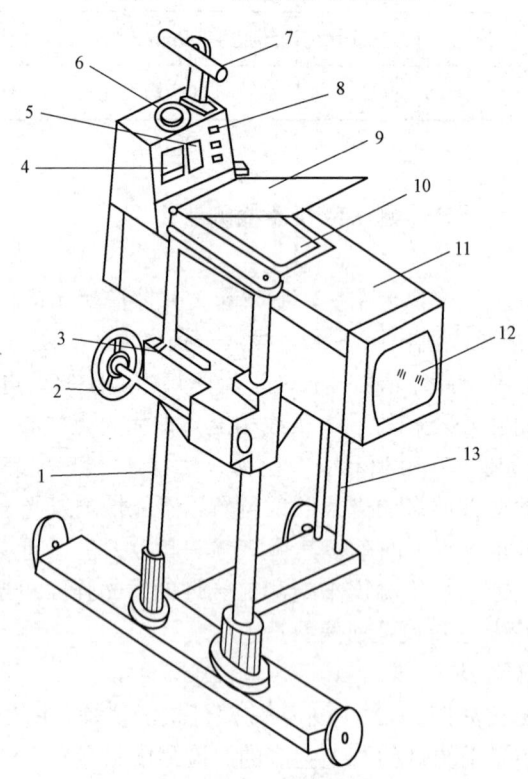

图 6-21 QD-2 型前照灯检测仪
1—支架；2—仪器升降手轮；3—仪器箱高度指示标；4—光度表；5—光束照射方向参考表；
6—光束照射方向选择指示旋钮；7—对正器；8—光度选择按键；9—观察窗盖；
10—观察窗；11—仪器箱；12—透镜；13—仪器移动把手

调整前照灯时,先遮住右侧的前照灯,通过调整光束水平方向调整螺钉或垂直方向调整螺钉,调整左侧前照灯,使其射出的光束中心对准屏幕上前照灯光点中心,然后以同样的方法调整右侧前照灯。前照灯的调整部位如图 6-22 所示,当顺时针方向转动调整螺钉 2、4 时,光束将降低;当逆时针方向转动调整螺钉 2、4 时,光束将升高。

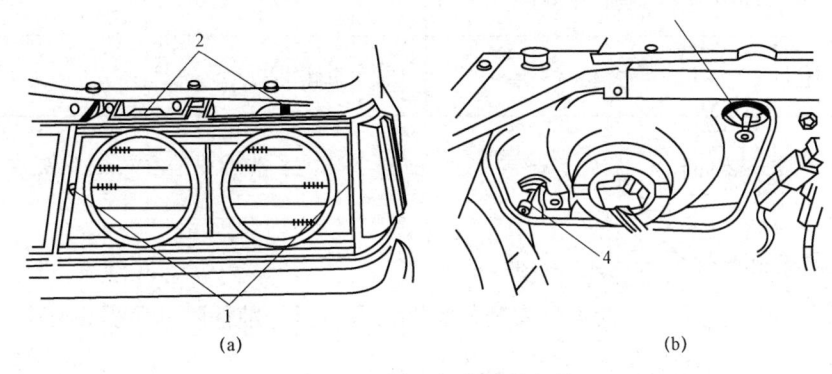

图 6-22 前照灯的调整部位

(a) 外侧调整式;(b) 内侧调整式

1,3—左右调整螺钉;2,4—上下调整螺钉

2. 汽车照明系统的常见故障

汽车照明系统的常见故障及故障原因如表 6-3 所示。

表 6-3 汽车照明系统的常见故障及故障原因

故障现象	故障原因
所有灯全不亮	蓄电池至灯总开关之间火线断路; 灯总开关损坏; 电源总熔丝断
远光灯或近光灯不亮	变光开关损坏; 导线断路或导线连接器接触不良或灯泡坏; 远光灯或近光灯熔丝坏; 灯光继电器损坏; 导线搭铁; 灯总开关损坏
大灯灯光暗淡	熔丝松动; 导线接头松动; 大灯开关或继电器触点接触不良; 发电机输出电压低; 用电设备漏电,负荷增大搭铁不良
一侧大灯亮度正常,另一侧大灯暗淡	大灯暗的一侧搭铁不良; 导线连接器的插头接触不良
大灯、后灯正常,小灯不亮	灯总开关损坏; 熔丝断; 小灯灯泡坏; 小灯线路断路; 继电器损坏

续表

故障现象	故障原因
接通小灯，一侧小灯亮，另一侧小灯亮度变弱且该侧指示灯和后转向指示灯也亮，但不闪烁	亮度暗淡的小灯搭铁不良（指灯壳搭铁的灯）
灯泡经常烧坏	发电机输出电压过高

在进行故障检修时，应首先根据故障现象分析可能的故障原因，然后进行故障排除。

3. 大众朗逸前照灯安装位置的校正

维修提示：（1）为了校正前大灯安装位置，必要时拆下前保险杠盖板进行多次调整，以达到要求。

（2）如果在检查前大灯安装位置时发现大灯与车身之间的间隙尺寸不均匀，必须校正安装位置。

校正步骤如下：

① 关闭点火开关及所有用电器，拔出点火钥匙。

② 从大灯上松开左上部固定螺栓，如图6-23所示箭头位置。

③ 从大灯上松开右上部固定螺栓，如图6-24所示箭头位置。

④ 通过旋入或旋出在大灯右上部的调节衬套（图6-25所示箭头位置）来调节大灯与保险杠的间隙。

⑤ 如调整右上部螺栓无法达到尺寸（间隙）要求，则拆下前保险杠盖板，从大灯上松开左下部固定螺栓，如图6-26所示箭头位置。

⑥ 通过旋入或旋出在大灯左下部或右上部的调节衬套来调节大灯与车身的间隙。

⑦ 以规定的拧紧力矩拧紧螺栓，重新安装前保险杠盖板。

⑧ 检查大灯安装位置间隙尺寸是否均匀，必要时重新校正；检查前大灯的功能。

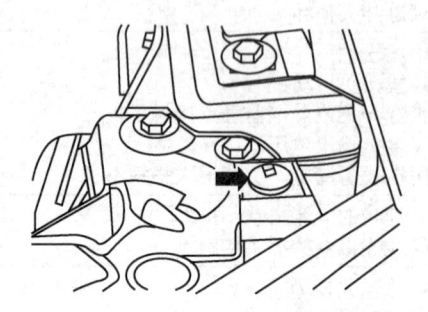

图6-23 前大灯左上部固定螺栓 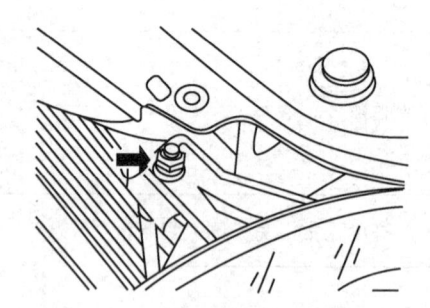　　图6-24 前大灯右上部固定螺栓

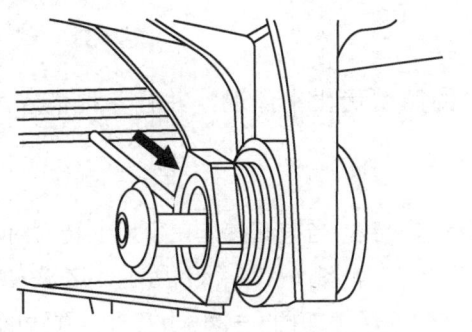

图6-25 前大灯右上部调节衬套 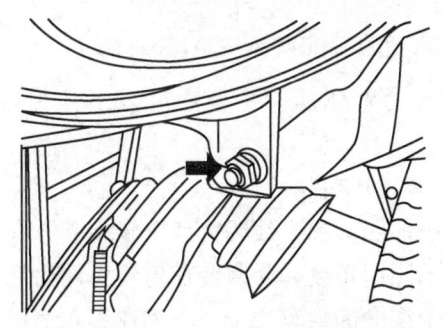　　　图6-26 前大灯左下部固定螺栓

知识拓展

1. 自适应前照灯系统 AFS 概述

传统的前照灯系统存在着诸多问题，例如，现有近光灯在近距离上的照明效果很不好，特别是在交通状况比较复杂的市区，经常会有很多驾驶员在晚上将近光灯、远光灯和前雾灯统统打开；车辆在转弯的时候也存在照明的暗区，严重影响了驾驶员对弯道上障碍的判断；车辆在雨天行驶的时候，地面积水反射前灯的光线，产生反射炫光等。

智能化灯光系统

自适应前照灯 AFS（Adaptive Frontlighting System）也叫随动转向大灯，它能够根据车辆行驶路况和行驶状态的变化不断对前照灯进行动态调节，以确保驾驶员在任何时刻都拥有最佳的可见度。

AFS 系统的组成如图 6-27 所示，主要部件包括：传感器（主要包括前桥/后桥高度传感器、转向盘转角传感器、车速传感器、雾探测器、外部灯光识别传感器等），ECU（主 ECU、左灯 ECU、右灯 ECU），旋转电动机和水平调整电动机，前照灯（可以是卤素灯、HID 氙气灯或 LED 灯）等。

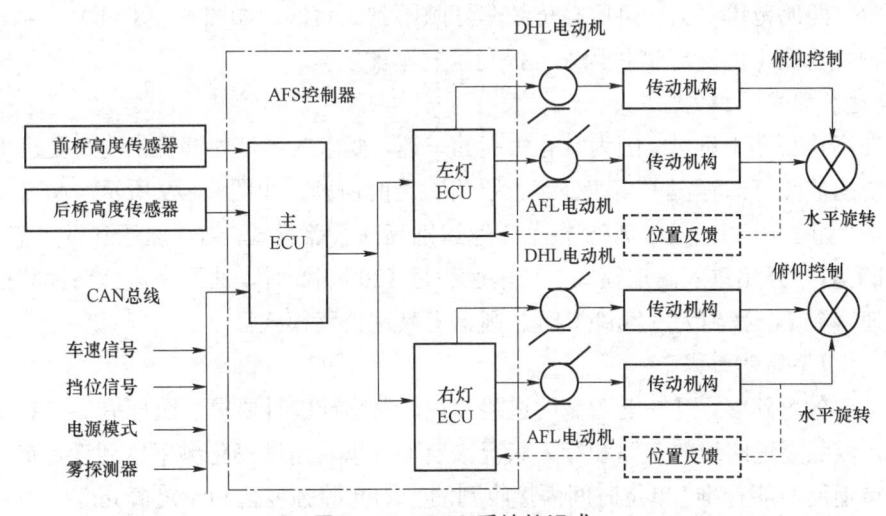

图 6-27　AFS 系统的组成

2. 自适应前照灯系统 AFS 功能

AFS 的具体功能主要通过以下几种模式的照明优化来体现，并且各种模式可叠加实现。

1）弯道照明模式

传统前照灯的光线因为和车辆行驶方向保持着一致，当夜间汽车在弯道上转弯时，由于无法调节照明角度，常常会在弯道内侧出现"盲区"，如图 6-28（a）所示，这极大地威胁了驾驶员夜间的驾车安全。车辆在进入弯道时，AFS 产生如图 6-28（b）所示旋转的光形，给弯道以足够的照明。

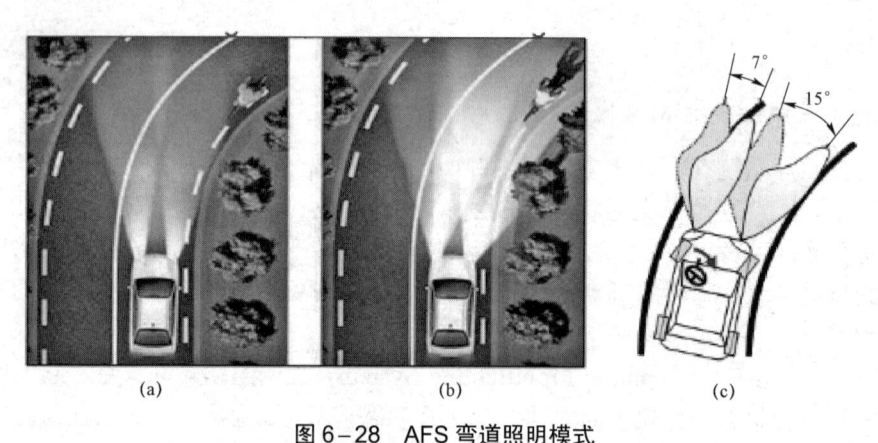

图 6-28 AFS 弯道照明模式
(a) 传统前大灯的弯道照明；(b) AFS 弯道照明；(c) AFS 弯道照明光束

当方向盘转角达到设定值（大约为 10°）时，AFS 启动弯道照明模式。AFS 在弯道照明模式下，根据方向盘转角、横摆角速度、车速等信号调整大灯光轴，光束随转向盘转动而转动，如图 6-28（c）所示，增加弯道光照距离，光束宽度加大，特别在连续弯道上，弯道内侧照明更宽，照明范围更大，可照亮传统车灯照不到的盲区，如图 6-28（b）所示，以便驾驶员能及时发现路上的障碍物和行人，提高了驾车的安全性。

2）高速公路照明模式

车辆在高速公路上行驶，因为具有极高的车速，要求前照灯能够提供更亮更远的照明光束。而传统的前照灯却存在着高速公路上照明不足的问题，如图 6-29 所示。AFS 产生更为宽广的光形，如图 6-30 所示。AFS 根据车速识别高速公路模式，当车速达到设定值 max（约为 30 km/h）时，开始进入高速模式；当车速超过 120 km/h 时，达到高速公路模式的最大效果；当车速降到 min（约为 5 km/h）时，则退出高速公路模式。

3）乡村道路照明模式

乡村道路的岔路多，且缺乏明显的道路标识，汽车行驶时要求前照灯提供左右不对称的照明光束，以照亮道路边的岔路和行人状况。当车身纵倾角度变化频率达到设定最大值，同时根据城市道路照明标准，单位时间内接收到的平均光照强度达到设定值 min2（约为 1.5 lx）

时，启动乡村照明模式。以右行国家为例，左右近光灯的驱动功率均增大，从而增加亮度以补充照明，且右灯的灯光要偏转一定角度，宽广的灯光照射范围使得驾驶员很容易发现道路右侧区域的目标，如图 6-31 所示。

图 6-29　现有前照灯高速公路照明 　　　图 6-30　AFS 在高速公路上的照明

(a)　　　　　　　　　　　　　　(b)

图 6-31　乡村道路照明模式
(a) 传统前照灯乡村道路照明；(b) AFS 乡村道路照明模式

4) 城市道路照明模式

传统前照灯近光如图 6-32（a）所示，因为光形比较狭长，所以不能满足城市道路照明的要求。AFS 在考虑到车辆市区行驶速度受到限制的情况下，可以产生如图 6-32（b）所示的比较宽阔的光形，有效地避免了与岔路中突然出现的行人、车辆可能发生的交通事故。

城市道路两侧有路灯及建筑物提供的稠密灯光，环境光照强度提高，汽车行驶时要求前照灯提供的光束亮度降低。当单位时间内接收到的平均光照强度达到城市道路照明标准中设定值 max3（约为 1.5 lx）时，起动城市照明模式，此时降低左右近光的电流供给，且前照灯在垂直方向上会向下偏转一定角度，从而降低射进对面驾驶员眼中的光照强度。而当单位时间内接收到的平均光照强度再次达到设定值 min3（约为 5 lx）时，关闭城市照明模式。

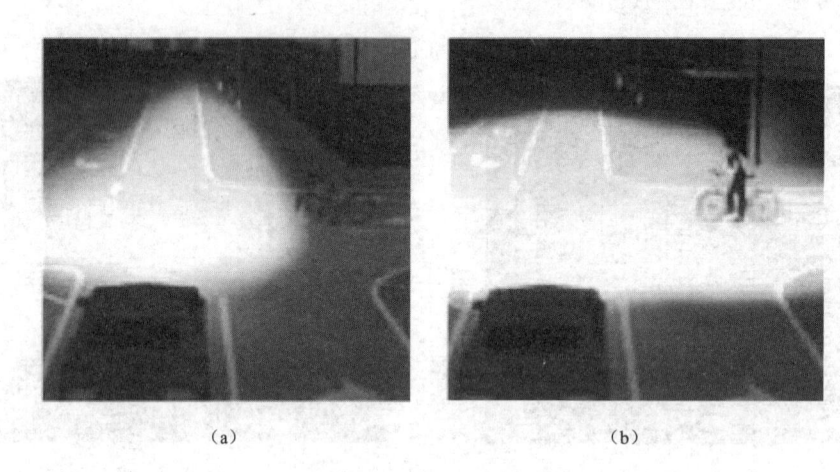

(a)   (b)

图 6-32 城市道路照明模式
（a）现有前照灯城市道路的照明；（b）AFS 在城市道路的照明

5）恶劣天气照明模式

恶劣天气有很多种，如阴雨天气，地面的积水会将行驶车辆打在地面上的光线，反射至对面会车驾驶员的眼睛中，使其炫目，如图 6-33 所示，进而可能造成交通事故。AFS 系统根据车速、雨量传感器及雾灯传感器等信号识别恶劣天气照明模式，通过旋转电动机、水平调整电动机等抬高光轴倾斜角、增大左右光轴夹角、增加侧面光照，同时降低路面反光对对面车辆的炫目，如图 6-34（b）所示。雨天积水反射的 AFS 光线如图 6-35 所示，经过反射后射进会车的光线被遮挡，从而避免了反射炫光对车辆前方 60 m 范围内的驾驶员造成炫目。

图 6-33 阴雨天气下强烈的前灯反光

(a)　　　　　　　　　　(b)

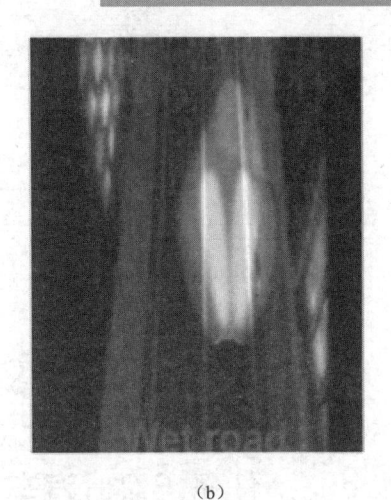

图 6-34　恶劣天气照明模式
（a）基本模式；（b）恶劣天气照明模式

图 6-35　AFS 前灯对会车影响的反光区域

6）旅行模式

根据组合开关或者专用开关通知 AFS 进入旅行模式，AFS 通过旋转电动机和水平调整电动机对光轴压低并进行左右方向调节，避免对面车辆炫目，如图 6-36 所示，光照区域①为左驾方式，光照区域②为右驾方式。

7）动态自动调平

车身会因为前后负载的不同，改变纵倾的角度，安装在车身上的车灯射出光线的角度也会发生改变，对夜间行车安全产生不利的影响。另外，车辆的加速和减速也能改变车身的纵倾（俯仰）角。

AFS 系统采用安装在悬架和车身上的车身高度传感器，获取前轴和后轴的高度变化量，再结合纵向加速度传感器、车速传感器、加速踏板位置传感器、制动踏板位置传感器信号，并依据轴距计算车身纵倾角度。车身纵倾角度的变化量，就是前照灯光轴角度的变化量，通过调光电动机的运作，反向调整此角度变

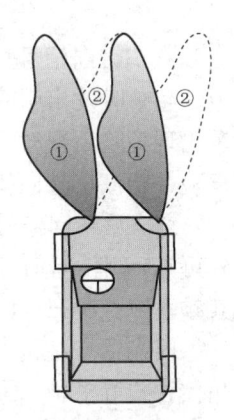

图 6-36　旅行模式

化，使光轴恢复到原先的状态，保持水平，从而使光照距离满足法规和安全要求，如图6-37所示。

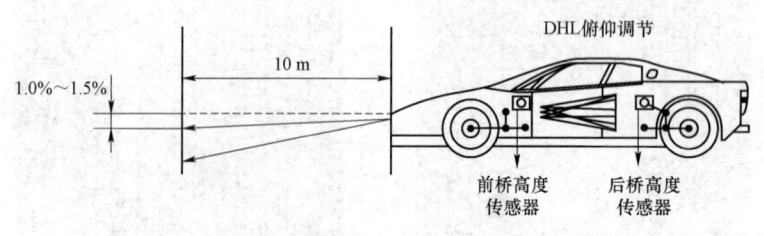

图6-37 AFS的动态自动调平

任务6.2 汽车信号系统的检修

相关知识

汽车信号系统主要用于向他人或其他车辆发出警告和示意信号，对保证汽车行驶的安全性有重要意义。

汽车信号系统也可分为外部信号装置和内部信号装置。外部信号装置有转向灯、制动灯、尾灯、倒车灯、停车灯、示廓灯等；内部信号装置泛指仪表板内的指示灯，主要有转向信号指示灯、远光指示灯、充电指示灯、发动机故障指示灯、安全气囊指示灯、ABS指示灯等。

6.2.1 汽车转向信号装置

汽车转向信号灯安装在汽车的前后左右四角，其用途是在车辆转向、路边停车、变更车道、超车时发出明暗交替的闪光信号，给前后车辆、行人、交警提供行车信号。此外，当汽车出现危险情况时，只要接通危险报警开关，汽车所有转向信号灯就同时闪烁，提示汽车有危险，即汽车转向信号灯同时可用作危险警告灯。

前、后转向信号灯的灯光光色为琥珀色，要求前、后转向信号灯白天指示距离100 m以外可见，侧转向信号灯白天指示距离30 m以外可见。转向信号灯的闪光由闪光继电器控制，其频率应控制在1.0~2 Hz，起动时间应不大于1.5 s。

闪光器按结构和工作原理可分为电热丝式（俗称电热式）、电容式、翼片式、水银式、晶体管式等多种。虽然电热式闪光器结构简单、制造成本低，但闪光频率不够稳定，使用寿命短，已被淘汰。电容式闪光器闪光频率稳定；翼片式闪光器结构简单、体积小、闪光频率稳定、监控作用明显、工作时伴有响声；晶体管式闪光器具有性能稳定、可靠等优点，故得到广泛应用。

晶体管式闪光器的结构和线路繁多，常用的有由晶体管和小型继电器组成的有触点晶体管式闪光器、全晶体管式无触点闪光器、由集成块和小型继电器组成的有触点集成电路闪光器。

1. 带继电器的有触点晶体管式闪光器

图6-38所示为带继电器的有触点晶体管式闪光器电路，它由一个晶体管的开关电路和一个继电器组成。

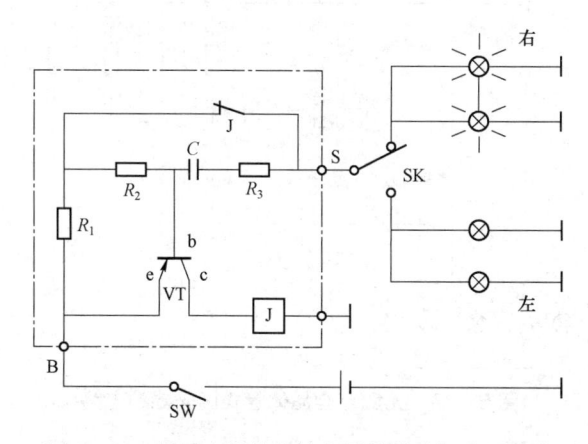

图6-38 带继电器的有触点晶体管式闪光器电路

当汽车向右转弯时，接通电源开关SW和转向灯开关SK，电流路径为：蓄电池正极→电源开关SW→接线柱B→电阻R_1→继电器J的常闭触点→接线柱"S"→转向灯开关SK→右转向信号灯→搭铁→蓄电池负极，右转向信号灯亮。当电流通过R_1时，在R_1上产生电压降，晶体管VT因正向偏压而导通，集电极电流I_C通过继电器J的线圈，使继电器常闭触点立即断开，右转向信号灯熄灭。

晶体管VT导通的同时，VT的基极电流向电容器C充电。充电电路为：蓄电池正极→电源开关SW→接线柱B→VT的发射极e、基极b→电容器C→电阻R_3→接线柱S→转向灯开关SK→右转向信号灯→搭铁→蓄电池负极。在充电过程中，随着电容器电荷的积累，充电电流I_b逐渐减小，晶体管VT的集电极电流I_c也随之减小，当此电流不足以维持衔铁的吸合而释放时，继电器J的常闭触点又重新闭合，转向信号灯再次点亮。这时电容器C通过电阻R_2、继电器的常闭触点J、电阻R_3放电。放电电流在R_2上产生的电压降为VT提供反向偏压，加速了VT的截止，继电器J的常闭触点依然闭合。当放电电流接近0时，R_1上的电压降又为VT提供正向偏压，使其导通。这样，电容器C不断地充电和放电，晶体管VT也就不断地导通与截止，控制继电器的触点反复地闭合、断开，使转向信号灯发出闪光。

2. 无触点全晶体管式闪光器

图6-39所示为国产SG131型无触点全晶体管式闪光器的电路。它利用电容器充放电延时的特性，控制晶体管VT_1的导通和截止，从而实现闪光的目的。接通转向灯开关后，晶体管VT_1的基极电流由两路提供，一路经电阻R_2，另一路经R_1和C，使VT_1导通，VT_1导通时，VT_2、VT_3组成的复合管处于截止状态。由于VT_1的导通电流很小，仅60 mA左右，所以转向信号灯暗。与此同时，电源对电容器C充电，随着C的两端电压升高，充电电流减

小，VT_1 的基极电流减小，使 VT_1 由导通变为截止。这时 A 点电位升高，当其电位达到 1.4 V 时，VT_2、VT_3 导通，于是转向信号灯亮。

此时电容器 C 经过 R_1、R_2 放电，放电时间为灯亮的时间。C 放完电，接着又充电，VT_1 再次导通，使 VT_2、VT_3 截止，转向信号灯又熄灭，C 的充电时间为灯灭的时间。如此反复，使转向信号灯发出闪光。改变 R_1、R_2 的电阻值和 C 的大小以及 VT_1 的 β 值，即可改变闪光频率。

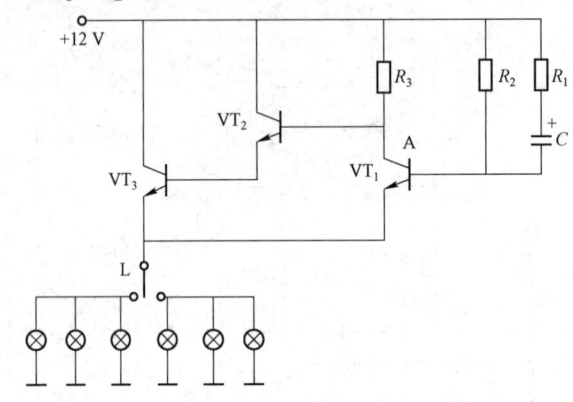

图 6-39 无触点全晶体管式闪光器的电路

3. 集成电路式闪光器

集成电路式闪光器可用通用集成电路制成，也有专用闪光器集成电路。进口汽车上的集成电路闪光器一般采用的是专用集成电路。

上海桑塔纳轿车装用的电子闪光器的核心器件 ICU243B 是一块低功耗、高精度的汽车电子闪光器专用集成电路。U243B 的标称电压为 12 V，实际工作电压范围为 9~18 V，采用双列 8 引脚直插塑料封装，其电路原理如图 6-40 所示。内部电路主要由输入检测器 SR、电压检测器 D、振荡器 Z 及功率输出级 SC 四部分组成。

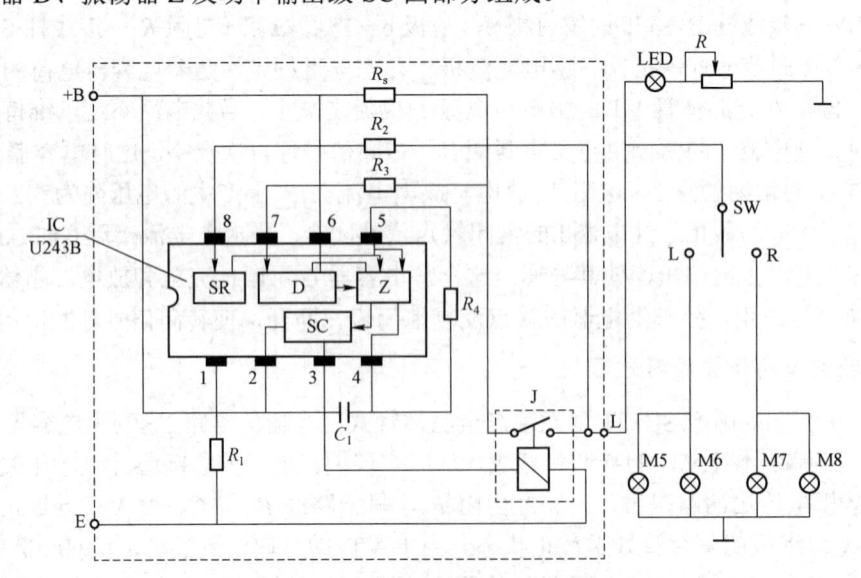

图 6-40 桑塔纳轿车电子闪光器电路原理

输入检测器用于检测转向信号灯开关是否接通。振荡器由一个电压比较器和外接 R_4 及 C_1 构成。内部电路给比较器的一端提供了一个参考电压（其值的高低由电压检测器控制），比较器的另一端则由外接 R_4 及 C_1 提供一个变化的电压，从而形成电路的振荡。振荡器工作时，输出级控制继电器 J 线圈的电路，使继电器触点反复开、闭，于是转向信号灯和转向信号指示灯便以 80 次/min 的频率闪光。

如果一只转向信号灯烧坏，则流过取样电阻 R_s 的电流减小，其电压降减小，经电压检测器识别后，便控制振荡器电压比较器的参考电压，从而改变振荡（闪光）频率，则转向指示灯的闪光频率加快一倍，以示需要检修更换灯泡。

4. 汽车转向信号灯及危险警告灯电路

汽车转向信号灯及危险警告灯电路一般由转向信号灯、转向信号指示灯、转向开关、危险警告灯开关、闪光器等组成，如图 6-41 所示。

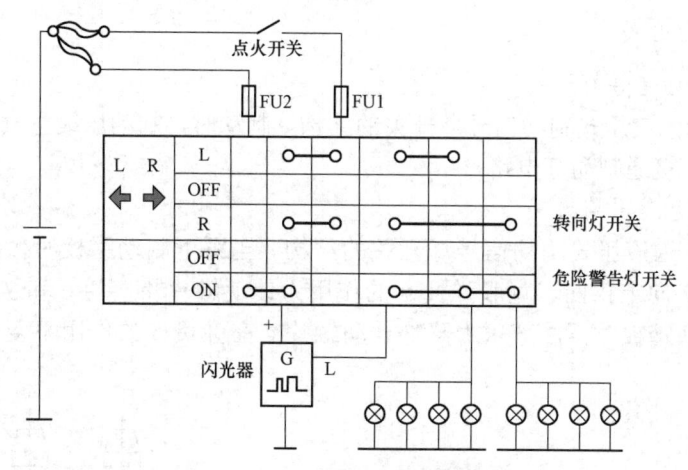

图 6-41　汽车转向信号灯及危险警告灯电路

转向信号灯电路：蓄电池正极→熔丝→点火开关→熔丝 FU_1→转向开关→闪光器"+"端子→闪光器"L"端子→转向开关→转向开关 L 挡/R 挡→左转向信号灯及左转向指示灯/右转向信号灯及右转向指示灯→搭铁→蓄电池负极。转向开关打到 L 挡，左转向信号灯及左转向指示灯闪烁，提示汽车左转向；转向开关打到 R 挡，右转向信号灯及右转向指示灯闪烁，提示汽车右转向。

按下危险警告灯开关，危险警告灯电路：蓄电池正极→熔丝→点火开关→熔丝 FU_2→危险警告灯开关→闪光器"+"端子→闪光器"L"端子→危险警告灯开关→左右转向信号灯及左右转向指示灯→搭铁→蓄电池负极。左右转向信号灯及左右转向指示灯同时闪烁工作，提示汽车有危险。

6.2.2　制动信号装置

汽车制动灯信号系统一般由制动信号灯、制动信号灯开关等组成，如图 6-42 所示。制动信号灯安装在汽车尾部的两侧，当汽车制动时，红色信号灯亮，给尾随其后的车辆发出制动提示信号,以避免造成追尾事故。目前很多轿车安装高位制动信号灯,对防止发生追尾事故有相当好的效果。两制动灯应与汽车的纵轴线对称,并在同一高度上,应保证白天指示距离 100 m 以外可见。

图 6-42 制动信号灯的电路示意

气压制动系统的制动信号灯通常由安装在制动系统管路中或制动阀上的制动信号灯开关控制;液压制动系统的制动信号灯一般由与制动踏板直接连动的机械行程开关控制,也可采用安装在制动回路上的液压式开关来控制。

1. 制动信号灯开关

1) 气压式制动信号灯开关

图 6-43 所示为气压式制动信号灯开关的结构。制动时,制动压缩空气推动橡皮膜片上拱,使触点闭合,接通制动灯电路。

2) 液压式制动信号灯开关

图 6-44 所示为液压式制动信号灯开关的结构。当踩下制动踏板时,制动系统中油液压力增大,膜片 2 向上拱曲,克服弹簧 5 的作用力使动触片 4 接通 6 和 7,制动信号灯通电点亮。松开制动踏板时,油液压力降低,动触片 4 在弹簧 5 的作用下复位,制动信号灯熄灭。

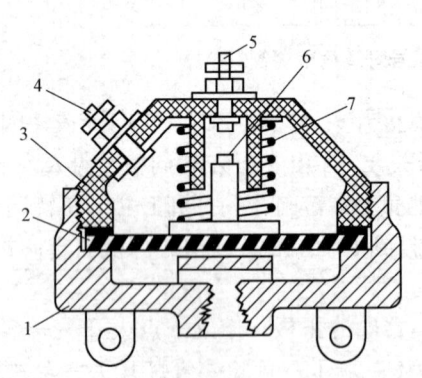

图 6-43 气压式制动信号灯开关的结构
1—壳体;2—膜片;3—胶木盖;4,5—接线柱;
6—触点;7—弹簧

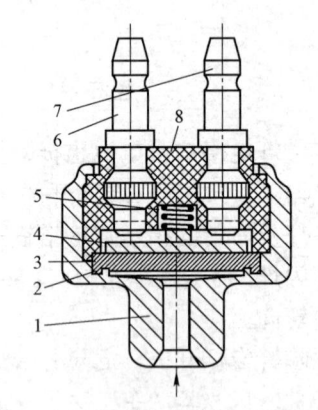

图 6-44 液压式制动信号灯开关的结构
1—管接头;2—膜片;3—壳体;4—动触片;
5—弹簧;6,7—接线柱及静触头;8—胶木

3) 弹簧式制动开关

弹簧式制动灯开关是一种较为常用的制动开关,装在制动踏板的后面,如图 6-45 所示。

2. 制动信号灯监视电路

图 6-46 所示为制动信号灯监视电路，用于监视制动信号灯的工作情况。点火开关闭合，电源通过 R、L_1 线圈、搭铁形成闭合回路，L_1 线圈通电；踩下制动踏板时，若制动灯良好，则电源、制动灯开关、L_2 线圈、制动灯、搭铁形成闭合回路，L_2 线圈通电，制动灯点亮；L_1、L_2 中电流产生的磁场叠加使继电器触点闭合，电源、继电器触点、制动指示灯、搭铁形成闭合回路，制动指示灯点亮，表示制动灯工作正常；若一只制动灯损坏，则 L_2 中的电流减小，继电器触点断开，制动指示灯不亮；若制动灯短路，踩下制动踏板，熔丝烧断，L_2 中无电流，制动指示灯不亮。

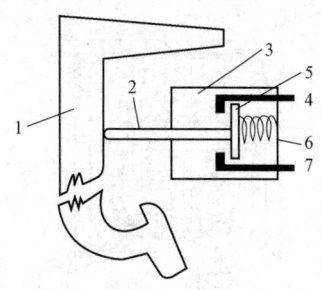

图 6-45 弹簧式制动开关

1—制动踏板；2—推杆；3—制动信号灯开关；
4，7—接线柱；5—接触桥；6—回位弹簧

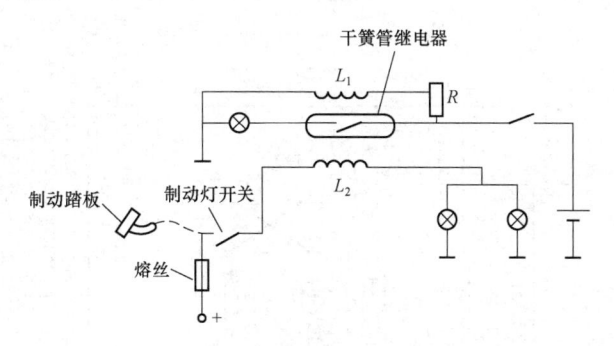

图 6-46 制动信号灯监视电路

6.2.3 倒车信号装置

1. 倒车信号灯

倒车信号灯装于汽车尾部，由倒车灯开关控制。当变速杆拨到倒挡时，倒车灯点亮，来提示车后的行人或车辆注意安全。

倒车灯开关常安装在变速杆上，其结构如图 6-47 所示，钢球平时被倒车挡叉轴顶起，当把变速杆拨到倒车挡时，由于倒车开关中的钢球 8 被松开，在弹簧 4 的作用下，触点 5 闭合，将倒车信号电路接通，倒车灯亮，倒车信号电路如图 6-48 所示。

2. 倒车蜂鸣器

倒车蜂鸣器是一种间歇发声的音响装置，图 6-49 所示为汽车上使用的倒车蜂鸣器电路，晶体管 VT_1、VT_2 组成无稳态电路，VT_1、VT_2 只有两个暂时的稳定状态，VT_1 导通、VT_2 截止或者 VT_1 截止、VT_2 导通，这两个状态周期地自动翻转，构成一个多谐振荡器，使 VT_3 按照无稳态电路的翻转频率不断地导通与截止，为蜂鸣器提供断续电流并产生间歇发声。这类无触点倒车蜂鸣器电子控制器的应用已日益广泛。

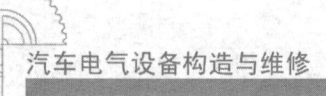

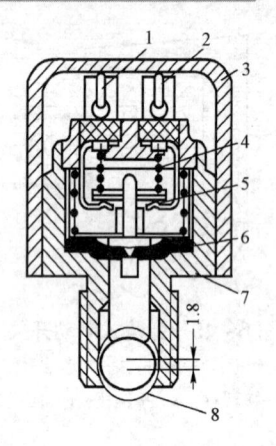

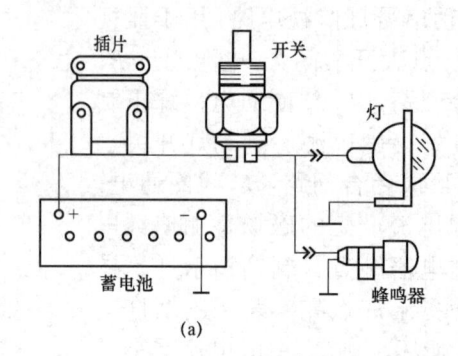

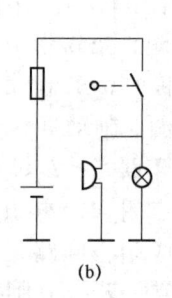

图 6-47 倒车灯开关的结构

1，2—接线柱；3—外壳；4—弹簧；5—触点；
6—膜片；7—底座；8—钢球

图 6-48 倒车信号电路

(a) 示意图；(b) 原理图

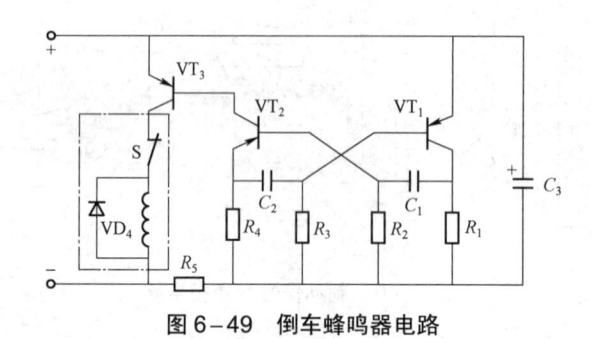

图 6-49 倒车蜂鸣器电路

除倒车蜂鸣器外，蜂鸣器还会安装在仪表板或仪表台内，可以发出声音，对驾驶员进行警告或提醒，如大灯忘关、钥匙忘拔、门没锁好等信息。

3. 倒车语音报警装置

随着集成电路技术的发展，在汽车倒车电路中已广泛应用了集成电路语音报警器装置，当汽车倒车时，语音报警器能重复发出"请注意，倒车！"等声音，以此提醒过往行人避让车辆而确保车辆安全倒车。

4. 倒车雷达系统

倒车雷达的安装位置如图 6-50 所示，倒车雷达系统由倒车雷达侦测器、控制器、蜂鸣器等组成。倒车雷达系统的工作原理如图 6-51 所示，倒车雷达一般采用超声波测距原理，当驾驶员挂倒挡进行倒车时，在倒车雷达 ECU 的控制下，由安装在后保险杠上的测距传感器发射超声波信号，当遇到障碍物时，产生反射波信号，控制器利用发射波与反射波之间的延迟时间计算出障碍物离车尾的距

图 6-50 倒车雷达的安装位置

离，若达到报警位置，倒车雷达 ECU 就控制倒车蜂鸣器发出警示信号，而且距离障碍物越近，蜂鸣器发出报警声音的频率越快。

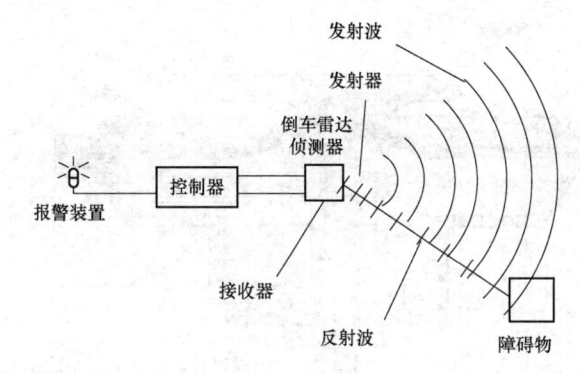

图 6-51 倒车雷达系统的工作原理

倒车雷达系统工作过程如下：（1）当挂倒挡时，倒车雷达系统开始工作，若汽车与障碍物相距 1.6 m 以上，则发出"嘟嘟"的声音，表明该系统状态良好。（2）当汽车与障碍物相距 1.6 m 时，可听到间歇报警声。距离障碍物越近，声音越局促。当距离小于 0.2 m 时，则发出连续的报警声。倒车雷达工作过程示意如图 6-52 所示。

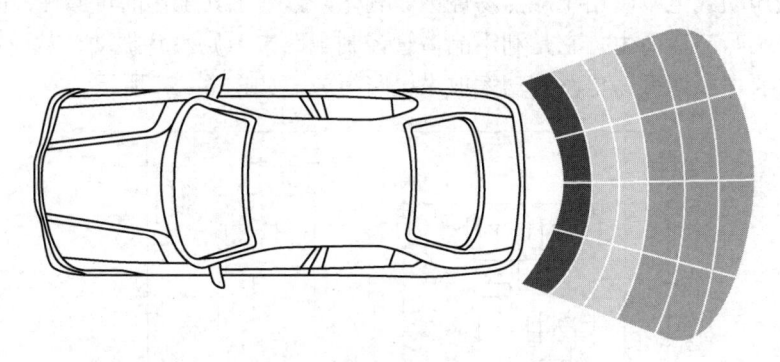

图 6-52 倒车雷达工作过程示意

6.2.4 电喇叭

电喇叭的作用是警告行人和其他车辆，其声级为 90~105 dB（A）。电喇叭按有无触点分为普通电喇叭和电子电喇叭。普通电喇叭主要是靠触点的闭合和断开控制电磁线圈激励膜片振动，从而产生音响的；电子电喇叭中无触点，它利用晶体管电路激励膜片振动，从而产生音响。

1. 普通电喇叭

盆形电喇叭具有尺寸小、质量轻、工作可靠性高等特点，因此为现代汽车普遍采用。盆形电喇叭的结构如图 6-53 所示，当按下喇叭按钮时，进入喇叭的电流由蓄电池正极→线圈→触点→喇叭按钮→搭铁→蓄电池负极，构成回路。线圈通电后产生电磁吸力，吸动上铁芯及衔铁下移，使膜片向下拱曲，衔铁下移中将触点顶开，线圈电路被切断，其电磁力消失,上铁芯、衔铁在膜片弹力的作用下复位,触点又闭合。如此反复通断,使膜片及共鸣板连续振动,辐射发声。为了保护触点,在触点之间并联有一只电容器(或消弧电阻)。

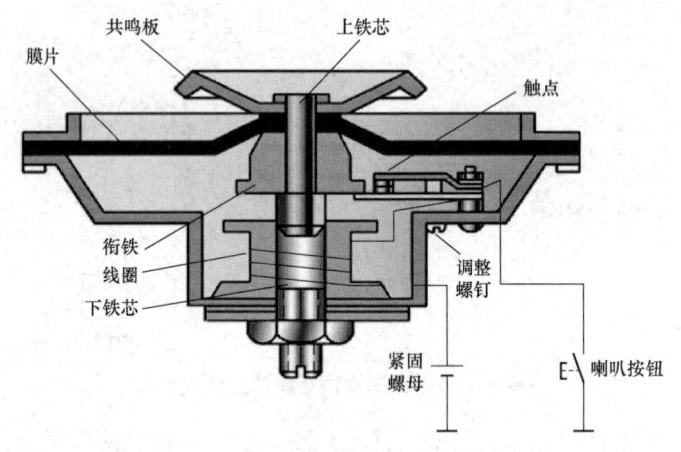

图 6-53 盆形电喇叭的结构

2. 电子电喇叭

普通电磁振动式电喇叭由于触点易烧蚀、氧化,影响了其工作的可靠性,故障率高。因此,无触点电喇叭应运而生,它是利用晶体管控制电路来激励膜片振动,从而产生声响的。电子电喇叭主要由多谐振荡电路和功率放大电路组成,如图 6-54 所示。

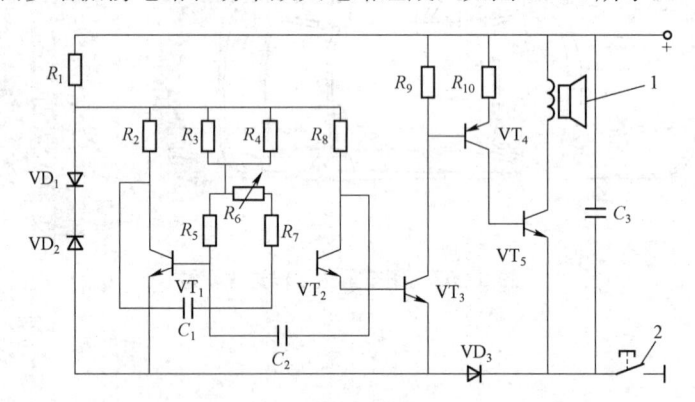

图 6-54 电子电喇叭电路
1—喇叭;2—喇叭按钮

图 6-54 中 VT_1、VT_2、VT_3 和 C_1、C_2 及 $R_1 \sim R_9$ 组成多谐振荡电路。按下喇叭按钮,电路即通电。由于 VT_1、VT_2 的电路参数有微小差异,因此两个晶体管的导通程度不可能完全一致。假设在电路接通瞬间 VT_1 先导通,则 VT_1 的集电极电位首先下降,于是,多谐振荡电路通过 C_1、C_2 正反馈电路形成正反馈过程,使 VT_1 迅速饱和导通,而 VT_2 则迅速截止,VT_3 也截止,电路进入暂时稳态。此时,C_1 充电,使 VT_2 的基极电位升高,当达到 VT_2 的导通电压时,VT_2 开始导通,VT_3 也随之导通。多谐振荡电路又形成正反馈过程,使 VT_2 迅速导通,而 VT_1 则迅速截止,电路进入新的暂时稳态。这时,C_2 的充电又使 VT_1 的基极电位升

高，使 VT_1 又导通，电路又产生一个正反馈过程，使 VT_1 迅速饱和导通，而 VT_2、VT_3 则迅速截止。如此周而复始，形成振荡。此振荡电流信号经 VT_4、VT_5 的直流放大，控制喇叭线圈电流的通断，从而使喇叭发出声响。

电路中，电容 C_3 是喇叭的电源滤波电容，以防其他电路瞬变电压的干扰。VD_2、R_1 为多谐振荡器的稳压电路，使振荡频率稳定。VD_1 用于温度补偿，VD_3 起电源反接保护作用。R_6 用于调节喇叭的音量。

3. 喇叭继电器

为了得到更加悦耳的声音，在汽车上常装有两个不同音调（高、低音）的喇叭。其中，高音喇叭膜片厚，扬声筒短，低音喇叭则相反。有时甚至用三个（高、中、低）不同音调的喇叭。

装用单只喇叭时，喇叭电流是直接由按钮控制的，按钮大多装在转向盘的中心。当汽车装用双喇叭时，因为消耗电流较大（15～20 A），用按钮直接控制时，按钮容易烧坏，所以采用喇叭继电器，其构造和接线方法如图 6-55 所示。当按下按钮时，蓄电池电流便流经线圈（因线圈电阻很大，所以通过线圈及按钮的电流不大），产生电磁吸力，吸拉触点臂，因而触点闭合，接通喇叭电路。因为喇叭的大电流不再经过按钮，所以保护了喇叭按钮。松开按钮时，线圈内电流被切断，磁力消失，触点在弹簧力作用下打开，即可切断喇叭电路。

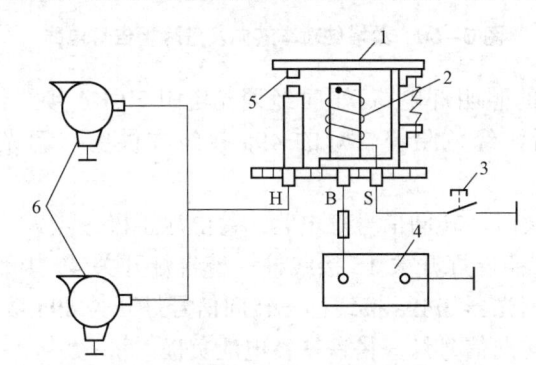

图 6-55 喇叭继电器

1—触点臂；2—线圈；3—电喇叭按钮；4—蓄电池；5—触点；6—电喇叭

6.2.5 桑塔纳轿车转向及危险警告灯电路

桑塔纳轿车转向及危险警告灯电路如图 6-56 所示，主要由危险警告灯开关、闪光器、转向信号灯开关、转向信号灯及熔丝等构成，闪光器位于中央线路板上的 12 号位。闪光器采用三接线柱及带集成电路的有触点式继电器，当转向信号灯工作而有一只灯泡损坏时，闪光速度加快，以示要检查更换灯泡。

转向信号灯由点火开关控制的 15 号线经熔丝 FUS19 供电，危险警告灯直接由蓄电池经熔丝 FUS4 供电。

接通危险警告灯开关时，危险警告灯电路：蓄电池正极→点火开关 30 号线→熔丝 FUS4→中央接线板→警告灯开关 30 接线柱→警告灯开关 49 接线柱→闪光器 1/49 接线柱→闪光器常开触点→闪光器 3/49a 接线柱→危险警告灯开关 49a 接线柱→危险警告灯开关的 L、R 接线柱→左、右转向信号灯→搭铁→蓄电池负极。

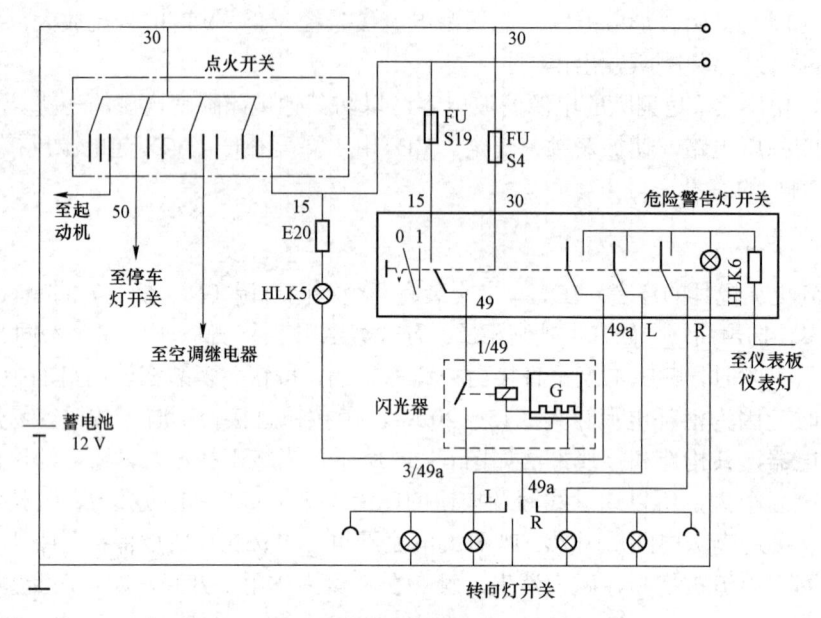

图 6-56 桑塔纳轿车转向及危险警告灯电路

危险警告灯开关内的照明灯电路：平时经调光电阻 HLK6 接至仪表板供电，灯泡较暗；接通危险警告灯开关后，经危险警告灯的 49a 接线柱供电，调光电阻 E20 被短路，灯泡点亮。

接通转向信号灯开关时，转向信号灯电路：蓄电池正极→点火开关 30 号线→点火开关 15 号线→熔丝 FUS19→警告灯开关 15 接线柱→警告灯开关 49 接线柱→闪光器 1/49 接线柱→闪光器常开触点→闪光器 3/49a 接线柱→转向信号灯开关 49a 接线柱→转向信号灯开关 L 或 R 接线柱→左或右转向信号灯→搭铁→蓄电池负极。

任务实施

1. 闪光器的检测

1）闪光器的就车检查

以无触点电子闪光器为例，且在转向信号灯及转向信号指示灯完好时进行。

（1）在点火开关置于 ON 时，将转向灯开关打开，观察转向灯的闪烁情况。如果闪光器正常，那么相应转向信号灯及转向信号指示灯应随之闪烁；如果转向信号灯不闪烁（长亮或不亮），则为闪光器自身或线路故障。

（2）用万用表检测闪光器电源接线柱 B 与搭铁之间的电压，正常值为蓄电池电压。如果无电压或电压过小，则为闪光器电源线路故障。

（3）用万用表检测闪光器的搭铁接线柱 E 的搭铁情况，正常时电阻为 0；否则为闪光器搭铁线路故障。

（4）在闪光器灯泡接线柱 L 与搭铁之间接入一个二极管试灯，正常情况下，灯泡应闪烁，否则为闪光器内部晶体管元件故障。

2）闪光器的独立检测

将稳压电源、闪光器、试灯按照图 6-57 所示接入试验电路，检测闪光器的工作情况：将稳压电源的输出电压调至 12 V，接通试验电路，观察灯泡闪烁情况。如果灯泡能够正常闪烁，则闪光器完好；如果灯泡不亮，则表明闪光器损坏。

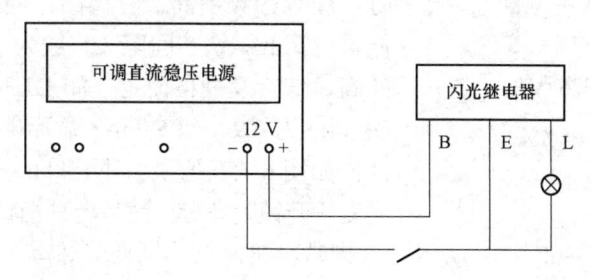

图 6-57 闪光器试验电路

2. 电喇叭的检查与调整

1）电喇叭的检查

（1）喇叭筒及盖有凹陷或变形时，应予修整。

（2）检查喇叭内的各接头是否牢固，如果有脱落，则用烙铁焊牢。

（3）检查触点接触情况。喇叭触点应保持清洁、平整，上、下触点应相互重合，其中心线的偏移不应超过 0.25 mm，接触面积不少于 80%，否则应予修整。如果有严重烧蚀应及时进行检修。

（4）检查喇叭消耗电流的大小。将喇叭接到蓄电池上，并在其电路中串接一只电流表，检查喇叭在正常供电情况下的发音和耗电情况。声音应清脆洪亮，无沙哑声音。

（5）喇叭的固定方法对其发音影响极大，为了使喇叭的声音正常，喇叭不能做刚性的装接，而应固定在缓冲支架上，即在喇叭和固定支架之间装有片状弹簧或橡皮垫。

（6）喇叭继电器检查的主要内容有闭合电压检查和释放电压检查，接线如图 6-58 所示。另外，可以用万用表检测喇叭继电器线圈的电阻值，以判断其正常与否。

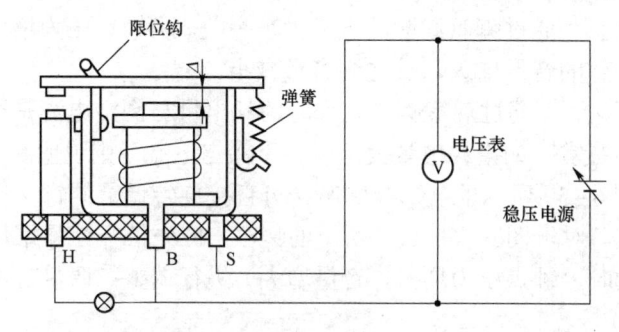

图 6-58 喇叭继电器的检测

2）电喇叭的调整

电喇叭的形式不同，其结构亦不完全相同，因此调整方法也不完全一致，但其原则基本是相同的。电喇叭的调整一般有如下两处。

1）铁芯间隙的调整（音调的调整）

电喇叭音调的高低与铁芯间隙有关，铁芯间隙小时，膜片的频率高，音调高；间隙大时，膜片的频率低，音调低。铁芯间隙（一般为 0.7～1.5 mm）视喇叭的高、低音及规格而定，如 DL34G 为 0.7～0.9 mm，DL34D 为 0.9～1.05 mm。盆形电喇叭铁芯间隙的调整部位如图 6-59 所示。对于图 6-60（a）所示的电喇叭，应先松开锁紧螺母，然后转动衔铁，即可改变衔铁与铁芯间的间隙；对于图 6-60（b）所示的电喇叭，扭松上、下调节螺母，使铁芯上升或下降即可改变铁芯间隙；对于图 6-60（c）所示的电喇叭，可先松开锁紧螺母，转动衔铁加以调整，然后拧松螺母，使弹簧片与衔铁平行后紧固。调整时应使衔铁与铁芯间的间隙均匀，否则会产生杂音。

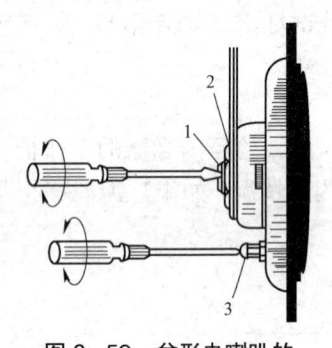

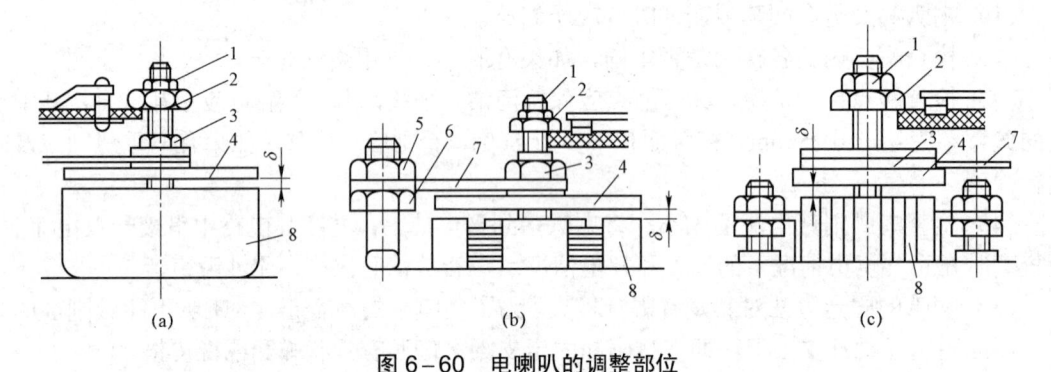

图 6-59 盆形电喇叭的调整部位
1—音调调整螺钉；2—锁紧螺母；3—音量调整螺钉

图 6-60 电喇叭的调整部位
1、3—锁紧螺母；2、5、6—调节螺母；4—衔铁；7—弹簧片；8—铁芯

2）触点压力的调整

电喇叭声音的大小与通过喇叭线圈的电流大小有关。当触点压力增大时，流入喇叭线圈的电流增大使喇叭产生的音量增大，反之则音量减小。

触点压力是否正常，可通过观察喇叭工作时的耗电量与额定电流是否相符来判别。如果相符，说明触点压力正常；如果耗电量大于或小于额定电流，则说明触点压力过大或过小，应予以调整。对于图 6-59 所示的盆形电喇叭，可直接旋转调节螺钉（逆时针方向转动时，音量增大）进行调整。对于图 6-60（c）所示的喇叭，应先松开锁紧螺母，然后转动调节螺母（逆时针方向转动时，触点压力增大，音量增大）进行调整；调整时不可过急，每次只需对调节螺母转动 1/10 转。

知识拓展

1. 新型汽车信号装置

1）驻车距离报警系统

在倒车雷达系统的基础上,一些轿车安装了具有汽车前后障碍物距离测试功能的驻车距离报警系统(Parking Distance Control,简称 PDC 系统)。

PDC 系统在汽车的前后保险杠上均装有雷达侦测器,车辆距障碍物的距离可以在车内的显示器(一般与导航系统的显示器功用)上直接显示出来,如图 6-61 所示,并伴有蜂鸣器的报警声。

2）倒车影像系统

倒车影像(Reverse Image),又称泊车辅助系统,或称倒车可视系统、车载监控系统等,被广泛应用于各类大、中、小车辆倒车或行车安全辅助领域。

倒车影像系统在汽车后保险杠或顶部(大型车辆)安装了远红外线广角摄像装置,当挂入倒挡时,该系统会自动接通位于车尾的摄像头,将车后状况显示于中控或后视镜的液晶显示屏上,如图 6-62 所示,也可同时安装两个倒车后视摄像头,达到倒车时无盲区。

图 6-61　PDC 系统显示　　　　图 6-62　倒车影像系统

3）360°全景影像停车辅助系统

传统的基于图像的倒车影像系统只在车尾安装摄像头,只能覆盖车尾周围有限的区域,而车辆周围和车头的盲区无疑增加了安全驾驶的隐患,在狭隘拥堵的市区和停车场容易出现碰撞和剐蹭事件。为扩大驾驶员视野,就必须能感知 360°全方位的环境,这就需要多个视觉传感器的相互协同配合工作,然后通过视频合成处理,形成全车周围的一整套的视频图像,全景影像停车辅助系统应运而生。

全景影像停车辅助系统又称"汽车环视系统",也称为"360°全景可视泊车系统",是在停车过程时,通过车辆显示屏幕观看四周摄像头图像,帮助驾驶员了解车辆周边视线盲区,使停车更直观方便,如图 6-63 所示。

图 6-63　360°全景可视泊车系统

360°全景可视泊车系统可以有四路/六路视频输出，即前、后、左、右。将摄像头安装在车前（1个或2个）、车尾（1个或2个）以及左右后视镜的下面。由遥控控制，能自动地切换画面，视频可以由四个/六个视频组成也可以由单一的视频组成，增加了行车的防盗监控与行车安全。

2. J519 控制的照明信号系统

传统的汽车照明、信号系统采用开关、继电器和专用电子振荡器等进行控制，其控制信号通过专用线束传输，不具备自诊断功能。汽车行驶过程中，当雾灯、制动灯等重要控制信号出现故障时，驾驶员难以察觉，容易造成交通事故。随着汽车总线技术的不断发展，汽车上开始采用基于汽车总线的照明信号系统的控制，目前车上主要采用舒适 CAN 总线系统中的 J519 节点实现汽车照明信号系统的控制。图 6-64 所示为大众速腾轿车的照明信号系统的控制电路。

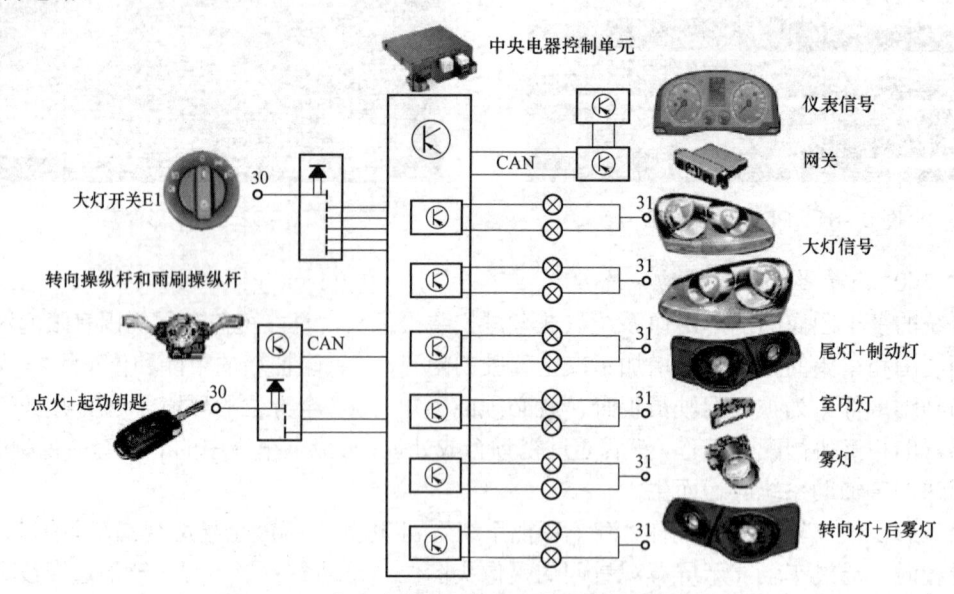

图 6-64　大众速腾轿车的照明信号系统的控制电路

各种开关信号通过 LIN 总线或舒适 CAN 总线送到车载电源控制单元 J519，J519 根据接收到的开关状态控制相应灯通电工作或者断电停止工作，同时通过 J519 可进行汽车照明信号系统的故障自诊断。

课 后 思 考

一、判断题
1. 前照灯的近光灯丝位于反射镜的焦点上，远光灯丝位于焦点的前上方。（　　）
2. 卤素灯泡内的惰性气体掺有某种卤族元素气体是为了防止钨的蒸发和灯泡玻璃体的黑化。（　　）
3. 前照灯光学系统主要由灯泡、反射镜和配光镜组成。（　　）
4. 制动灯安装在汽车尾部，光色为红色，提醒后方车辆、行人注意安全。（　　）
5. 如果电喇叭触点烧结，则电喇叭会常鸣。（　　）
6. 闪光器用以控制转向信号灯的闪光频率。（　　）

二、选择题
1. 照明系统中所有灯都不亮，其常见原因是（　　）。
A. 所有灯已坏　　　B. 灯总开关损坏　　　C. 变光开关损坏
2. 灯光继电器常见故障是（　　）。
A. 触点烧蚀　　　B. 触点间隙不当　　　C. 触点松动
3. 电喇叭配用喇叭继电器的目的是（　　）。
A. 为了使喇叭的声音更响　　　B. 为了提高喇叭触点的开闭频率
C. 为了保护按钮触点
4. （　　）是夜间为后来车辆显示信号的，有的兼作牌照灯。
A. 制动灯　　　B. 转向信号灯　　　C. 尾灯
5. 两侧转向灯闪烁频率不同的原因可能是（　　）。
A. 闪光器故障　　　B. 电源电压过高或过低
C. 两侧灯泡功率不同

三、简答题
1. 前照灯由哪几部分组成？对前照灯的基本要求是什么？
2. 写出桑塔纳 2000 的前照灯电路，并根据电路简要分析远光灯不亮的原因。

项目 7　汽车仪表与报警系统的检修

学习目标

1. 熟悉汽车常用仪表报警装置的作用。
2. 认识汽车常用仪表报警装置。
3. 掌握汽车常用仪表报警装置的结构、工作原理和故障检测方法。
4. 能够分析常见车型仪表报警装置的控制电路。
5. 能够对汽车仪表报警系统进行故障诊断与检修。

任务引入

一位顾客向维修店反映其速腾轿车油箱加满油后，燃油表指示仍为半箱，现要求对该车仪表系统进行检测，查出故障原因并进行修复。

汽车燃油表常见故障就是不能准确指示油箱的存油量。要排除汽车仪表故障，首先需要对汽车仪表结构、工作原理和控制电路有一个清晰的认识，然后根据汽车电路故障诊断、检修方法进行综合分析，找出故障点。

任务 7.1　汽车仪表系统的检修

相关知识

7.1.1　概述

为了使驾驶员随时了解汽车各主要系统的工作是否正常，及时发现和排除可能出现的问题，在汽车驾驶员易于观察的转向盘前方台板上都装有各种指示仪表、报警灯及电子显示装置。这些装置一般都集成在仪表台上，形成仪表总成。汽车仪表台是车辆和驾驶员进行信息沟通的最重要、最直接的人机界面。

对于汽车仪表，不但要求其工作可靠、抗振、耐冲击性好，更要求其美观大方，指示准确、清晰，便于读取。

汽车仪表按工作原理可分为机械式仪表、电气式仪表、模拟电路电子仪表和数字化电子仪表。传统仪表一般是指机械式仪表、电气式仪表和模拟电路电子仪表。随着现代汽车不断向信息化和电子化方向发展，数字化电子仪表相对于传统仪表具有集成度和精确度高、信息含量大、可靠性好及显示模式自由等优点，逐步取代了传统仪表。

汽车仪表按安装方式可分为分装式仪表和组合式仪表两种。分装式仪表指的是各仪表单独安装，组合式仪表是将各种仪表在设计的时候就组合在一起，结构紧凑，便于安装。现代汽车最常用的是组合式仪表。

组合式仪表又分为可拆式和整体式两种。可拆式组合仪表的仪表、指示灯等组成部件如果损坏可以单独更换，而整体式如果损坏只能更换总成，代价较高。

汽车仪表装在仪表台上最便于驾驶员观察的位置，并且以最清晰、直观、简便的方式来显示信息。一般汽车仪表都具备最基本最重要的如车速、里程、发动机转速、水温、燃油量等信息的指示功能，以及发动机电控、灯光、电源、安全、润滑、制动等相关工况信息的指示及报警功能。

仪表板的显示装置由模拟和数字显示两种方式。在传统的模拟显示装置中，通过指示器在固定的刻度盘前摆动来指示状态。指示器通常是一根指针，但也可以是液晶或者图形显示器，数字显示器则用数字代替指针或图形符号。模拟式显示器在显示时更优于数字式显示器，这在驾驶员必须很快看见而不需要准确读数时很有用。数字式显示器更适合显示诸如里程等精确数据。很多汽车速度里程表将模拟式和数字式结合在一起。

大众速腾 1.4 T 轿车仪表板如图 7-1 所示，它主要有车速里程表、转速表、冷却液温度表、燃油表、时钟、充电指示灯、冷却液高温报警、燃油不足报警、SRS 报警等二十几种仪表或显示装置。仪表大部分都集中安装在驾驶室内方向盘正前方的专用仪表板上。

图 7-1　大众速腾 1.4 T 轿车仪表板

7.1.2　传统汽车仪表

传统的汽车仪表主要由充电指示灯、燃油表、冷却液温度表、机油压力表、车速里程表、发动机转速表等组成。

汽车的燃油表、冷却液温度表、机油压力表虽然测量的参数不同，但是均由指示表和传感器两部分组成。指示表在结构上分为电热式和电磁式两种,传感器分为电热式和可变电阻式两种。指示表和传感器的配合类型为:电热式指示表+电热式传感器;电磁式指示表+电阻式传感器;电热式指示表+可变电阻式传感器。

1. 充电指示灯

充电指示灯用于指示蓄电池充、放电状态,监视电源系统工作状况。蓄电池放电时,充电指示灯点亮;蓄电池充电时,充电指示灯熄灭。

充电指示灯的控制一般有两种方式:中性点电压控制和交流发电机D+端子控制。

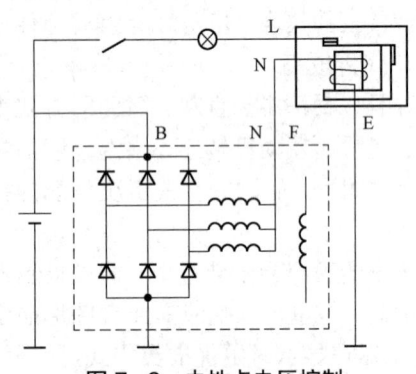

1)中性点电压控制方式

中性点电压控制充电指示灯的电路如图7-2所示,通过中性点电压控制常闭继电器的工作,从而间接控制充电指示灯的亮灭。

接通点火开关后,交流发电机不工作或输出电压低于蓄电池电压时,中性点电压低,继电器线圈电流小,铁芯对触点的电磁吸力小,继电器触点保持闭合,充电指示灯点亮,蓄电池放电;交流发电机输出电压高于蓄电池电压时,中性点电压高,继电器线圈电流大,铁芯对触点的电磁吸力大,继电器触点断开,充电指示灯熄灭,蓄电池充电。

图7-2 中性点电压控制充电指示灯的电路

2)交流发电机D+端子控制方式

交流发电机D+端子控制充电指示灯的电路如图7-3所示,接通点火开关后,交流发电机不工作或输出电压低于蓄电池电压时,B+端子电压为蓄电池电压,D+端子电压为交流发电机的输出电压,此时,B+端子的电压高于D+端子的电压,充电指示灯由蓄电池供电点亮;交流发电机输出电压高于蓄电池电压时,B+端子电压和D+端子电压均为交流发电机的输出电压,此时,B+端子的电压等于D+端子的电压,充电指示灯被短路断电熄灭。

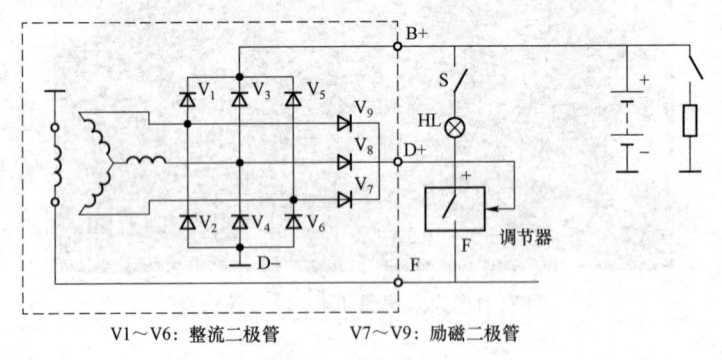

V1～V6:整流二极管　　V7～V9:励磁二极管

图7-3 交流发电机D+端子控制充电指示灯的电路

2. 机油压力表

机油压力表用来指示发动机机油压力的大小,以便了解发动机润滑系统工作是否正常。它由装在发动机主油道上的机油压力传感器和仪表板上的机油压力指示表组成。

目前进口汽车基本上已取消了机油压力表而用机油报警灯代替,大多数国产汽车还同时装有机油压力表和机油报警灯。

桑塔纳 2000 型轿车的机油压力指示系统由低压油压开关、高压油压开关、油压检查控制器、机油压力指示灯等组成。当发动机工作时,它用来检测发动机主油道中机油压力的大小。低压开关安装在发动机缸盖上,其外壳直接接地。低压油压开关为常闭型开关,当油压低于 0.03 MPa 时常闭(发动机未发动);当油压高于 0.03 MPa 时打开。高压开关安装在机油滤清器支架上,其外壳直接接地。高压油压开关为常开型开关,当油压低于 0.18 MPa 时,开关常开;当油压高于 0.18 MPa 时,开关闭合。红色机油压力指示灯位于仪表板上。

1)电热式机油压力表

电热式机油压力表又称为双金属片式机油压力表,由装在发动机主油道上的油压传感器和仪表板上的机油压力指示表组成,如图 7-4 所示。

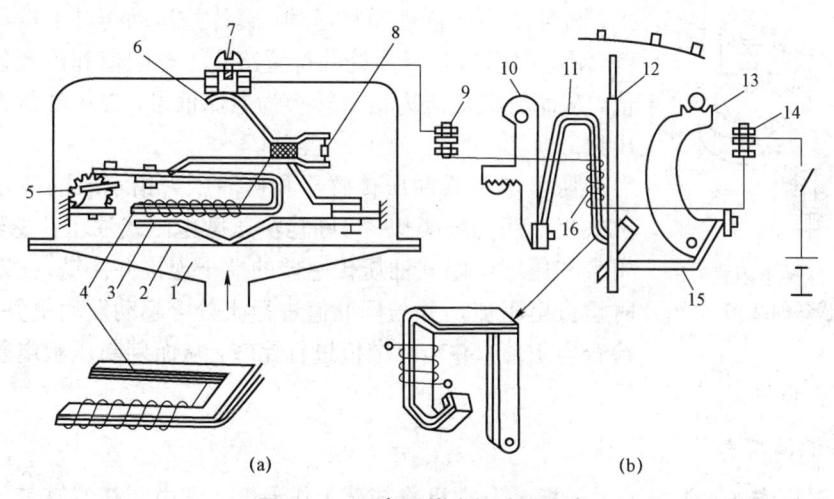

图 7-4 双金属片式机油压力表
(a) 油压传感器;(b) 油压指示表
1—油腔;2—膜片;3,15—弹簧片;4,11—双金属片;5—调节齿轮;6—接触片;
7,9,14—接线柱;8—校正电阻;10,13—调节齿扇;12—指针;16—加热线圈

机油压力表的油压传感器结构如图 7-4 所示,它装在发动机主油道上,膜片中心顶着弯曲的弹簧片 3,一端焊有触点,另一端通过壳体搭铁。双金属片 4 上绕有加热电阻丝,它一端与双金属片的触点相连,另一端则通过接触片 6、接线柱 7 与油压指示表相连。校正电阻 8 与加热电阻丝并联。油压指示表中的双金属片 11 一端固定在调节齿扇 10 上,另一端与指针 12 相连,其上绕有加热线圈 16。

双金属片是由两种热膨胀系数不同的金属制成的。若油压低,传感器膜片几乎不变形,这时作用在触点上的压力很小,所以加热线圈中虽只有小电流通过,但只要温度略有上升,双金属片 4 稍有弯曲就会使触点分开,切断电路。之后双金属片冷却伸直,触点又闭合,电流重新导通,但很快触点又分开,如此反复循环。因为在油压低时,只要有较小的电流通过加热线圈,温度略有升高,触点就会分开,所以触点打开的时间长,闭合时间短,变化频率也低,通过加热线圈的平均电流值很小。机油油压表内双金属片变形不大,指针只略微向右摆偏，指示低油压。

当油压升高时，膜片向上拱曲，触点之间的压力增大，使双金属片向上弯曲。加热线圈通过较长时间的电流，双金属片才有较大的变形，使触点分开；而且分开后稍微冷却就会很快闭合。所以触点打开的时间短，闭合的时间长，变化频率增大，电流增大。机油压力表内双金属片变形大，指针右偏多，指示高油压。

为使油压的指示值不受外界温度的影响，双金属片4制成"∏"字形，其上绕有加热线圈的一边称为工作臂，另一边称为补偿臂。当外界温度变化时，工作臂的附加变形被补偿臂的相应变形所补偿，所指示值保持不变。

2）压敏电阻式机油压力表

许多机油压力表采用可变电阻式的油压传感器，即压敏电阻式油压传感器。它的结构如图7-5所示，安装在发动机主油道上，机油压力使挠性膜片运动，膜片的运动传动到滑动电阻接触臂，滑动电阻接触臂所处的位置决定了电阻值和流经仪表的电流值，从而将机油压力信号转换为电流信号，在机油压力表中指示出来。

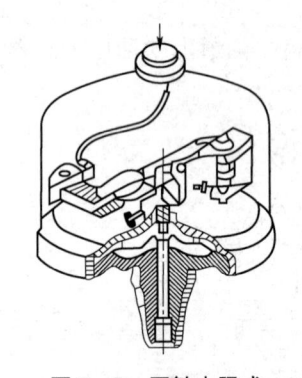

图7-5 压敏电阻式油压传感器的结构

压敏电阻式油压传感器和机油压力指示表的线路连接与电热式机油压力表类似。诊断检测压敏电阻式油压传感器时，将欧姆表和压敏电阻式油压传感器的端子连接并搭铁，在发动机停机时检查电阻值，并与标准值进行比较；起动发动机并怠速运转，检查电阻值，并与标准值进行比较，从而判断压敏电阻式油压传感器性能是否良好。

3. 冷却液温度表

冷却液温度表（水温表）用于指示发动机冷却液工作温度。它由装在气缸盖上的温度传感器和装在仪表板上的指示表组成。水温表主要有电磁式和电热式两种。

1）电磁式水温表

电磁式水温表的工作原理如图7-6所示，其等效电路如图7-7所示。温度传感器

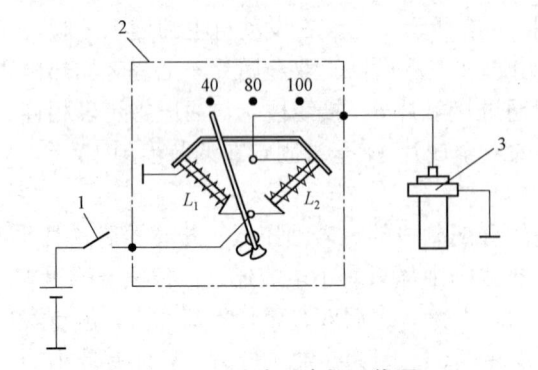

图7-6 电磁式水温表的工作原理
1—热敏电阻；2—弹簧；3—传感器壳体

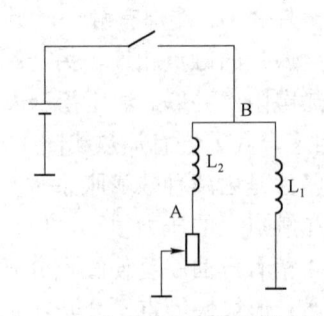

图7-7 电磁式水温表的等效电路

内装有负温度系数的热敏电阻 1，其阻值随温度的升高而减小。指示表内有两个线圈，当水温低时，热敏电阻阻值大，流经线圈 L_1 和线圈 L_2 的电流相差不多，但 L_1 匝数多，产生的磁场强，吸引衔铁使指针偏向 0 ℃。当水温增高时，热敏电阻阻值减小，分流作用增强，流经 L_1 的电流减小，磁力减弱，衔铁被 L_2 线圈吸引，指针向右偏转指向较高温度。

2）电热式水温表

电热式水温表又称金属片式水温表，可与电热式水温传感器或热敏电阻式水温传感器配套使用。电热式水温表由传感器和指示表组成，如图 7-8 所示。指示表的构造和工作原理与机油油压表相同，只是刻度值不一样。

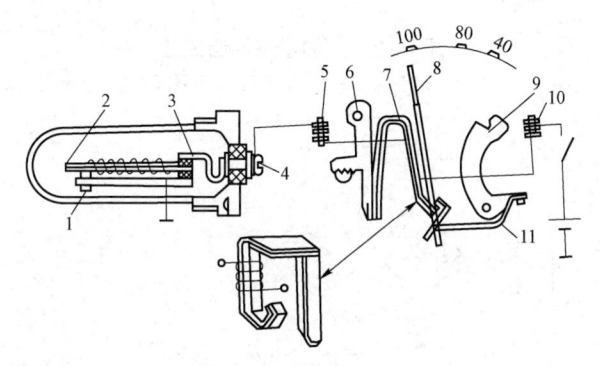

图 7-8 电热式水温表

1—固定触点；2，7—双金属片；3—接触片；4，5，10—接线柱；
6，9—调节齿扇；8—指针；11—连杆

由于电源电压的变化会对仪表指示值产生影响，造成仪表示值误差，所以仪表电路一般都安装有仪表稳压器。常用的仪表稳压器有双金属片式和集成电路式两种。

桑塔纳 2000 型轿车采用电热式冷却液温度表，与燃油表共用一个稳压器，其工作电压在 9.5～10.5 V 范围内。

4. 燃油表

燃油表的作用是指示油箱内燃油的油位，即燃油箱内储存燃油量的多少，它由燃油量传感器和指示表组成。传感器均为可变电阻式，但指示表有电磁式和双金属片式两种。

燃油量传感器组合在燃油泵总成内，如图 7-9 所示，其中有一个安装在油箱内的用浮子杆控制的可变电阻；当油箱内的油位发生变化时，可变电阻的阻值相应发生变化，于是流过燃油表的电流也随之变化，燃油表指针的移动量或者条格的数量也随之变化。

1）电磁式燃油表

电磁式燃油表的结构如图 7-10 所示。传感器由可变电阻滑片和浮子组成。当油箱油位高低变化时，浮子带动滑片移动，从而改变电阻大小，相当于热敏电阻感受温度变化的作用，其工作原理与电磁式水温表相似。

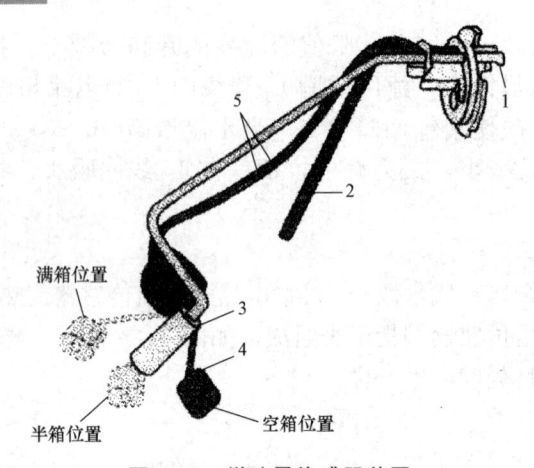

图 7-9 燃油量传感器装置

1—进油管；2—回油管；3—滤清器；4—浮子；5—导线

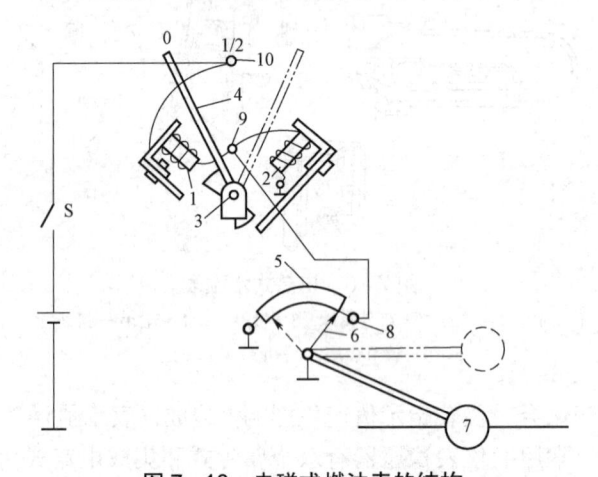

图 7-10 电磁式燃油表的结构

1—左线圈（L1）；2—右线圈（L2）；3—转子；4—指针；5—可变电阻；
6—滑片；7—浮子；8，9，10—接线柱

2）双金属片式燃油表

双金属片式燃油表的传感器与电磁式相同，指示表用双金属片。上海桑塔纳 2000 型轿车的燃油表即为电热式（双金属片式），燃油表由带稳压器的油面指示表和油面高度传感器（变阻器）组成，如图 7-11 所示。电流自蓄电池流经稳压器的双金属片 6、燃油表电阻丝 8、油面高度传感器的可变电阻 2 和滑动接触片触头 1，最后回到蓄电池。

当低油量时浮子 3 处于较低位置，滑动接触片触头 1 位于可变电阻 2 的右端，此时电阻最大而电流最小，表头里的电阻丝 8 散热量少，使得表头里的双金属片 4 产生的变形较小，指针则处于接近"0"位。当加满油后，油面高度增加时，浮子上升，触头 1 逐步向左移动时，指针移到最大刻度"1"上。当燃油表显示满载时，变阻器阻值为 50 Ω；当燃油表显示空载时，变阻器阻值为 560 Ω。当燃油量低于 10 L 时，红色警告灯点亮。

用双金属片做指示仪表的燃油表，需加装稳压器，使指示仪表始终在一个比较稳定的电

压下工作，以减少电源电压对仪表的影响。现在，奥迪等轿车均采用汽车专用的集成电路型仪表稳压器。

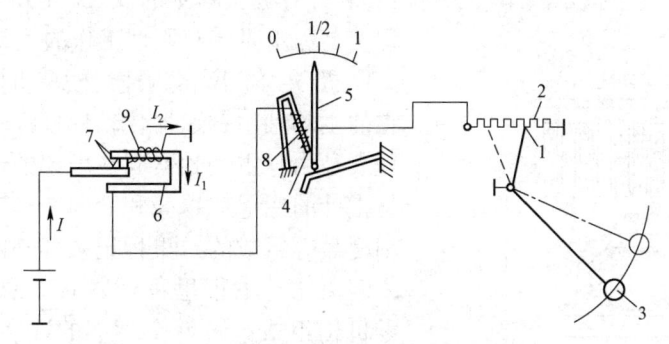

图 7-11 双金属片式燃油表
1—滑动接触片触头；2—可变电阻；3—浮子；4—双金属片；5—仪表指针；
6—稳压器双金属片；7—触电；8，9—燃油表电阻丝

3）电子燃油表

图 7-12 所示为电子燃油表的控制电路。该电路由两块 IC 电压比较器及相关电路、发光二极管显示器、浮筒传感器三大部分组成。R_x 是传感器的可变电阻，当油箱内燃油加满时，R_x 阻值最小，A 点电位最低，6 只绿色发光二极管全部点亮，而红色发光二极管 VD_1 熄灭，表示油箱已满。

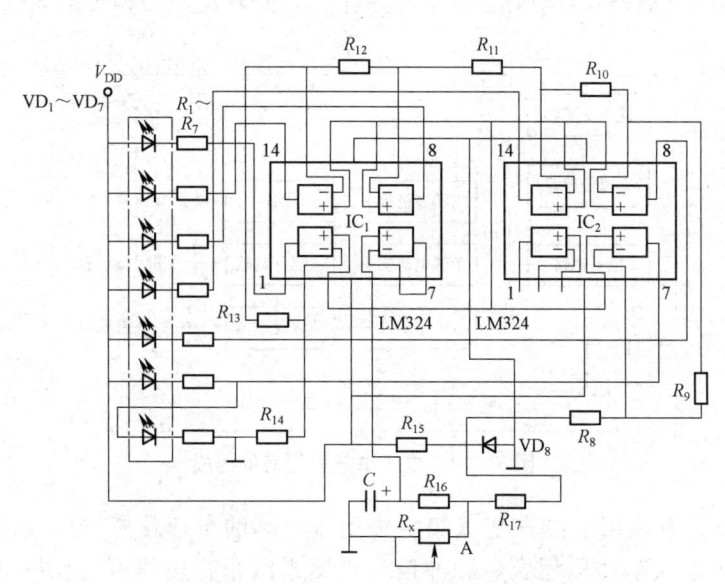

图 7-12 电子燃油表的控制电路

当油箱内的燃油量逐渐减少时，R_x 阻值逐渐增大，A 点电位逐渐增高，6 只绿色发光二极管 VD_7、VD_6……VD_2 依次熄灭。

当油箱内燃油用完时，R_x 的阻值最大，A 点电位最高，6 只绿色发光二极管 VD_7、VD_6……VD_2 全部熄灭，而红色发光二极管 VD_1 点亮，表示油箱无油。

5. 车速里程表

车速里程表是用于指示汽车行驶速度和累计行驶里程数的仪表。早期的磁感应式车速里程表是利用磁感应原理工作的，无电路连接。

图 7-13 所示为捷达轿车机械式车速里程表。它的主动轴由变速器传动蜗杆经软轴驱动。车速里程表是由与主动轴紧固在一起的永久磁铁、带有轴与指针的铝罩、罩壳和紧固在车速里程表外壳上的刻度盘等组成的。里程记录部分由三对蜗轮蜗杆、中间齿轮、单程里程计数轮、总里程计数轮及复零机构组成。每两个相邻的数字轮之间形成 1/10 的传动比。

新型汽车几乎都采用电子车速里程表，尽管所采用的电子车速里程表有多种形式，但最常用的电子车速里程表均是接收安装在变速器上的车速传感器的速度信号的。它主要由车速传感器、电子电路、车速表和里程表四部分组成，如图 7-14 所示。奥迪、红旗、桑塔纳 2000 型等轿车都采用电子式车速里程表，用于指示车辆瞬时行驶速度，并记录车辆行驶累计里程和短程里程。

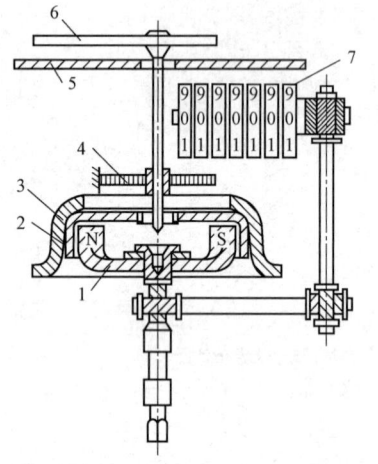

图 7-13 捷达轿车机械式车速里程表
1—永久磁铁；2—铝碗；3—罩壳；4—游丝；
5—刻度盘；6—指针；7—计数轮

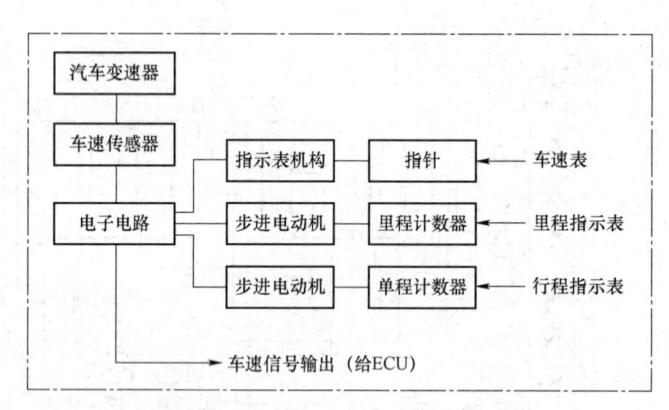

图 7-14 电子车速里程表的组成

电子车速里程表采用安装在变速箱主传动输出端的车速传感器所输出的脉冲信号，此信号通过导线输入车速里程表，脉冲信号正比于汽车行驶速度。如图 7-15 所示，电子车速传感器由一个舌簧开关和一个含有四对磁极的转子组成。转子每转一周，舌簧开关中的触点闭合 8 次，产生 8 个脉冲信号。电子电路是将车速传感器送来的具有一定频率的电信号，经整形、触发后输出一个与车速成正比的电流信号。如图 7-16 所示，该电子电路主要包括稳压电路、单稳态触发电路、恒流源驱动电路、64 分频电路和功率放大电路。

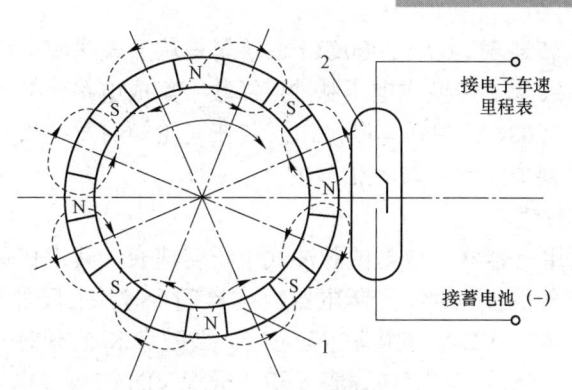

图 7-15　电子车速传感器
1—转子；2—舌簧开关

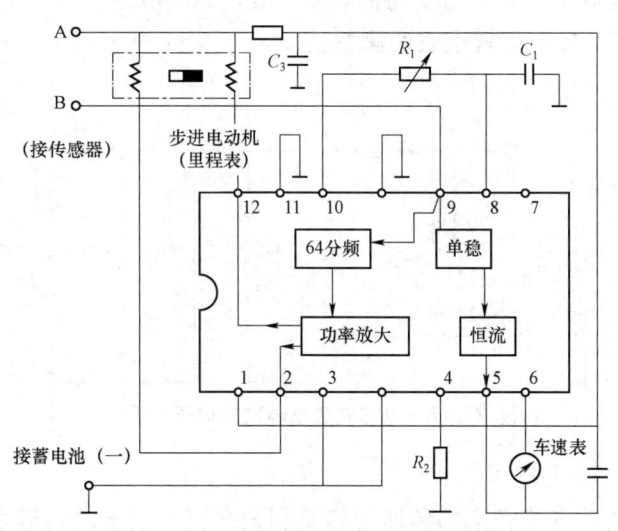

图 7-16　电子式车速里程表电子电路

车速表实际上是一个磁电式电流表，当汽车以不同车速行驶时，从电子电路接线端 6 输出的与车速成正比的电流信号便驱动车速表指针偏转，即可指示相应的车速。

里程表由一个步进电动机及 6 位数字的十进位齿轮计数器组成。步进电动机是一种利用电磁铁的作用原理将脉冲信号转换为线位移或角位移的电动机。车速传感器输出的频率信号经 64 分频后，再经功率放大器放大到具有足够功率的驱动步进电动机，带动 6 位数字的十进位齿轮计数器工作，从而积累行驶的里程。

6. 发动机转速表

发动机转速表有机械式和电子式两种。机械式转速表工作原理与磁感应式车速表基本相同。现在广泛采用的电子式转速表一般由指数表、信号处理电路组成，有的还有发动机转速传感器。

发动机转速表信号源主要有三种：信号取自点火系统初级电路的脉冲电压；从交流发电机单相定子绕组取正弦交流信号；从安装在飞轮边缘上的转速传感器取信号。桑塔纳 2000

型轿车采用电子发动机转速表。其中 2000GLi 型轿车是从点火线圈中获得一次电流中断时产生的脉冲信号，在点火线圈中转换成电压脉冲，经数字集成电路计算后，在表头上偏转指针以显示出发动机转速。2000GSi 型轿车则是由安装在飞轮侧的发动机转速传感器，直接把转速脉冲信号输入表头转换成发动机转速信号的。

1）电容充放电式转速表

图 7-17 所示为利用电容器充放电的脉冲式电子转速表。其工作原理如下：其转速信号来自点火系统初级电路的脉冲信号。当断电器触点 K 闭合时，三极管 VT 的基极搭铁而处于截止状态，电源经 R_3、C_3、VD_2，向电容 C_3 充电；当触点 K 断开时，三极管 VT 由截止转为导通，此时电容 C_3 经三极管 VT、转速表 n 和二极管 VD_1 构成放电回路，驱动转速表。发动机工作时，断电器触点的开闭频率与发动机的转速成正比，电容 C_3 不断进行充放电，通过转速表 n 的放电电流平均值也与发动机的转速成正比。电路中的稳压管 VD_3 使电容 C_3 有一个稳定的充电电压，提高了转速表的测量精度。

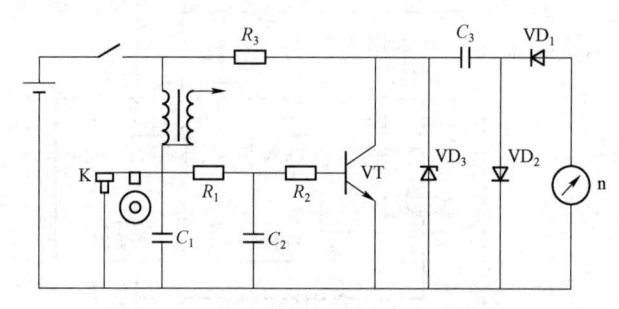

图 7-17 电容充放电脉冲式电子转速表

2）电磁感应式转速表

这种转速表由装在飞轮壳上的转速传感器和装在仪表板上的转速表表头（包括电子线路）组成。图 7-18 所示为磁感应式转速传感器的结构原理图，它由永久磁铁 5、感应线圈 2、芯轴 3、转子 1 等组成。

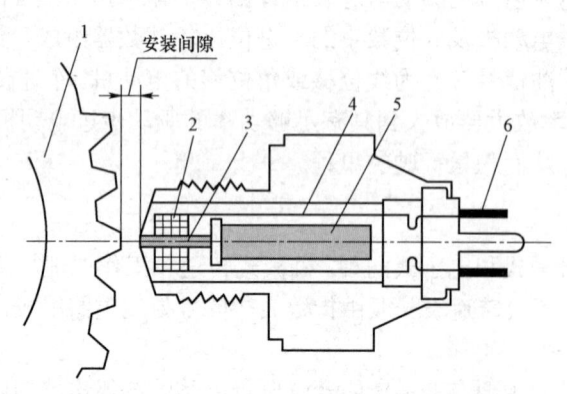

图 7-18 磁感应式转速传感器的结构原理
1—转子；2—感应线圈；3—芯轴；4—连接线；5—永久磁铁；6—接线柱

当飞轮转动时，齿顶与齿底不断地通过芯轴，空气隙的大小发生周期性变化，使穿过芯轴中的磁通也随之发生周期性的变化，于是在感应线圈中感应出交变电动势。该交变电动势的频率与芯轴中磁通变化的频率成正比，也即与通过芯轴端面的飞轮齿数成正比。

磁感应式转速传感器输出的近似正弦波频率信号加在转速表线路，经电路处理后，输出具有一定的幅值和宽度的矩形波，用来驱动毫安表。由于输入的信号频率与通过芯轴的飞轮齿数成正比，因而信号的频率和幅值与发动机转速成正比，当转速升高时频率升高，幅值增大，使通过毫安表中的平均电流增大，则指针摆动角度也相应增大，于是转速表指示的转速就高。

7.1.3 数字仪表

1. 数字仪表的特点

随着电子技术的发展以及对汽车的信息化、智能化要求的不断提高，汽车仪表逐步向数字电路方向发展。数字仪表和传统仪表的基本区别就是各种信号都转化为数字信号传输、计算和处理，其仪表电路基本由集成数字电路组成。

数字仪表由实现汽车工况信息采集的传感器、单片机控制及信号处理的仪表控制单元和显示系统等组成。传感器将各种工况信号传输给仪表控制单元，这些工况信号中的模拟信号往往要经过 A/D 转换为数字信号后，再经过仪表控制单元的计算处理，输出对应的信号，驱动步进电动机指示装置或利用显示设备以数字或图形方式显示出对应的示值。对于装备有多路传输系统的车辆，仪表只是该系统的一部分，用于仪表显示的信息往往也是发动机 ECU 所需要的，所以有的车辆的传感器信号先送给发动机 ECU，然后再经过多路传输系统送到仪表。

数字仪表具有自诊断功能，可以进行自检。若仪表发生故障，则其故障代码会存放在组合仪表的电可擦写存储器里。用专用仪器可以读出故障码，便于维修人员迅速诊断故障。

2. 数字仪表板

数字式仪表大体由各种传感器、微电脑和集成电路、显示器组成。数字式仪表通过仪表中的微电脑和各种集成电路处理各种传感器的信号，然后以数字、文字或图形形式在显示器上显示出来。图 7-19 所示为数字仪表板，包括车速里程表、发动机转速表、机油压力表、电压表、冷却液温度表、燃油表等。大多数数字仪表都有自诊断功能，若仪表发生故障，则其故障码会存储在组合仪表的 RAM 存储器中。每当点火开关置于"ACC"或"ON"挡时，仪表板便开始一次自检。检验时，通常是整个仪表板发亮。与此同时，各显示器的每段字段均发亮。在自检过程中，仪表功能标准符号一般都闪烁，检验完成时，所有仪表都显示出当时的读数。若发现故障，便显示一个提醒驾驶员的代码。

3. 常用电子显示器件

汽车上使用的显示元器件有许多类型，并且各有特点。最常用的电子显示器件可分发光

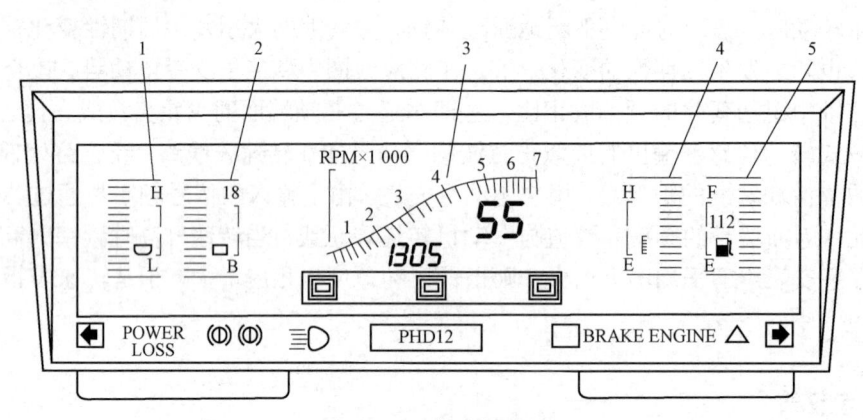

图 7-19 数字仪表板

1—机油压力表；2—电压表；3—转速、车速和里程表；4—温度表；5—燃油表

型和非发光型两大类。发光型显示器自身发光，容易获得鲜艳的流行色显示；非发光型显示器靠反射环境光显示。发光型显示器件主要有真空荧光管（VFD）、发光二极管（LED）、阴极射线管（CRT）、等离子显示器件（PDP）等，非发光型显示器件有液晶显示器（LCD）、电致变色显示器件（ECD）等。这些都可以作为汽车电子显示器件使用，既可制成数字式，也可制成图形式或指针式。

1）发光二极管（LED）

发光二极管实质上是一种晶体管，结构如图 7-20 所示。发光的颜色有红、绿、黄、橙等，可单独使用，也可用来组成数字。在实际应用中，常把它焊接到印刷电路板上，以形成数字显示或带色光杆显示。用七只发光二极管组成的数码显示装置如图 7-21 所示。有些仪表则用发光二极管组成光点矩阵型显示器。

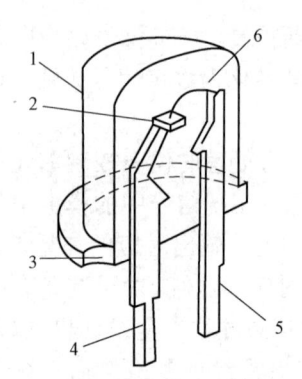

图 7-20 发光二极管结构

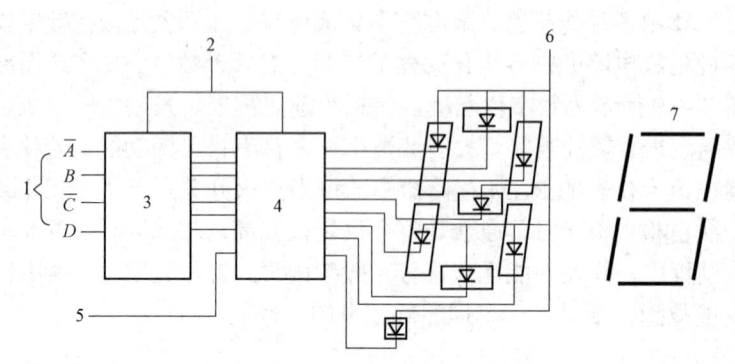

1—塑料外壳；2—二极管芯片；3—阴极缺口标记；4—阴极引线；5—阳极引线；6—导线

图 7-21 发光二极管数码显示

1—二-十进制编码输入；2—逻辑电路；3—译码器；4—恒流源；5—小数点；6—光二极管电源；7—"8"字形

LED（发光二极管显示）只适用于小型显示，如汽车指示灯、数字符号段或点数不太多的光杆图形显示。

2）真空荧光管（VFD）

真空荧光管实际上是一种真空低压管，它由玻璃、金属等材料构成。真空荧光管显示是一种主动显示，其发光原理与电视机中的显像管相似。汽车用的数字式车速表的真空荧光显示屏如图7-22所示。其阳极为20个字形笔画小段，上面涂有荧光体（或磷光体），各与一个接线柱连接，且笔画内部相互连接；阴极为灯丝，在灯丝与笔画小段（阳极）之间插入控制栅格，其构造与一般电子管相似。整个装置密封在一个真空玻璃罩内。当其阳极（字形）接至电源"+"极，而阴极（灯丝）与电源"-"极相接时，便获得一定的电源电压，其灯丝作为阴极发射电子（在电场力的作用下），栅格控制电子流加热、加速，使其射向阳极（字形）。由于玻璃管（罩）内被抽成真空，前面装有平板玻璃、并配有滤色镜，故能使通过栅格轰击阳极（字形）的电子激发出亮光来，因而能显示出所要的内容。真空荧光显示具有色彩鲜艳、可见度高、立体感强等特点，是最早引入汽车仪表中发光型显示器件，也是目前汽车上采用最多的一种。但由于大型的多功能VFD制作成本较高，故现在大多由一些单功能小型的VFD组成汽车电子式仪表盘。

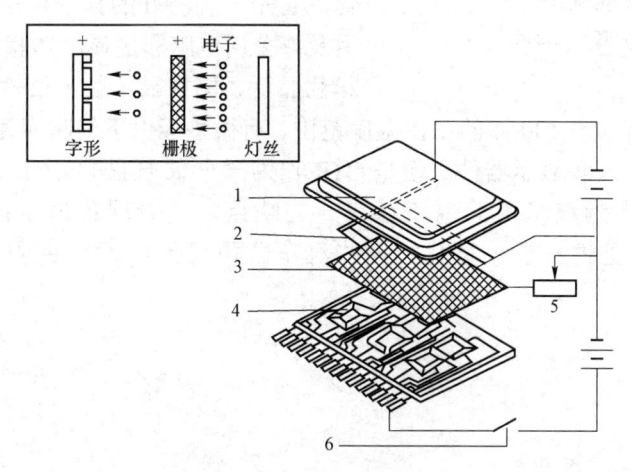

图7-22 真空荧光管及显示屏
1—前玻璃罩；2—灯丝（负极）；3—控制栅；4—数字板片（正极）；
5—电位器（亮度调节）；6—微机控制电子开关（使某数字板片受激发光）

4. 液晶显示器件（LCD）

液晶是一种有机化合物，在一定温度范围内，既具有普通液体的流动性质，也具有晶体的某些光学特性。液晶显示器是一种被动显示装置，具有显示面积大、耗能少、显示清晰、通过滤光镜可显示不同颜色、在阳光直射下不受影响等特点，应用十分广泛。其结构如图7-23所示。它有两块厚约1 mm的玻璃基板，基板上涂有透明的导电材料，以形成电极图形，两基板间注入5~20 μm厚的液晶，再在两玻璃基板的外表面分别贴上起偏振片和检偏振片，并将整个显示板完全密封，以防湿气和氧侵入，这便构成透射式LCD。若在后玻璃基板的后面再加上反射镜，便组成反射-透射式LCD。

由于LCD为被动型显示，所以夜间显示必须采用照明光源，这便削弱了它所具有的低功耗的优点；其次是LCD的低温响应特性较差；再就是LCD的显示图形不够鲜艳明显，这是所有被动型显示器件共有的缺陷。

但是，液晶显示（LCD）的优点很多。其电极图形设计的自由度极高，设计成任何显示图形的工艺都很简单，这是作为汽车用显示器件的一个很重要的优点；而且其工作电压低，一般为3 V左右，功耗小（$1\ \mu W/cm^2$），且能很好地与CMOS电路相匹配，因而LCD常用作汽车电子钟和彩色光杆式仪表板。

5. 阴极射线管（CRT）

阴极射线管（CRT）亦称为显像管或电子束管，它是一种特殊的真空管。其结构和原理与家用及办公用电脑彩色显示器相同。由于CTR具有彩色显示、图像显示的灵活性大、分辨率和对比度高等特点，且具有50～100 ℃的工作温度范围，有微秒级以下的响应速度，因此它是目前显示图像质量最高的一种显示器件。但是CTR作为汽车仪表盘显示用器件体积太大，即便扁平型的CTR作为汽车用，也还存在一些缺点。随着现代汽车向高度信息化显示的方向发展，CTR已进一步小型化，一些汽车公司已推出了彩色阴极射线管的汽车信息中心。

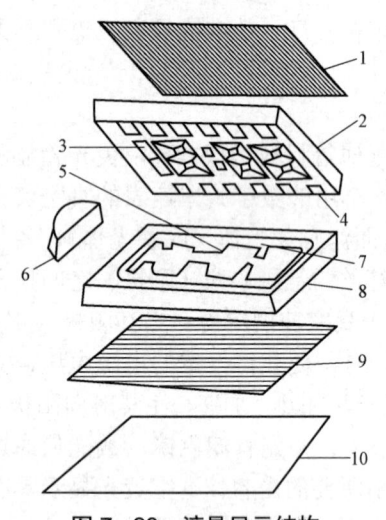

图7-23 液晶显示结构
1—前偏振片；2—前玻璃板；3—笔画电极；
4—接线端；5—背板；6—反射光；
7—密封面；8—玻璃背板；
9—后偏振片；10—反射镜

任务实施

1. 传统仪表的故障诊断

1）传统仪表的故障诊断方法

燃油表、水温表和机油压力表等传统仪表均由指示表和传感器两部分组成，可以采用拆线法和搭铁法进行故障诊断。

（1）拆线法。

当汽车电器仪表读数异常，通过分析、推断可能是传感器内部或传感器与指示仪表间的导线存在搭铁故障时，常采用拆线法进行检查，即通过拆除有关接线柱上的导线来判断故障的原因及部位。以电磁式燃油表为例，当传感器内部搭铁或浮子损坏以及传感器与燃油表间的导线搭铁时，无论油箱内油量多少，接通点火开关后，燃油表指针总指向"0"，此时可采用拆线法进行检查。首先，拆下传感器上的导线，若此时燃油表指针向"1"处移动，则为传感器内部搭铁或浮子损坏；若指针仍指向"0"，则应拆下燃油表上的传感器接线柱导线，若仪表指针向"1"移动，则为燃油表至传感器间的导线搭铁，若指针仍不动，则可能是燃油表内部损坏或其电源线断路。

（2）搭铁法。

当汽车电器仪表读数异常，通过分析、推断可能是传感器损坏或搭铁不良以及可能是传感器与指示仪表间的导线存在断路故障时，常采用搭铁法进行检查。通过导线将有关接线柱搭铁，可判断故障的原因及部位。

接通点火开关后，对于电磁式燃油表，无论油箱存油多少，燃油表指针均指向"1"；对于双金属片式燃油表，燃油表指针则均指向"0"，以上情况均说明相应仪表传感器可能搭铁不良、损坏，或者是传感器与指示仪表间的导线存在断路故障。此时，可利用搭铁法进行检查。首先，将传感器与导线相连的接线柱搭铁，若指针转动，说明传感器损坏或搭铁不良；若指针不转动，可用导线将指示仪表上接传感器的线柱搭铁，若指针转动，则是传感器与指示仪表间的导线存在断路故障，若指针仍不转动，则说明指示仪表内部损坏或其电源断路。

2）传统仪表的检验

（1）机油压力表的检验。

机油压力表的检验是用万用表测量电热线圈是否有断路、短路的方法来进行的。在电热线圈完好的条件下，检查机油压力指示表在各种规定电流下的指针偏转值是否符合规定。

油压传感器的检验是用万用表测量电热式油压传感器电热线圈电阻值的方法进行的，一般为 8～12 Ω。电热线圈断路、短路都应更换。将上述检测结果填入表 7-1 中，并给出检测结论。

表 7-1 机油压力表与传感器的检验

车型	测量电阻值	校验偏差/%	结论
油压表型号：			
传感器型号：			

（2）冷却液温度表的检验。

冷却液温度表的检验是用万用表测量电热线圈阻值的方法进行的。若电热圈短路或断路，均应更换。若读数有偏差，可通过零位调整齿扇和指针摆角调整。

电热式冷却液温度传感器检验是用万用表测其电阻的方法进行的，过大、过小都应更换。

可变电阻传感器检验：首先用万用表测量常温状态下的电阻值，应大于 100 Ω，而后将其放在热水中加温，再测其阻值。若阻值随水温的升高而增大，说明传感器良好，否则应立即更换。将上述检测结果填入表 7-2 中，并给出检测结论。

表 7-2 冷却液温度表的检验

冷却液温度表线圈电阻	标准阻值	测量电阻值	结论

（3）燃油表的检验。

对于电磁式指示表，可利用万用表测量左、右两线圈的电阻值。阻值过大、过小都应更换指示表。

对于电热式指示表，也可以利用万用表测电阻的方法进行检验。测其电阻时，其阻值应符合原制造厂规定，若出现断路或短路，只能更换。

燃油表的传感器一般均采用可变电阻式，也可以利用测量其电阻值的变化情况来确定其好坏。将上述检测结果填入表7-3中，并给出检测结论。

表7-3 燃油表的检验

燃油表线圈电阻	标准阻值/Ω	测量电阻值	结论
传感器位置	标准阻值	测量电阻值	结论
0/E（空） 1/2 1/F（满）			

2. 电子式车速里程表的故障诊断

电子式车速里程表的常见故障是不工作。以奥迪100、帕萨特轿车为例，汽车行驶中车速里程表指针不动，可以按照图7-24所示的故障流程图进行排除。如果是仪表故障，可进一步执行仪表自诊断，确认后更换仪表并匹配。如果是线路故障，可进一步检测具体位置。

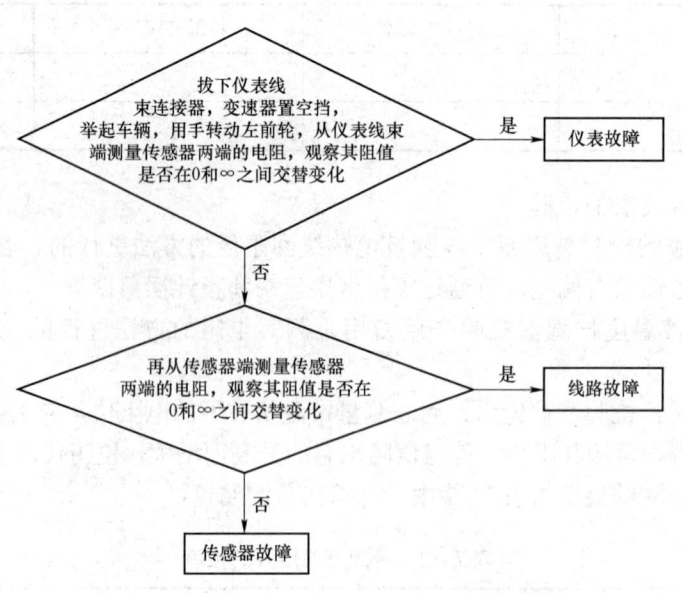

图7-24 电子式车速里程表不工作的故障诊断

3. 全新帕萨特组合仪表的更换及拆装

1）组合仪表的更换

帕萨特装备了第四代防盗系统，具有在线连接和下载功能。第四代防盗系统的主要部件是 GEKO 服务器，其中储存了所有与防盗相关控制单元的数据。如果不使用 GEKO 服务器的在线连接，则不可能与防盗系统进行控制单元的匹配。

（1）注意事项。

① 不可以继续使用通过传真或者临时获得授权的方式获得防盗部件的 PIN 代码。

② 所有与防盗系统有关的部件都必须经过在线匹配。

③ 所有的车辆钥匙（包括再次订购的）都必须在工厂针对车辆进行过预编码，只能针对该车进行匹配。

④ 在订购车钥匙时必须提供相应的底盘编号。

（2）更换过程。

① 连接车辆诊断仪。

② 在车辆诊断、测量和信息系统 VAS5051B、VAS5052、VAS5052A 中选择"引导性功能"模式。

③ 使用"GoTo（转到）"按钮，选择"功能/部件"并依次选择以下菜单：

a. 车身；b. 电气系统；c. 01—具有自诊断功能的系统；d. 组合仪表；e. 功能；f. 匹配/更换组合仪表。

2）组合仪表的编码

（1）连接车辆诊断仪。

（2）在车辆诊断、测量和信息系统 VAS5051B、VAS5052、VAS5052A 中选择"引导性故障查询"模式。

（3）使用"GoTo（转到）"按钮，选择"功能/部件"并依次选择以下菜单：

① 车身；② 电气系统；③ 01—具有自诊断功能的系统；④ 组合仪表；⑤ 功能；⑥ 组合仪表编码。

3）组合仪表的拆装

（1）注意事项。

① 如果在车辆上安装了新的组合仪表，组合仪表控制单元必须进行调整设定。

② 为了将集成在组合仪表内部的防盗系统和发动机控制单元匹配，发动机控制单元内的数据必须储存到更换的组合仪表中。

③ 如果安装了新的组合仪表，必须对所有的点火钥匙进行匹配，对角度传感器进行基础设定。

④ 不得分解组合仪表，如果出现故障，必须整体更换组合仪表。

（2）拆卸。

① 关闭点火开关和所有用电器，拔出点火钥匙。

② 松开转向柱调整杠杆。

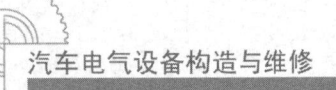

③ 将转向柱完全拉出并固定在最低位置。
④ 拆卸转向柱上的饰板。
⑤ 旋出组合仪表的固定螺钉,并从仪表板内拉出组合仪表。
⑥ 按下固定件,沿箭头方向松开锁止件并拔下连接插头。
⑦ 取下组合仪表。

（3）安装。

按照与拆卸相反的顺序进行安装。

任务 7.2　汽车报警系统的检修

任务引入

某汽车的报警装置不工作,要求对该车的报警系统进行检测,查出故障原因并进行修复,记录工作过程及检测数据。

本任务的目的是让学习者通过对报警装置的结构和系统电路的分析,理解报警系统的工作原理；根据故障现象分析可能的故障原因,并确定诊断流程；逐项检测查出故障原因,并总结出报警系统常见故障的诊断与排除程序。

相关知识

7.2.1　概　述

现代汽车为了保证行车安全和提高车辆的可靠性,安装了许多报警装置,如在机油压力过低、冷却液温度过高、燃油储存量过少、制动系统气压过低、真空度过低,以及在汽车制动液液面高度不足等情况下发出报警信号。报警装置一般由报警开关（传感器）、报警灯（或蜂鸣器）等组成,如图7-25所示。

常见的汽车报警装置如表7-4所示。

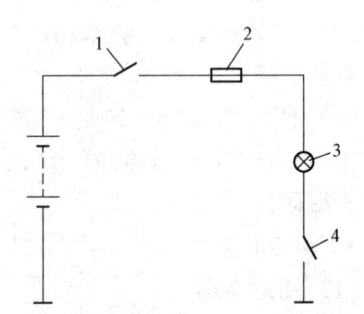

图7-25　汽车报警装置电路组成
1—点火开关；2—熔丝；3—报警灯；
4—报警开关（传感器）

表7-4　常见的汽车报警装置

序号	名称	图形	颜色	作用
1	蓄电池液面过低报警灯		红	蓄电池的液面比规定量低时,灯亮

续表

序号	名称	图形	颜色	作用
2	机油压力报警灯		红	发动机机油压力在 0.03 MPa 以下时，灯亮
3	充电指示灯		红	硅整流发电机不发电时，灯亮
4	燃油不足报警灯		黄	燃料余量约在 10 L 以下时，灯亮
5	安全带报警灯		红	不管是否装上安全带扣，发动机起动后约 7 s，灯灭
6	车门未关报警灯		红	车门打开或半开时，灯亮
7	洗涤器液面过低报警灯		黄	洗涤器液面过低时，灯亮
8	安全气囊报警灯		黄	安全气囊失效时，灯亮
9	ABS 制动防抱死失效报警灯		红	ABS 电控部分有故障时，灯亮
10	发动机故障报警灯		红	发动机电控系统有故障时，灯亮
11	驻车制动器报警灯		红	驻车制动器起作用时，灯亮
12	制动蹄片磨损过度报警灯		红	当制动蹄片磨损达到极限位置时，灯亮

汽车仪表上的报警灯系统一般由光源、刻有符号图案的透光塑料板和外电路组成。指示灯的光源以前大多采用小的白炽灯泡，损坏后可以更换。目前电子仪表上更多地采用体积小、亮度高、易于集成的 LED 灯作为光源。

大众速腾轿车的仪表报警灯如图 7–26 所示。

7.2.2 常见的汽车报警装置

1. 机油压力报警装置

在现代多数汽车上配有一个机油压力报警灯，用于显示机油压力安全值的情况。当润滑系统机油压力降低或升高到允许限度时，报警灯点亮，以便引起汽车驾驶员注意。

汽车报警装置的工作原理

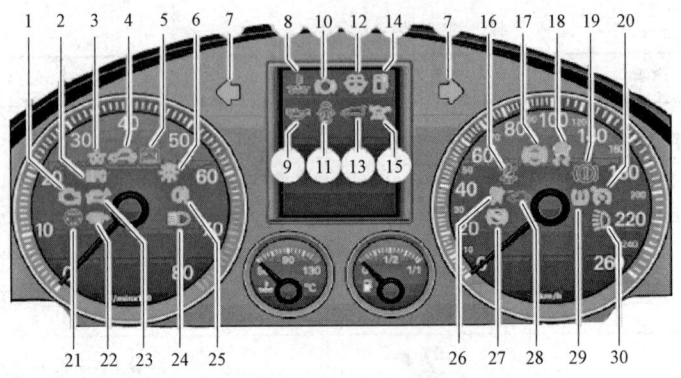

图 7-26 大众速腾轿车仪表报警灯

1—废气排放指示灯；2—EPC 指示灯；3—预热及故障指示灯；4—防盗指示灯；5—充电指示灯；6—灯泡检测指示灯；7—转向信号指示灯；8—冷却液温度及液位指示灯；9—机油压力报警灯；10—制动衬片磨损指示灯；11—车门指示灯；12—风窗清洗液液位报警灯；13—后备厢开启指示灯；14—燃油油量报警灯；15—机油油量报警灯；16—安全带未系报警灯；17—ABS 报警灯；18—ASR 或 ESP 报警灯；19—手刹车、制动液位、制动系统报警灯；20—定速巡航指示灯；21—电动助力转向指示灯；22—柴油车颗粒净化器报警灯；23—油箱盖开启报警灯；24—远光灯；25—后雾灯指示灯；26—安全气囊或燃爆式安全带故障指示灯；27—制动踏板指示灯；28—发动机仓盖未关指示灯；29—轮胎压力报警灯；30—夜间行车灯

1）膜片式机油压力报警装置

图 7-27 所示为膜片式机油压力过低报警灯原理。当润滑系统主油道机油压力正常时，膜片承受的机油压力大，克服弹簧片的弹力使上、下触点断开，切断报警灯电路，报警灯不亮；当润滑系统主油道机油压力低于规定值时，膜片承受的机油压力低，弹簧片的弹力使上、下触点接通，接通报警灯电路，红色报警灯点亮，以示警告。

2）弹簧管式机油压力报警装置

东风 EQ1090 型载货汽车装用的弹簧管式机油压力报警装置，其结构如图 7-28 所示。它由装在发动机主油道上的弹簧管式传感器和仪表板上的红色警告灯组成，机油压力低于 0.05～0.09 MPa 时，弹簧管的变形小，动、静触点接触，接通警告灯电路，警告灯点亮；机

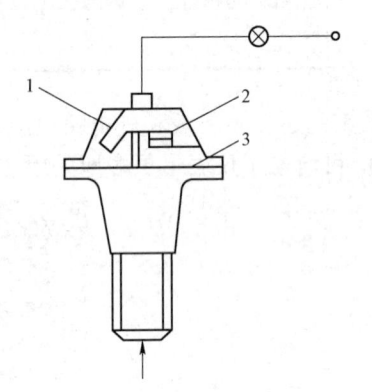

图 7-27 膜片式机油压力过低报警灯原理
1—弹簧片；2—触点开关；3—膜片

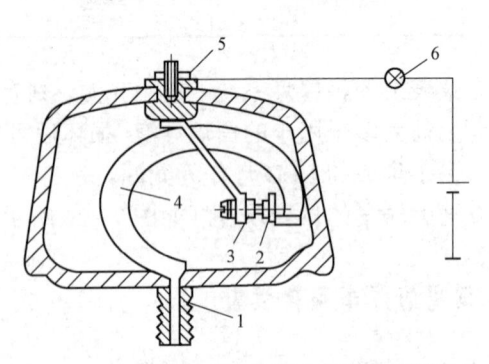

图 7-28 弹簧管式机油压力报警装置的结构
1—管接头；2—动触点；3—静触点；4—管形弹簧；5—接线柱；6—警告灯

油压力高于 0.05~0.09 MPa 时，弹簧管的变形大，动、静触点断开，切断警告灯电路，警告灯熄灭。

2. 冷却液温度报警装置

冷却液温度（水温）报警装置的作用是当发动机冷却液温度达到或超过规定值时，使驾驶室仪表板上的冷却液温度报警灯点亮，发出灯光信号，以示警告。冷却液温度报警装置的电路如图 7-29 所示。在传感器的密封套管 1 内装有条形双金属片 2，由双金属片作为温度敏感元件。当温度升高到 95~98 ℃时，双金属片 2 向静触点方向弯曲，使两触点接触，红色报警灯便接通发亮。

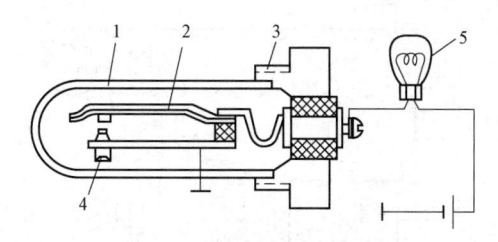

图 7-29 冷却液温度报警装置
1—传感器的密封套管；2—双金属片；3—螺纹接头；4—静触点；5—报警灯

3. 燃油量报警装置

燃油量报警装置的作用是当油箱燃油量低于规定值时，燃油量报警灯点亮，提醒驾驶员及时加油。目前汽车上常用的燃油量报警装置有以下几种。

1）热敏电阻式

热敏电阻式燃油量报警装置如图 7-30 所示，当油箱内燃油量多时，具有负温度系数的热敏电阻元件浸没在燃油中，散热快，其温度较低，电阻值大，所以电路中电流很小，报警灯处于熄灭状态。当燃油减少到规定值以下时，热敏电阻元件露出油面，散热慢，温度升高，电阻值减少，电流增大，报警灯点亮，以示警告。

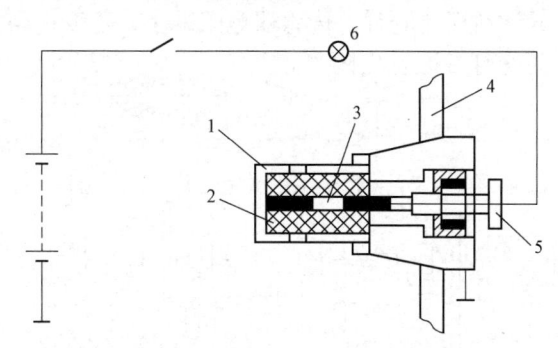

图 7-30 热敏电阻式燃油量报警装置
1—外壳；2—防爆用金属丝网；3—热敏电阻元件；4—油箱外壳；5—接线柱；6—警告灯

2）可控硅式燃油低液位指示灯

热敏电阻式燃油低液位指示灯需增加一传感器，且在工作过程中，一直通有电流到油箱，不是很安全。可控硅式燃油低液位指示灯与汽车上已有的燃油液位表和传感器一起工作，它适用于双金属片式燃油表，如图 7-31 所示。

当仪表电源稳压器每输送一个电压脉冲给指示表时，在可变电阻式传感器上，便会出现与油液位成比例的脉冲电压。当燃油液位下降时，串入指示表电路中的可变电阻阻值增大，脉冲电压振幅增大，当脉冲电压振幅达到一定值时，触发可控硅导通，接通警告灯电路，使警告灯点亮。当脉冲电压消失时，可控硅截止，警告灯熄灭。通过警告灯闪烁用于提示驾驶员及时加油。只有油箱内加入了一定量的燃油后，警告灯才熄灭。电阻 R 用来调整可控硅的导通时机，使它与燃油表的任何读数相一致。

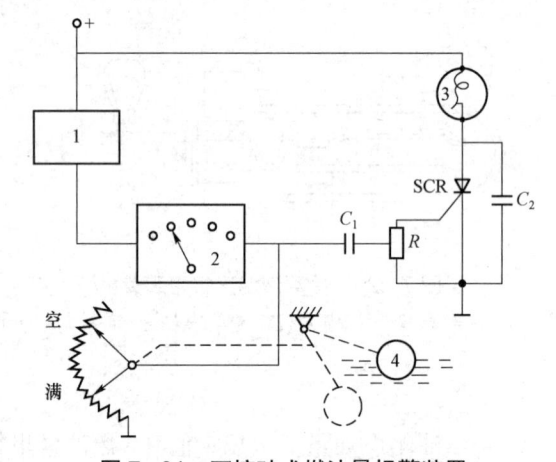

图 7-31 可控硅式燃油量报警装置
1—电压调节器；2—双金属表式燃油表；3—自闪灯；4—浮子

3）电子式燃油低液位指示灯

图 7-32 所示为电子式燃油低液位指示灯，适用于与电磁式燃油表一起工作。T_1、T_2 组成斯密特触发器可变电阻上的直流电压，该直流电压和油箱内的燃油液位成正比。当油箱装满时，传感器电刷处于下端，电阻值增大，T_1 基极电位高，使 T_1 导通，T_2、T_3 截止，闪光灯不亮。当燃油液位下降到规定值时，传感器电阻减小，可变电阻上的电压达到临界值，T_1 截止，T_2、T_3 导通，闪光灯导通发出闪光。

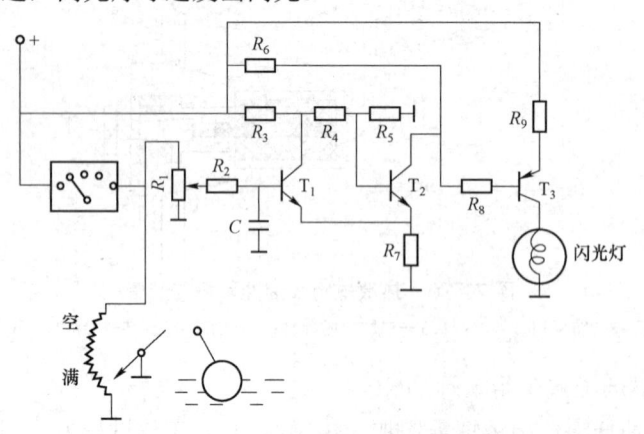

图 7-32 电子式燃油低液位指示灯

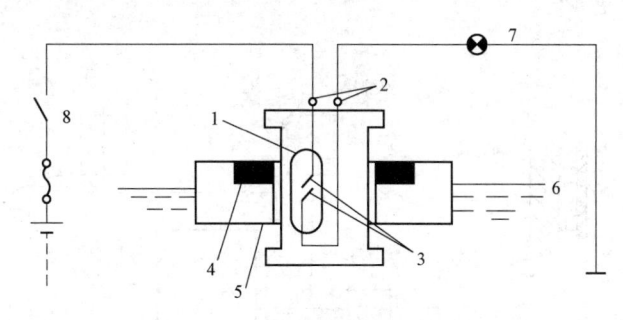

4. 制动液液面报警装置

制动液液面报警装置的作用是当制动液液面降到规定值时，发出报警信号，防止制动效能下降而出现事故。如图7-33所示，传感器安装在制动液储液筒上。外壳1内装有舌簧开关3，舌簧开关3的两个接线柱2分别与液面报警灯、电源相连，浮子5上固定着永久磁铁4，浮子5随制动液液面的变化而沿储液筒上下移动。

图7-33 制动液液面报警装置
1—舌簧开关外壳；2—接线柱；3—舌簧开关；4—永久磁铁；5—浮子；
6—制动液液面；7—报警灯；8—点火开关

当制动液充足时，浮子位置较高，永久磁铁高于舌簧开关的位置，舌簧开关处于断开状态，报警灯电路断开，报警灯熄灭。当制动液液面下降时，浮子带动永久磁铁下移，当浮子随制动液液面下降到规定值时，永久磁铁吸力使舌簧开关闭合，接通报警灯电路，发出警告。

5. 制动信号灯断路报警装置

制动信号灯断线警告灯电路如图7-34所示。在制动信号灯电路中连接有两个电磁线圈4、6及舌簧开关，警告灯与舌簧开关串联。

在正常情况下制动时，踩下制动踏板，制动灯开关接通，电流分别经电磁线圈4和6，使左右制动信号灯亮。此时，两线圈所产生的磁场互相抵消，舌簧开关5在自身弹力作用下断开触点，警告灯不亮。

若左（或右）制动信号灯线断路（或灯丝烧断）时制动，则电磁线圈4（或6）无电流通过，而通电的线圈所产生的磁场吸引力吸动舌簧开关，触点闭合，警告灯3点亮，以示警告。

图7-34 制动信号灯断线警告灯电路
1—点火开关；2—制动灯开关；3—警告灯；
4，6—电磁线圈；5—舌簧开关；7，8—制动信号灯

6. 制动蹄片磨损过量报警装置

制动蹄片磨损过量报警装置的作用是当制动摩擦片磨损到极限厚度时，点亮报警灯，提醒驾驶员更换制动蹄片，其结构类型有两种，如图7-35所示。

图7-35（a）所示的装置是将一个金属触点埋在摩擦片内部。当摩擦片磨损至使用极限

厚度时，金属触点就会与制动盘（或制动鼓）接触而使警告灯与搭铁接通，仪表板上的警告灯便会亮起，以示警告。

图 7-35（b）所示的装置则是将一段导线埋设在摩擦片内部，该导线与电子控制装置相连。当接通点火开关后，电子控制装置便向摩擦片内埋设的导线通电数秒钟进行检查，如果摩擦片已磨损到使用极限厚度，并且埋设的导线已被磨断，电子控制装置则使警告灯亮起，以示制动摩擦片需要更换。

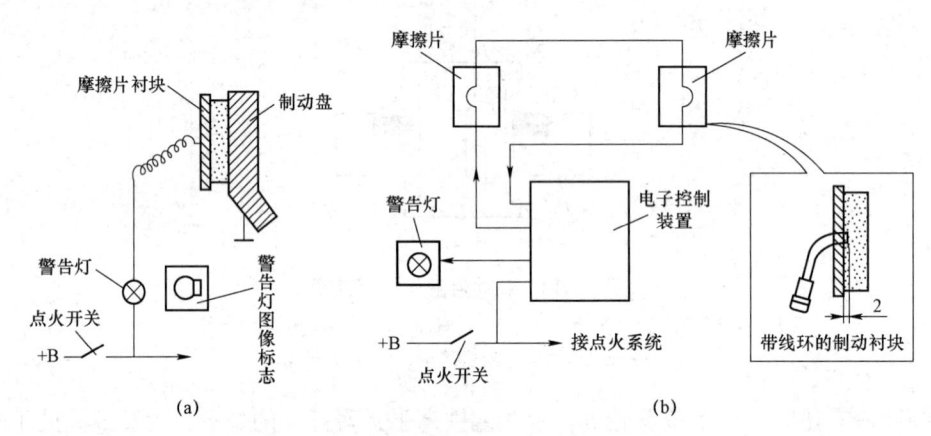

图 7-35　制动蹄片磨损过度警告灯电路
(a) 金属触点式；(b) 导线式

7. 空气滤清器堵塞报警装置

空气滤清器堵塞报警装置如图 7-36 所示，它由与空气滤清器滤芯内外侧相连通的气压式开关传感器和报警灯两部分组成。

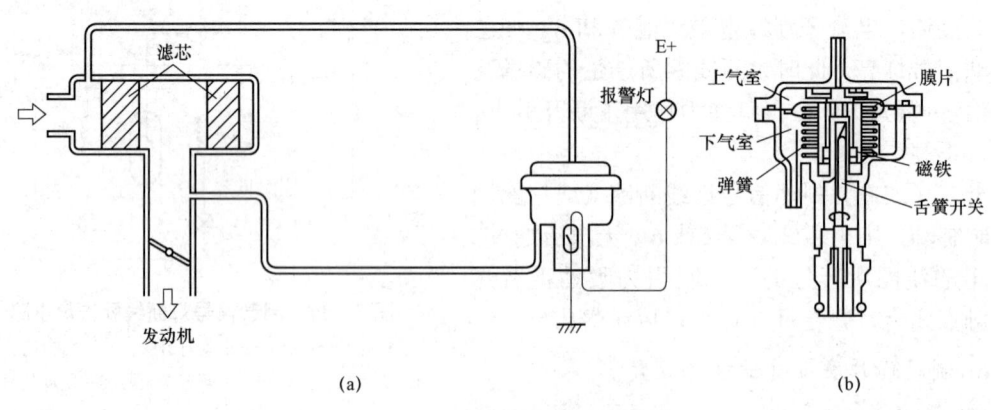

图 7-36　空气滤清器堵塞报警装置

气压式开关传感器是利用其上、下气室产生的压力差，推动膜片移动，从而使与膜片相连的磁铁跟随移动的。磁铁的磁力使舌簧开关开或闭，控制报警灯电路接通或断开。上气室接头与大气相通，下气室接头通过空气滤清器与发动机相接，若空气滤清器滤芯未堵塞，则气压式开关传感器上、下气室间压差小,膜片及磁铁的移动量小,舌簧开关处于常开状态;若空气滤清器滤芯被堵塞,则传感器上、下气室间压差增大,膜片及磁铁的移动量增大,磁铁磁力吸动舌簧开关而闭合,报警灯电路被接通,报警灯亮。

8. 轮胎气压不足报警装置

轮胎气压不足报警装置用于在车辆行驶中检测轮胎的气压状态,当轮胎气压低于允许值时,使仪表板的报警信号灯点亮,向驾驶员发出警告。

迈腾轿车的轮胎气压不足报警灯电路如图 7-37 所示,当驾驶员侧车门打开或点火开关位于 ON 挡时,控制单元就会给轮胎压力监控发射器和天线各分配一个 LIN 地址,然后这些发射器发射出无线电信号,由各自的轮胎压力传感器接收而被激活,被激活的轮胎压力传感器就将测量到的轮胎压力和温度值,由天线接收并经 LIN 总线传送到控制单元,如果控制单元收到的数值低于允许值,便输出信号发出报警显示。

当压力低于规定压力超过 0.5 bar 时,出现的是红色强报警显示;当压力低于规定值超过 0.3 bar 时,出现的是黄色弱报警显示;如果与规定值的偏差不低于 0.3 bar,但持续时间超过 17 min 时,控制单元也会发出黄色弱报警显示。

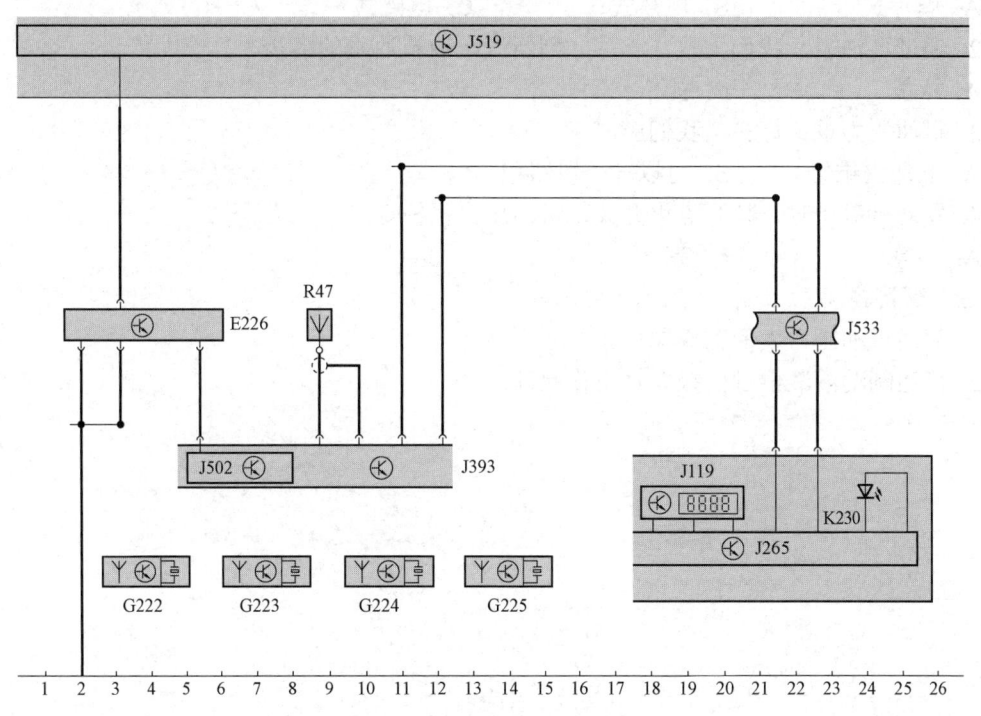

图 7-37　迈腾轮胎气压不足报警灯电路

E226—轮胎压力监控按钮;G222—左前轮胎压力传感器;G223—右前轮胎压力传感器;
G224—左后轮胎压力传感器;G225—右后轮胎压力传感器;J119—多功能显示器;
J265—组合仪表中的控制单元;J393—舒适/便携功能系统中央控制单元;
J502—轮胎压力控制单元;J519—车载电网控制单元;J533—数据总线诊断接口;
R47—中控门锁和防盗报警装置天线;K230—轮胎压力报警灯

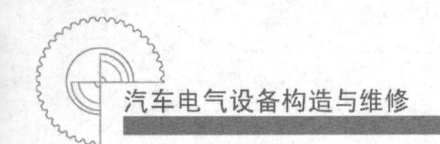

课 后 思 考

一、判断题

1. 汽车油压传感器可以依靠其内部膜片弯曲程度的大小来传递油压的增高或降低。（   ）
2. 水温表传感器中触点的压力较大。（   ）
3. 汽车常用电磁式燃油指示表配可变电阻式传感器。（   ）
4. 制动信号灯多为白色，便于后面行人及车辆看清。（   ）
5. 燃油报警灯亮，说明油箱一点油都没了。（   ）
6. 报警装置可以向驾驶员发出报警信号，以保证汽车的行驶安全性和工作可靠性。（   ）

二、选择题

1. 机油压力报警装置常见的类型是（   ）。
   A. 膜片式　　　　　B. 电热式　　　　　C. 电磁式
2. 通过燃油表，我们大致（   ）判断汽车油箱油量的多少。
   A. 不能　　　　　　B. 能
3. 机油压力报警灯亮，我们应（   ）。
   A. 立即去维修　　　B. 可以开一段路程
4. 发动机静止时，打开点火开关，机油压力报警灯（   ）。
   A. 不亮　　　　　　B. 亮

三、简答题

1. 简述机油压力表的工作原理。
2. 简述制动液液位过低报警灯工作原理。

项目 8　汽车辅助电气设备的检修

学习目标

1. 掌握辅助电气设备装置的作用、组成、结构及工作原理。
2. 会分析辅助电气设备装置的电路。
3. 会对典型辅助电气设备装置的故障进行诊断及排除。

任务 8.1　风窗清洁装置的检修

任务引入

一台朗逸轿车刮水器不工作，要求对该车风窗清洁系统进行检测，查出故障原因并进行故障排除。要完成本任务，首先要认识刮水器的组成及功能，对电路图进行分析，理解刮水器装置的工作过程；依据故障现象分析可能的故障原因，制定诊断流程，对可能的故障点逐一检查，查清故障原因，最后进行修复。

相关知识

风窗清洁装置的作用是刮除风挡玻璃上的雨水、雪或灰尘，确保驾驶员有良好的视线。其由风窗玻璃刮水器、风窗玻璃洗涤器和除霜装置三部分组成。

8.1.1　风窗玻璃刮水器

风窗玻璃刮水器按动力源不同分为气动式、真空式和电动式三种。电动刮水器因为动力大，容易控制，不受发动机工况影响，所以在汽车上广泛使用。

电动刮水器的结构及工作原理

1. 电动刮水器的结构

如图 8-1 所示，电动刮水器是由电动机、传动机构和刮水片三部分组成的。电动机轴端的蜗杆驱动蜗轮 4，蜗轮 4 带动摇臂 6 旋转，摇臂 6 使拉杆 7 往复运动，从而带动刮水片左右摆动。

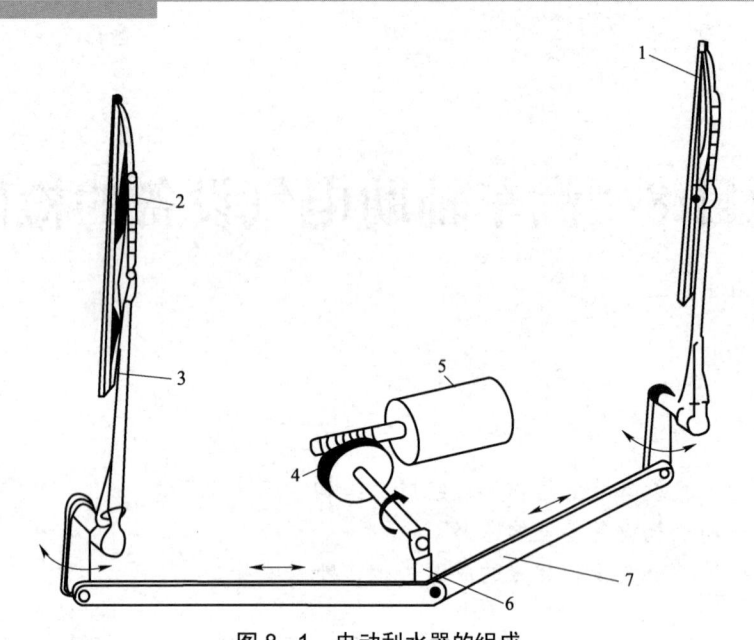

图 8-1 电动刮水器的组成

1—刮水片；2—刮水片架；3—雨刮臂；4—蜗轮；5—电动机；6—摇臂；7—拉杆

电动刮水器的电动机一般有永磁式和励磁式两种，而永磁式电动机结构简单、体积小、可靠性好，被广泛采用。

2. 电动刮水器的变速原理

根据直流电动机的电压平衡方程式：

$$n = \frac{U - IR}{kZ\Phi}$$

式中：U——电动机端电压；

I——通过电枢绕组的电流；

R——电枢绕组的电阻；

k——常数；

Z——正、负电刷间串联的绕组（导体）数；

Φ——磁极磁通。

在电压 U 和直流电动机定型的情况下，电枢绕组的电流 I、电枢绕组的电阻 R、k 均为常数，只要调整磁极磁通 Φ 或者电枢绕组数 Z 便可调节转速 n。通过改变电动机磁极磁通的强弱，或者改变两电刷之间的导体（绕组）数便可实现直流电动机的变速。

1）改变磁极磁通 Φ 变速

采用改变电动机磁极磁通 Φ 实现变速的方法，只适合绕线式直流电动机。绕线式电动刮水器的工作原理如图 8-2 所示。

低速挡的工作原理：刮水器开关在 I 挡位置，电流从蓄电池正极经电源开关 8→熔丝 7→接线柱②→接触片，然后分两路：一路通过接线柱③→串励绕组 1→电枢 2→蓄电池负极形成回路；另一路通过接线柱④→并励绕组 3→蓄电池负极形成回路。此时，在串励绕组 1

和并励绕组 3 的共同作用下，磁场增强，电动机以低速运转。

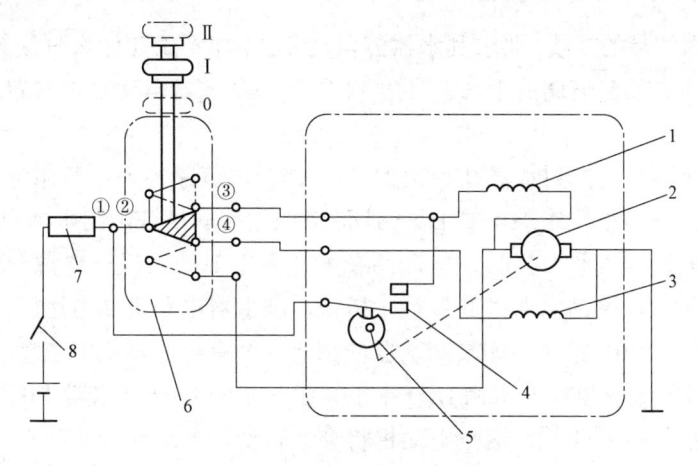

图 8-2　绕线式电动刮水器的工作原理
1—串励绕组；2—电枢；3—并励绕组；4—触点；5—凸轮；6—刮水器开关；7—熔丝；
8—电源开关；①，②，③，④—接线柱

高速挡的工作原理：刮水器开关在 Ⅱ 挡位置，电流由蓄电池正极经电源开关 8→熔丝 7→接线柱②→接触片→接线柱③→串励绕组 1→电枢 2→蓄电池负极形成回路。此时由于并励绕组 3 被隔除，磁场减弱，电动机以高速运转。

2）改变电刷间的电枢绕组（导体）数 Z 变速

要改变电刷间导体数变速，只能通过永磁电动机（一般为三刷永磁式直流电动机）来实现。永磁电动机的磁极为铁氧体永久磁铁，具有不易退磁的优点，能够实现高、低转速，其工作原理如图 8-3 所示。由图 8-3 可见，它是利用三个电刷来改变正、负电刷之间串联的线圈数来实现变速的。

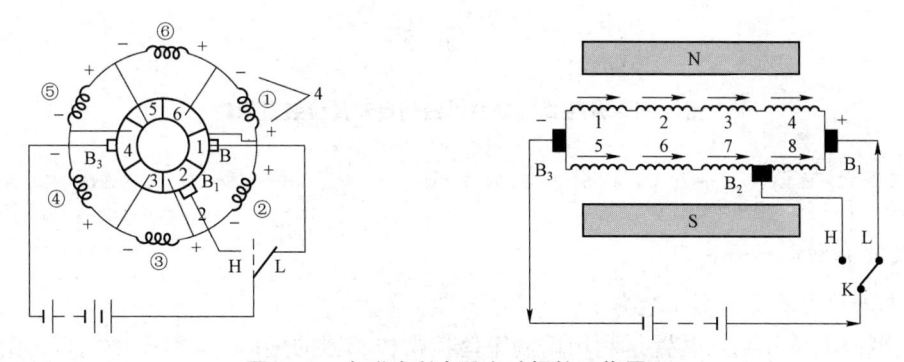

图 8-3　永磁式刮水器电动机的工作原理

当开关 K 拨到低速挡 L 时，在两个电刷 B_1、B_3 之间有两条并联支路，各有 4 个线圈。当开关 K 拨到高速挡 H 时，在两个电刷 B_2、B_3 之间也有两条并联支路，一个支路有 3 个线圈串联，另一个支路有 5 个线圈串联，但其中一个线圈的反电动势方向与另 4 个线圈的反电动势方向相反。由于反电动势的减小，电枢的转速上升，重新达到电压平衡，这样永磁式电动刮水器就得到了高、低速不同的工作挡位。

3. 电动刮水器的自动复位原理

为了不影响驾驶员的视线，要求刮水器能自动复位，即不论在什么时候关闭刮水器开关，刮水片都能自动停在风窗玻璃的下部。图 8-4 所示为刮水器自动复位装置的原理图，其工作原理如下：

当电源开关接通时，把刮水器开关拉到"Ⅰ"挡，电流路径为：蓄电池的正极→电源开关→熔丝→电刷 B_3→电枢绕组→电刷 B_1→刮水器"Ⅰ"挡→搭铁，刮水器电动机低速运转。

当刮水器开关拉到"Ⅱ"挡时，电流路径为：蓄电池的正极→电源开关→熔丝→电刷 B_3→电枢绕组→电刷 B_2→刮水器"Ⅱ"挡→搭铁，刮水器电动机高速运转。

当刮水开关推到"0"挡时，如果刮水器的刮水片没有停在规定的位置，则电流路径为：蓄电池正极→电源开关→熔丝→电刷 B_3→电枢绕组→电刷 B_1→刮水器"0"挡→触点臂5→铜环9→搭铁 [见图 8-4（b）]，这时电动机将继续转动，当刮水器的刮水片到规定位置时，触点臂3、5都和铜环7接触，使电动机短路如图 8-4（a）所示。与此同时，电动机电枢由于惯性而不能立刻停下来，电枢绕组通过触点臂3、5与铜环7接触而构成回路，电枢绕组产生感应电流，因而产生制动扭矩，电动机迅速停止转动，使刮水器的刮水片停止在规定的位置。

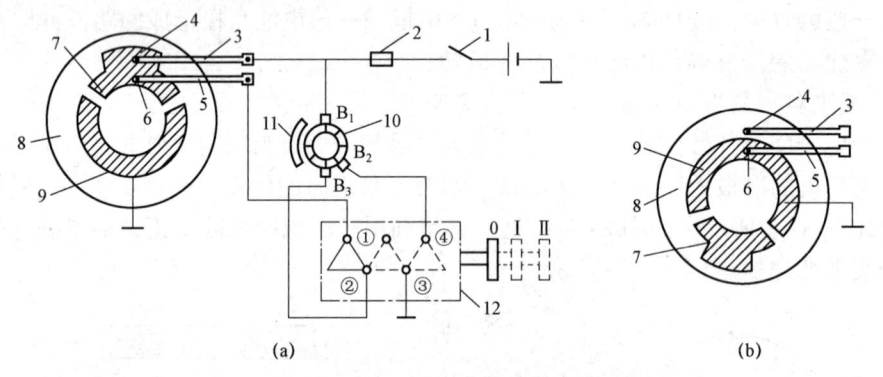

图 8-4 永磁式电动刮水器的自动复位装置原理
（a）工作电路；（b）复位原理

1—电源总开关；2—熔丝；3，5—触点臂；4，6—触点；7，9—铜环；8—蜗轮；10—电枢；11—永久磁铁；12—刮水器开关

4. 智能自动刮水器

1）压电型雨滴感知刮水装置

压电型雨滴感知刮水装置是利用雨滴下落撞击传感器的振动片，将振动能量传给压电元件，从而将雨量的大小转变为与之相对应的电信号的，如图 8-5 所示。

如图 8-6 所示，工作时，雨滴传感器将雨量的大小转变为与之相对应的电信号，经放大后送入间歇控制电路，给充电电路进行充电，使充电电路中电容两端电压上升，当电压上升至与基准电压相等时，驱动电路使刮水电动机工作一次，雨量越大，感应出电信号越强，充电速度越快，间歇工作频率越高，相反工作频率越低。但当雨量很小时，雨滴传感器没有电压信号输出，只有定时电路对充电电路进行定时充电，一段时间后，充电电路的输出电压与基准电压相等，刮水器动作一次。根据下雨量的大小，电路可以实现无级调速。

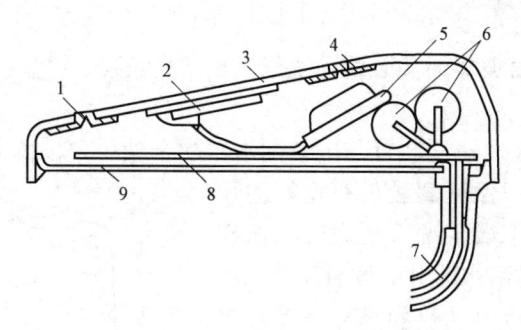

图8-5 压电型雨滴传感器结构
1—阻尼橡胶；2—压电元件；3—振动片；4—上盒；5—放大电路；6—电容；7—线束；8—电路基板；9—下盒

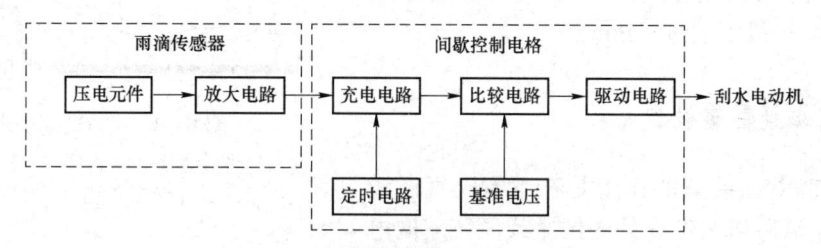

图8-6 压电型雨滴传感器工作原理

2）光电型雨滴感知刮水装置

如图8-7所示，雨量传感器通过发光二极管发射出一束光，前风窗干的话光会全部反射出来，反射到光电二极管上的光强，说明该雨量小。前风窗湿的话，则反射到光电二极管上的光弱，说明该雨量大。反射光多少，取决于雨量大小。雨量传感器把此信号传递到间隙刮水控制器，从而激活和控制刮水器工作。雨滴/光强传感器收到光信号，自动调节刮水器刮水速度。

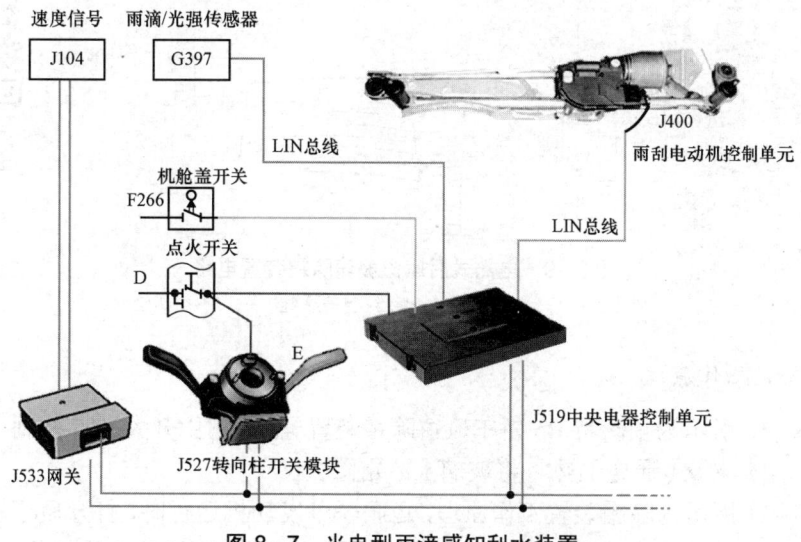

图8-7 光电型雨滴感知刮水装置

8.1.2 风窗玻璃清洗装置

如图 8-8 所示，风窗玻璃清洗装置由洗涤液罐、洗涤泵、软管、三通、喷嘴及刮水器开关组成。

在不下雨时，风窗玻璃清洗装置与电动刮水器配合使用，清除附着在风窗玻璃上的灰尘污物，保证驾驶员有良好的视野，避免电动刮水器在干燥情况下使用时刮伤玻璃，洗涤器的电路一般与刮水器开关联合工作。洗涤泵由一只微型永磁直流电动机和离心式叶片泵组成。喷嘴安装在风窗玻璃下面，其喷嘴方向可以调整，使水喷射在风窗玻璃的合适位置。洗涤泵连续工作的时间一般不超过 1 min。

8.1.3 风窗玻璃除霜装置

风窗玻璃除霜装置的作用是在下雪天气温较低的情况下，清除风窗玻璃外的结霜或风窗玻璃内的水蒸气。

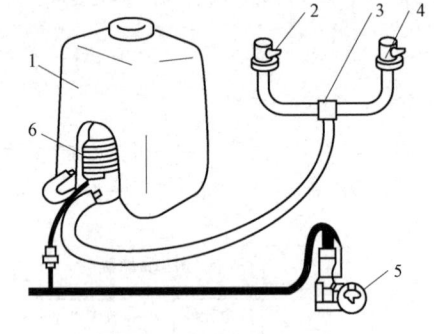

图 8-8 风窗玻璃洗涤器
1—洗涤液罐；2，4—喷嘴；3—三通；
5—刮水器开关；6—洗涤泵

1. 组成电路

电热式后风窗玻璃除霜装置电路如图 8-9 所示，它由一组平行的电阻丝组成，两端相连成并联电路，当供给两端电压，就可以加热玻璃达到除霜目的。

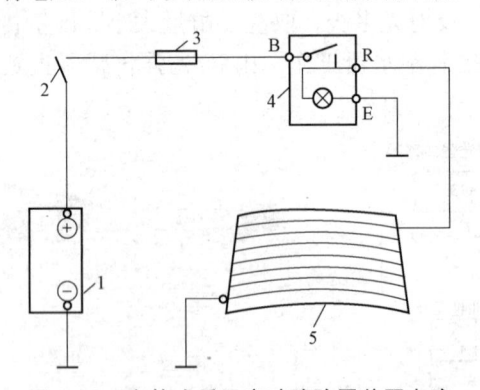

图 8-9 电热式后风窗玻璃除霜装置电路
1—蓄电池；2—点火开关；3—熔丝；4—除霜开关；5—电热丝

2. 除霜装置工作原理

（1）图 8-10 所示为帕萨特 B5 轿车风窗除霜装置电路，它由开关 E15 控制。当开关 E15 闭合时，风窗电热丝 Z1 通电加热，将玻璃上冰霜除去。

（2）图 8-11 所示为除霜装置工作原理，迈腾轿车发动机运行时，打开后窗加热器开关，控制加热式后车窗继电器 J9 线圈通电，然后由车载电网控制单元 J519 给加热电热丝通电，进行加热除霜。

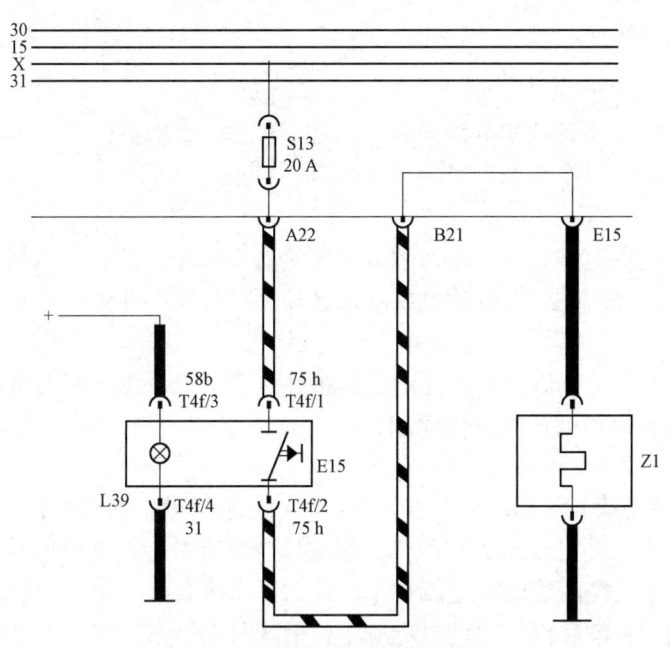

图 8-10 帕萨特 B5 除霜装置电路

S13—熔丝；L39—开关指示灯；E15—除霜开关；Z1—风窗电热丝

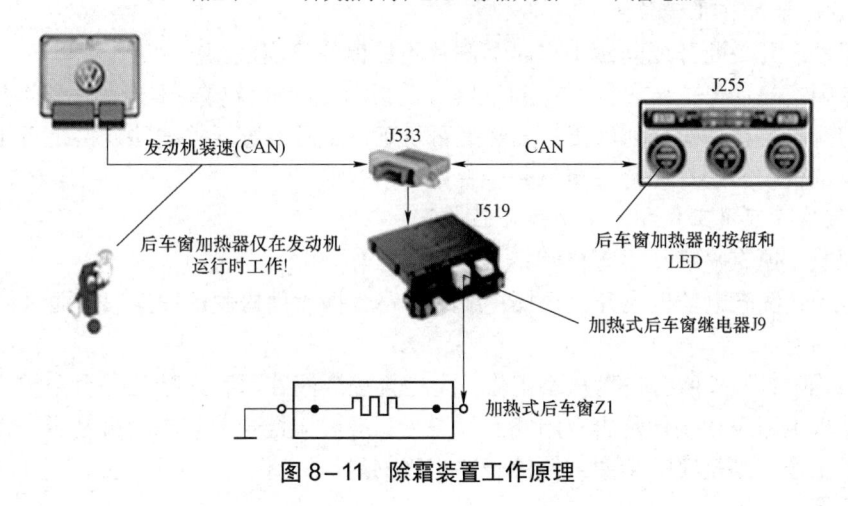

图 8-11 除霜装置工作原理

任务实施

1. 刮水器橡胶条的拆装

（1）用鲤鱼钳把刮水橡胶条被封住一侧的两块钢片钳在一起，从上面的夹子里取出，并把橡胶条连同钢片从刮水片其余的几个夹子里拉出。

（2）把新的刮水橡胶条塞进刮水片下面的夹子里，并把它扎紧。

（3）把两块钢片插入刮水橡胶条的第一条槽口，对准橡胶条并进入槽内的橡胶条凸缘内。

雨刮器总成的拆装

（4）用鲤鱼钳把两块钢片与橡胶条重新钳紧，并插入上端夹子，使夹子两边的凸缘均进入刮水橡胶条的限位槽内。

2. 刮水器和清洗装置的故障排除

刮水系统和风窗洗涤系统常见故障有各挡都不工作、个别挡位不工作、雨刷不能停在正确位置、所有喷嘴都不工作和个别喷嘴不工作等。

1）各挡都不工作

故障现象：接通点火开关后，刮水器开关无论置于哪一挡位，刮水器均不工作。

主要原因：熔丝烧断；刮水电动机或刮水器开关有故障；机械传动部分故障；线路断路或插接件松脱。

诊断与排除：首先检查熔丝是否熔断，插接件是否松脱，线路有无断路；然后检查开关是否正常；最后检查电动机及机械传动部分。

2）个别挡位不工作

故障现象：接通点火开关后，刮水器个别挡位（低速、高速或间歇挡）不工作，其余正常。

主要原因：刮水电动机或开关有故障；间歇继电器有故障；线路断路或插接件松脱。

诊断与排除：如果是高速或低速挡位不工作，可先检查该挡位对应的线路是否正常；然后检查开关是否正常；最后检查电动机电刷。如果是间歇挡不工作，应检查刮水器开关的间歇挡、所在线路及间歇继电器是否正常。

3）刮片不能停在正确位置

故障现象：开关断开或间歇工作时，刮片不能停在风窗底部。

主要原因：自动停位装置损坏；刮水器开关损坏；刮水臂调整不当；线路连接错误。

诊断与排除：首先检查刮水臂的安装是否正确；然后检查开关线路连接是否正确；最后检查自动停位机构的触片和滑片接触是否良好。

4）所有喷嘴都不工作和个别喷嘴不工作

故障现象：所有喷嘴都不工作和个别喷嘴不工作。

主要原因：洗涤电动机或开关损坏；线路断路或插接件松脱；洗涤液液面过低或连接管脱落；喷嘴堵塞。

诊断与排除：如果所有喷嘴都不工作，先检查洗涤液液面和连接管是否正常；然后检查洗涤泵电动机电路及插接件是否有断路及松脱处；最后检查开关和电动机是否正常。如果是个别喷嘴不工作，则是喷嘴堵塞或输液管路出现问题。

任务8.2　电动后视镜的检修

一台桑塔纳轿车电动后视镜不工作，要解决这个故障，需要掌握电动后视镜的结构，熟

悉电动后视镜的工作原理，认真分析电动后视镜的电路，讨论各种可能的故障原因，并逐一排查，最后确定故障原因并排除故障。

相关知识

电动后视镜控制方便，使驾驶员获得良好的后视线，保证行车安全。为了便于驾驶员调整后视镜的角度，很多轿车安装了电动后视镜，驾驶员可以通过开关控制后视镜的位置和角度，甚至控制后视镜伸缩。

8.2.1 电动后视镜的组成

如图8-12所示，电动后视镜主要由电源、镜片、控制开关、熔丝、直流电动机等组成。微型直流电动机采用双向永磁式，每个后视镜安装两个，可操纵后视镜上下及左右转动。通常上下方向的转动用一个电动机控制，左右方向的转动由另一个电动机控制。有的电动后视镜还带有伸缩功能，由伸缩开关控制伸缩电动机工作，使整个后视镜回转伸出或缩回。

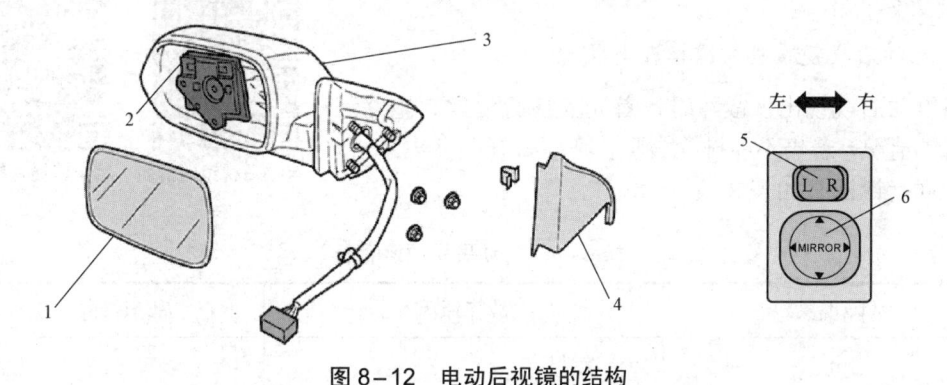

图8-12 电动后视镜的结构
1—镜片；2—直流电动机；3—固定罩；4—安装架；5—左右选择开关；6—调整开关

8.2.2 电动后视镜的工作过程

图8-13所示为桑塔纳2000型轿车电动后视镜控制电路。图8-13中4个电动机分别调整右侧后视镜、左侧后视镜的左右转动及上下转动，所有电动机均由组合开关控制，该开关既可旋动，又可上下、左右拨动。

调整左侧后视镜左转，如图8-13所示。将左右选择开关M11拨到"L"位置，将左右调整开关M21拨到"左"位置。

电流流向：电源正极→熔丝S12→M21接线柱2（上）→1（右）→M11（左）1（上）→M11（左）1（下）→左侧左右电动机→M11（中）1（下）→M11（中）1（上）→M21（左）1→M21（上）1→搭铁，左侧镜面左转。

同理，左侧后视镜其他方向及右侧后视镜的调整与上述方法相同。

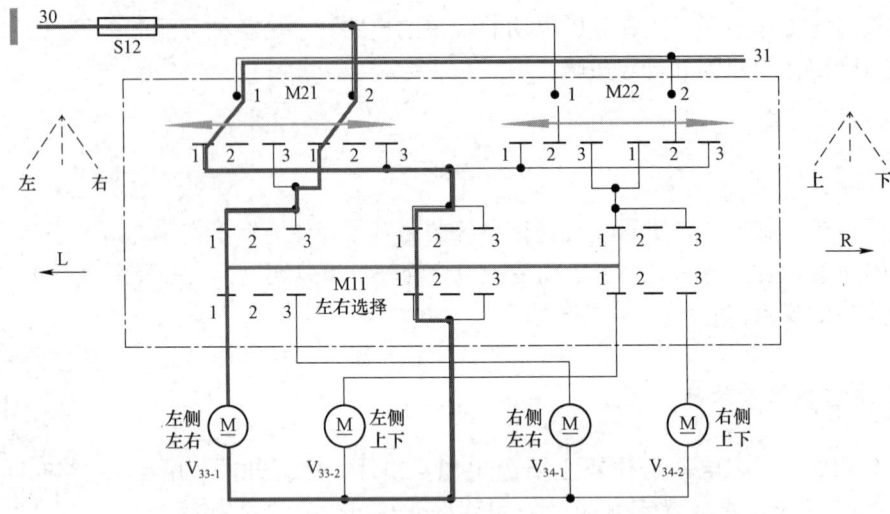

图 8-13 桑塔纳 2000 型轿车电动后视镜控制电路

任务实施

1. 电动后视镜常见故障诊断与排除

当电动后视镜出现故障时，首先应检查熔丝、电路连接和搭铁情况，若仍不能排除故障，则检查开关和电动机。电动后视镜诊断表如表 8-1 所示。

表 8-1 电动后视镜诊断表

故障现象	故障原因	故障排除方法
电动后视镜均不动作	熔丝熔断	更换
	搭铁不良	修理
	后视镜开关损坏	更换
	后视镜电动机损坏	更换
一侧电动后视镜不动作	后视镜开关损坏	更换
	电动机损坏	更换
	搭铁不良	修理
一侧电动后视镜上下不动作	上下调整电动机损坏	更换
	搭铁不良	修理
一侧电动后视镜左右不动作	左右调整电动机损坏	更换
	搭铁不良	修理

2. 桑塔纳3000轿车故障诊断

图 8-14 所示为桑塔纳 3000 型轿车电动后视镜控制电路，电动后视镜无法操纵的故障检查过程如下：

（1）先检查熔丝 S36 有没有烧断。
（2）然后用万用表测后视镜开关总成有无故障。
（3）若开关完好，用 12 V 电源及跨接线检查电动机转动情况。
（4）若电动机正常，后视镜仍然不转，检查搭铁情况。

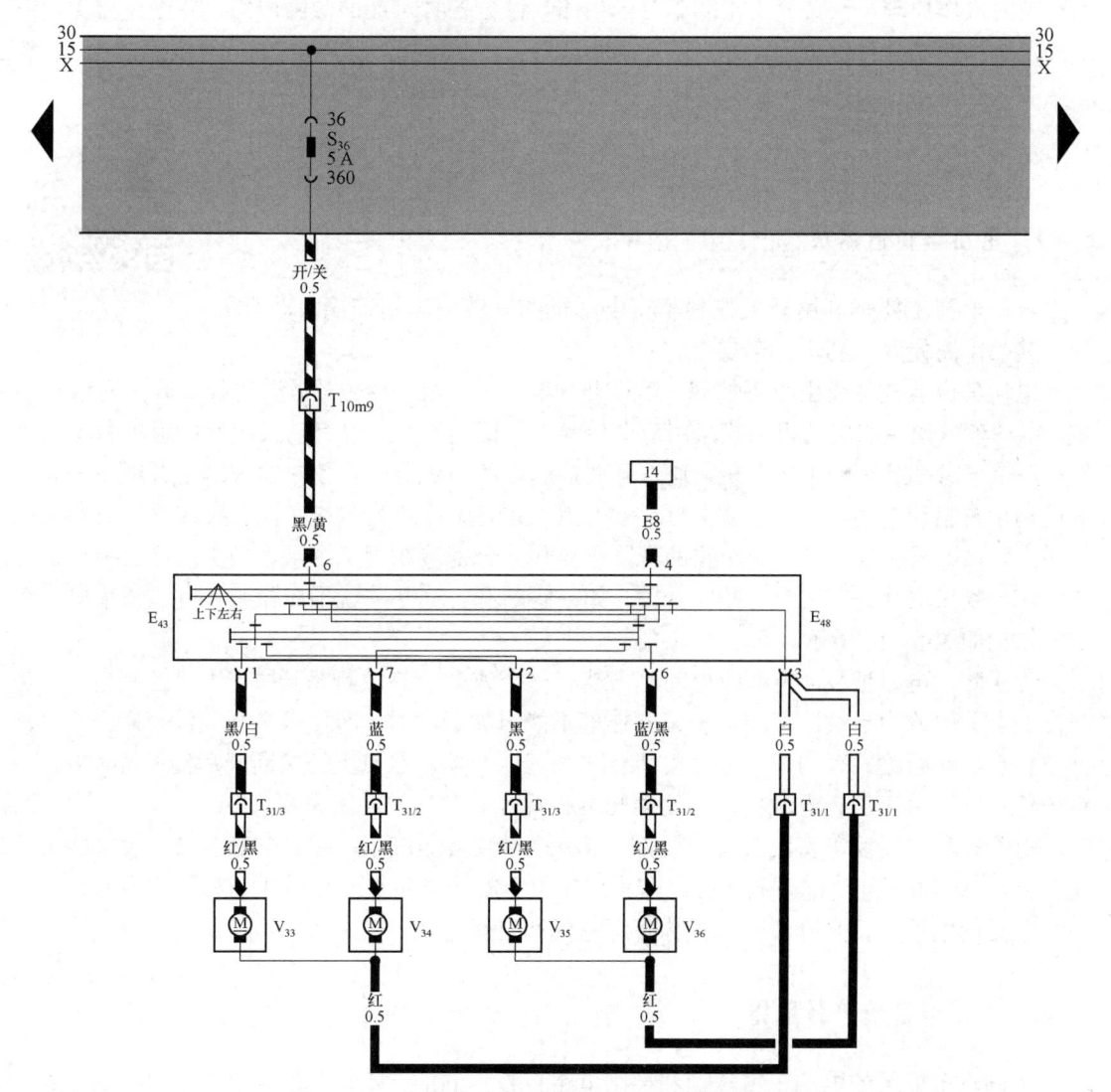

图 8-14　桑塔纳 3000 型轿车电动后视镜控制电路

任务 8.3　电动车窗的检修

任务引入

一台朗逸轿车电动车窗操作失灵，要解决这个故障，需要掌握电动车窗的结构，熟悉电动车窗的工作原理，认真分析电动车窗的电路，讨论各种可能的故障原因，并逐一排查，最后确定故障原因并排除故障。

相关知识

8.3.1　电动车窗的组成

电动车窗主要是利用开关控制车窗电动机的旋转使车门玻璃自动升降的，其操作简便并有利于行车安全。

电动车窗的组成及工作原理

电动车窗装置主要由车窗玻璃、车窗升降器、电动机、继电器、升降控制开关等装置组成。电动车窗使用的电动机一般采用双向转动的永磁电动机，也有的采用双绕组串激型电动机。每个车窗都装有一个电动机，通过开关控制它的电流方向，使车窗玻璃上升或下降。一般电动车窗驱动电动机可分别由总开关和分开关控制。总开关布置在仪表板或驾驶员侧车门扶手上，它由驾驶员控制每个车窗的升降。分开关分别装在每一个乘客门上，可由乘客进行操纵。一般在主开关上还装有断路开关，如果它断开，分开关就不起作用。奥迪轿车电动车窗的结构如图 8-15 所示。

为了防止电路过载，电路或电动机内装有一个或多个热敏断路开关，用以控制电流。当车窗完全关闭或由于结冰等原因使车窗玻璃不能自如运动时，即使操纵开关没有断开，热敏开关也会自动断路。有的车上还专门装有一个延迟开关，在点火开关断开后约 1 min 内，或在车门打开以前，仍有电源提供，使驾驶员和乘客能有时间关闭车窗。

有些汽车的后座车窗设有安全装置，带有这样装置的汽车，后车车窗玻璃一般仅能下降至 2/3～3/4，而不能全部下到底，以防止后座位上的小孩将头、手伸出窗外发生事故。

常见的电动车窗升降器传动机构有绳轮式和交叉臂式。

8.3.2　电动车窗的控制电路

不同汽车采用的电动车窗结构和控制电路也是不同的，目前汽车电动车窗的控制方式主要有双绕组串励直流电动机控制（电动机直接搭铁控制）和永磁电动机控制（电动机不搭铁控制）两种。

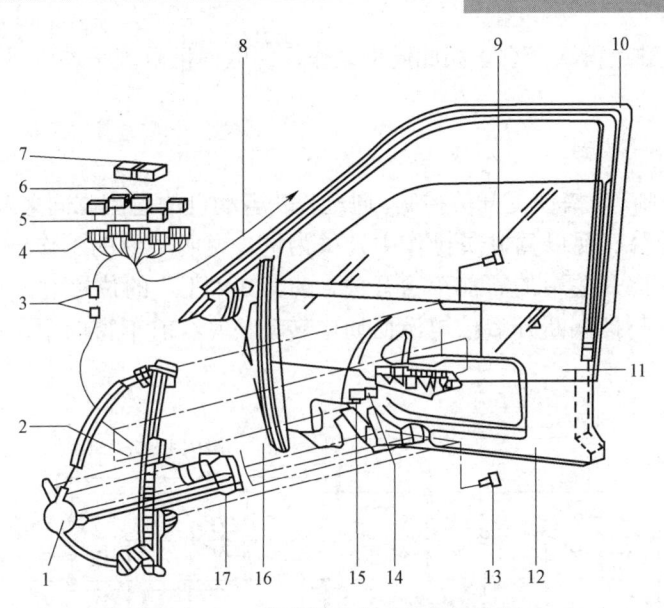

图 8-15 奥迪轿车电动车窗的结构

1—玻璃升降器；2—垫；3—电动机插座；4—开关总成插座；5—主开关；6—主开关的断路开关；
7—插座架；8—线束；9—固定螺栓；10—车窗密封条；11—前左车窗玻璃；12—车窗附件支架；
13—固定螺栓；14—垫；15—车窗锁止夹；16—玻璃导向槽；17—电动机

1. 电动机直接搭铁控制

双绕组串励直流电动机采用两个绕向相反的磁场绕组，一个称为"上升"绕组，一个称为"下降"绕组，通电后产生相反方向的磁场即可改变电动机的旋转方向，使车窗玻璃上升或下降，典型的控制电路如图 8-16 所示。各电动车窗电路中，均有断路保护器，以免电动机因超载而烧坏。断路保护器触点臂为双金属结构，当电动机超载，电路中的电流过大时，双金属片因温度上升，产生翘曲变形并张开多功能触点，切断电路；电流消失后，双金属片

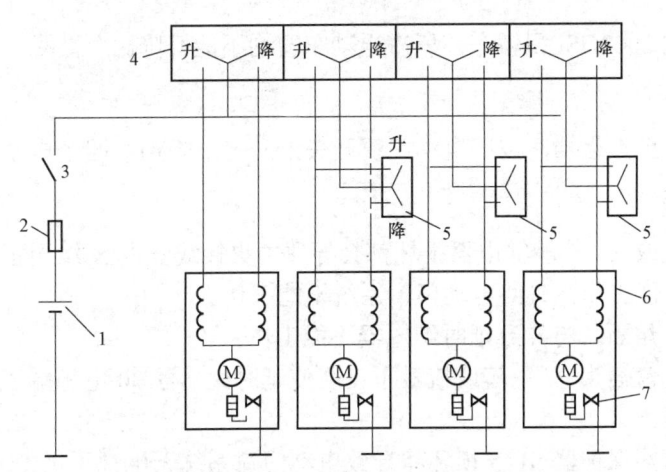

图 8-16 双绕组串励直流电动机控制车窗电路

1—蓄电池；2—熔体；3—点火开关；4—总控制开关；5—门开关；6—电动机；7—断路开关

冷却，变形消失，触点再次闭合。如此周期动作，使电动机电流平均值不致超过规定值，造成过热损坏。

2. 电动机不搭铁控制

永磁电动机控制，其搭铁受开关控制，通过改变电动机的电流方向来改变电动机的转向，从而实现车窗的升降。现以驾驶员操作主开关为例，说明车窗的工作过程。图 8-17 所示为驾驶员操作的主控开关中的右前车窗开关，使其在"下"的位置时，右前车窗电动机的一端通过主控开关与搭铁断开后按电源而通电转动，使右前车窗向下运动，电流方向如箭头所指。

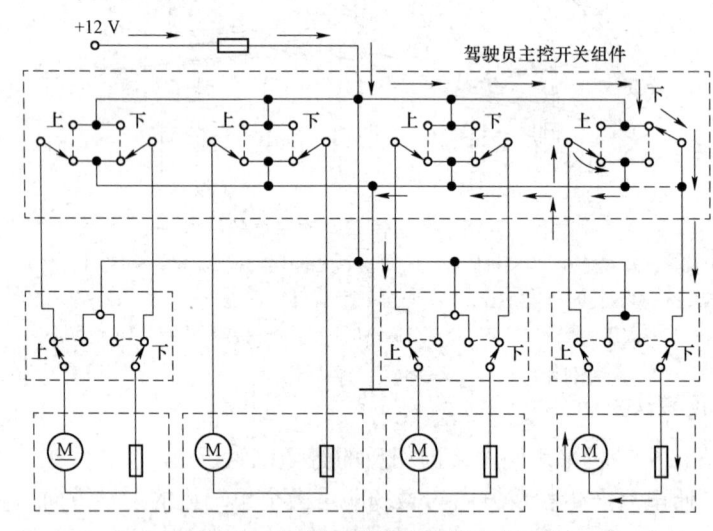

图 8-17　主控开关控制右前车窗下降

任务实施

案例：桑塔纳 2000GSi 型轿车，所有电动车窗均不能升降。

1. 故障现象

把点火开关转至点火挡，按压电动门窗开关上升、下降挡，四个电动门窗都不会升降。

2. 故障原因分析

（1）点火开关或 X-接触继电器损坏都会导致中央接线盒内 X 线无正极电源，X 线无电源，延时继电器不能工作，最终电动门窗系统不能工作。

（2）熔丝 S12 熔断，将导致延时继电器不能工作。

（3）中央接线盒插头 P7 脱落或接触不良会使延时继电器 30 电源端子无电，从而电动门窗系统无电源正极。

（4）电动门窗热保护器 S125 损坏将导致电动门窗系统无电源正极。

（5）延时继电器损坏将使电动门窗系统无电源负极。

（6）电动门窗开关损坏，电动门窗电动机将不能工作。

(7) 电动机损坏，电动门窗升降机构将不能升降。

(8) 线路断路或线路中的插接器接触不良或脱落，将会使电动门窗电路断路从而不能升降。

3. 故障诊断与排除

(1) 如果中央接线盒 X 线无电源，把点火开关转至点火挡（X 挡），拔下 X-接触继电器，如图 8-18 所示，用万用表直流电压挡测量搭铁与 4/86 插孔之间的电压，如果电压为 0，应检验点火开关 X 挡（ON 挡）是否正常，如果不正常，更换点火开关。如果电压显示蓄电池电压，应检验 X-接触继电器，如果 X-接触继电器损坏则更换 X-接触继电器。

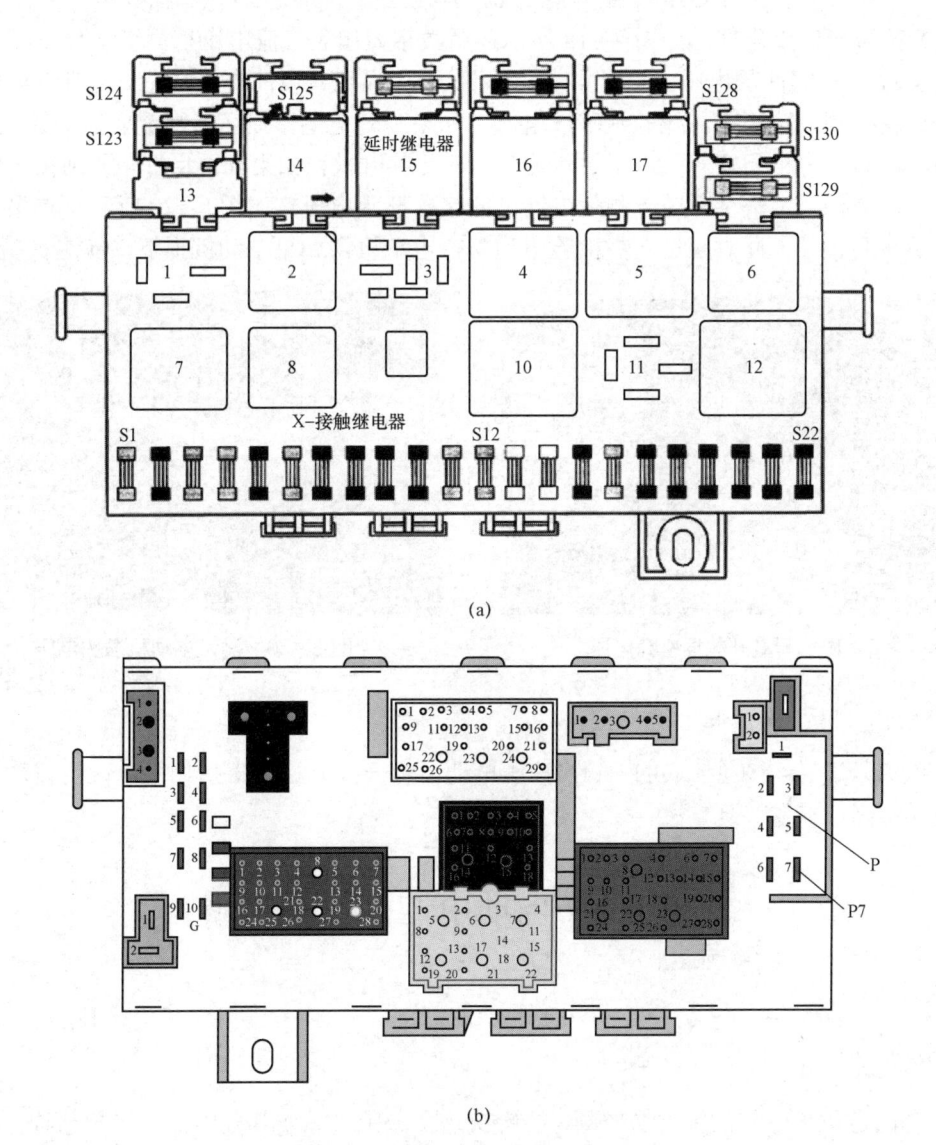

图 8-18 电动车窗安全开关检修
（a）正面布置；（b）反面布置

（2）如果点火开关、X-接触继电器都正常，应拔下 S12，如图 8-18 所示，用数字万用表直流电压挡测量熔丝电源端是否有电，如果万用表显示蓄电池电压，说明中央接线盒内部线路良好，否则更换中央接线盒。如果电源插孔有蓄电池正极电压，应进一步检验熔丝 S12 是否熔断，如果熔断应更换相同规格的熔丝。

（3）取下驾驶座右边的电动门窗开关，拔下开关插头，用数字万用表直流电压挡测量开关插座插孔 4（与开关 4 端子对应）与插孔 3 或插孔 5 的电压，如图 8-18 所示，如果电压为蓄电池电压，则表明到开关的线路正常，如果电压为 0，应拔下电动门窗热保护器 S125，如图 8-18 所示，测量 S125 热保护器插座电源端电压，如果电压为蓄电池电压，应检验 S125 是否损坏，损坏则更换 S125；如果电压为 0，则应检查中央接线盒 P7 插头是否连接牢靠。

（4）拔下延时继电器，如图 8-18 所示，用数字万用表直流电压挡测量 8/15 插孔、6/30 插孔与 4/31 插孔之间的电压，如图 8-19 所示。电压显示蓄电池电压，说明延时继电器插座电源线路及控制线路正常，检验延时继电器，如果延时继电器损坏，则更换延时继电器。

（5）检验各电动门窗开关，如果开关损坏应更换开关，如果开关良好，分别按压电动门窗开关升、降挡，用数字万用表测量电动机插接器插头电压，如图 8-20 所示，如果电压正常，表明线路正常，此时应进一步检验电动门窗电动机，如果电动机损坏，应更换新件。

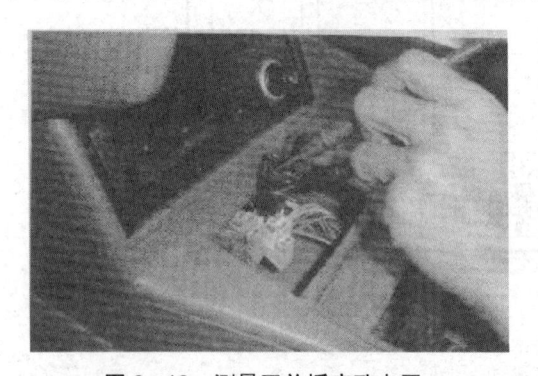

图 8-19　测量开关插座孔电压 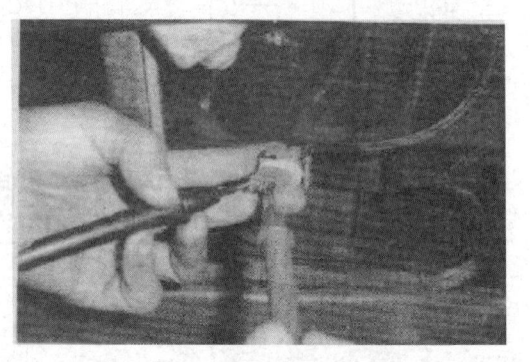　　　　图 8-20　测量电动机插头电压

4. 验证故障排除效果

把点火开关转至 X 挡（ON 挡），按压电动门窗开关升、降挡，如果电动门窗能正常升降，说明故障已排除。

任务 8.4　电动中控门锁的检修

任务引入

一台朗逸轿车中控门锁无法控制，要解决这个故障，需要掌握中控门锁的结构，熟悉中控门锁的控制原理，认真分析电动车窗的电路，讨论各种可能的故障原因，并逐一排查，最后确定故障原因并排除故障。

相关知识

8.4.1 电动中央控制门锁的功能及组成

1. 电动中央控制门锁的功能

为了方便驾驶员和乘客开关车门，现代轿车都安装了电动中央控制门锁系统，它具有以下功能：

（1）当锁住驾驶员侧车门时，其他几个车门及行李厢门等都能同时锁住。

（2）开锁的情况与锁门的情况正好相反。

（3）为了方便起见，除了中央控制系统外，乘客仍可以利用各车门上的机械锁来开关车门。

2. 电动中央控制门锁的组成

传统的中央门锁是指电动门锁，其开闭由门锁开关通过门锁继电器来控制。目前中央门锁是由微电脑根据各个开关信号控制门锁的开闭的，而且常常和汽车的防盗系统结合在一起，提高了汽车的防盗性能。

中控门锁系统一般由门锁控制开关、钥匙操纵开关、门锁总成、行李厢门锁及门锁控制器等组成。图8-21所示为典型的中央控制门锁系统。

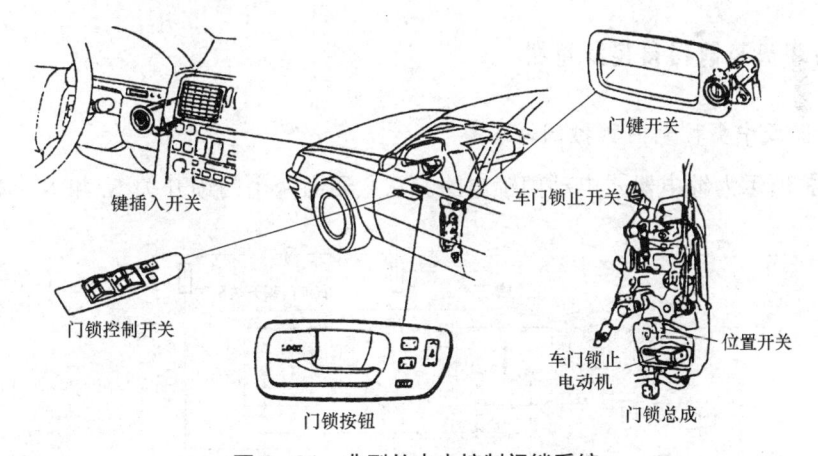

图8-21 典型的中央控制门锁系统

8.4.2 电动中央控制门锁控制原理

中央控制门锁基本原理：利用控制直流电动机的正反电流方向、电动机正反向运转来完成门锁的开、关动作。当用钥匙来开锁门时，控制器被触发，门锁电动机运转，通过门锁操纵连杆操纵门锁动作，由于在锁门或开门时给控制器的触发不同，故门锁电动机通过电流的方向相反，这样利用电动机的正转或反转，就可完成车门的闭锁和开锁动作，如图8-22所示。

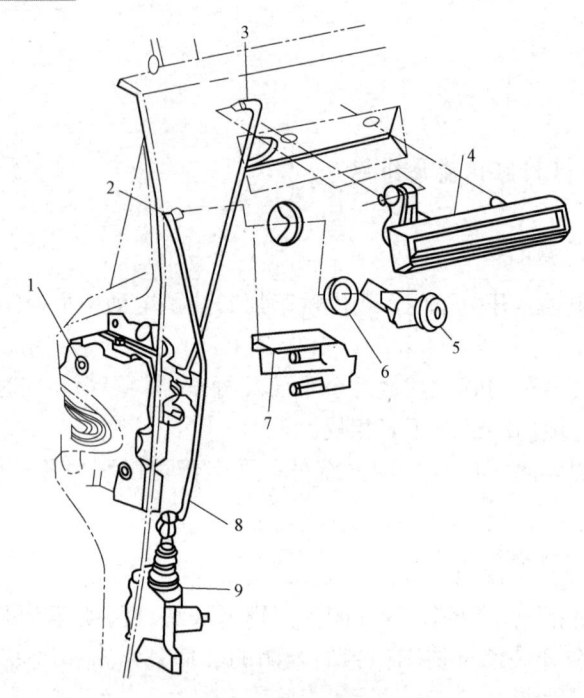

图 8-22 中控门锁工作原理

1—门锁总成；2—锁芯至门锁连杆；3—外门拉手至门锁连杆；4—外门锁拉手；5—锁芯；6—垫圈；
7—锁芯定位架；8—电动机至门锁连杆；9—直流电动机

8.4.3 电动中央控制门锁控制电路

1. 继电器式中央控制门锁控制电路

图 8-23 所示为继电器式电动门锁电路。它主要由两个门锁开关 S_1 和 S_2、门锁继电器

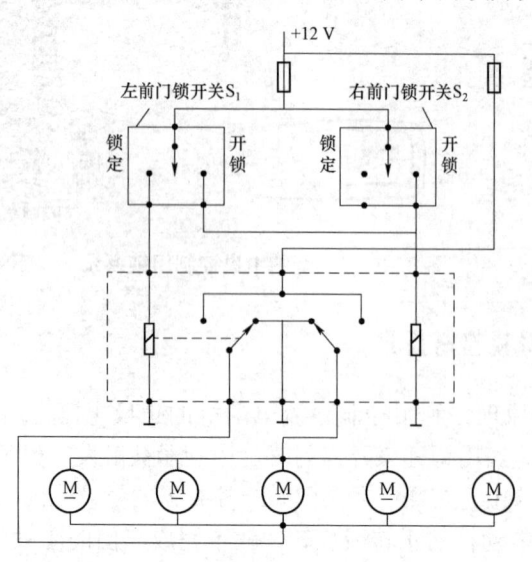

图 8-23 继电器式电动门锁电路

K、五个双向直流电动机（四个车门及一个行李厢门）及导线和熔丝等组成。门锁继电器实际上由开锁和闭锁两个继电器组成，其线圈不通电时，动触点都和搭铁触点接通；通电时动触点与搭铁触点断开，与另一触点接通。通过触点位置的改变，来改变电路及电动机中的电流方向，从而改变电动机的旋转方向，完成对车门的锁定和开锁动作。

2. 控制器式中央控制门锁控制电路

图8-24所示为桑塔纳2000型轿车中控门锁控制电路。

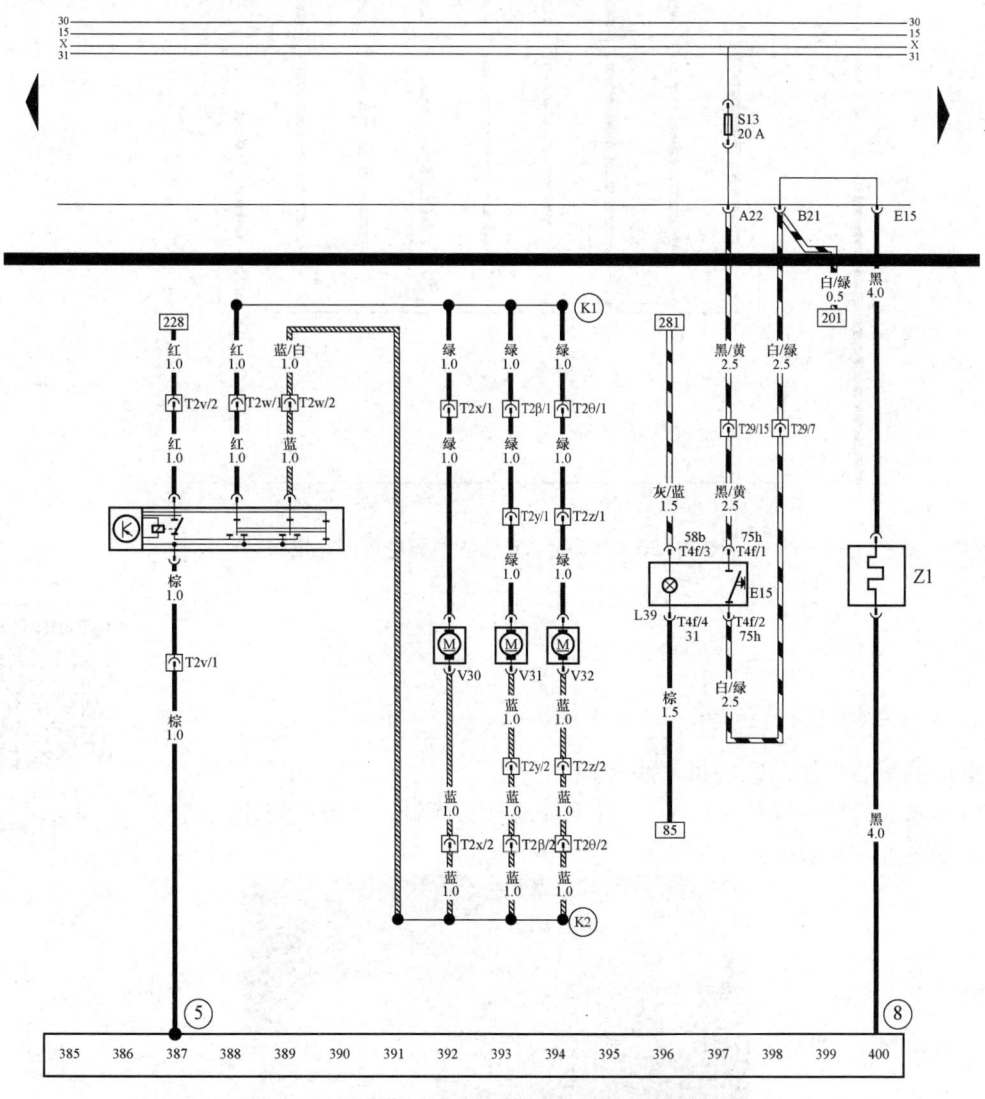

图8-24　桑塔纳2000型轿车中控门锁控制电路

3. ECU控制的中央控制门锁控制电路

图8-25所示为帕萨特V6驾驶员侧中控门锁电路。

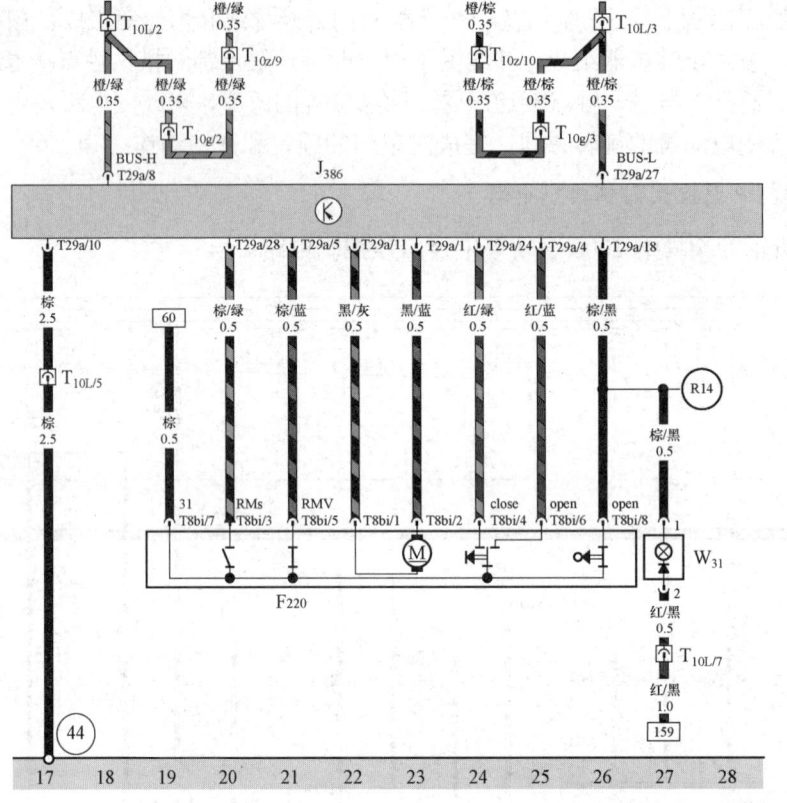

图 8-25 帕萨特 V6 驾驶员侧中控门锁电路

任务实施

1. 电动中控门锁的拆卸

桑塔纳后门中控门锁的拆卸步骤：

（1）撬出门拉手饰件（箭头）。拆下圆顶柱头螺钉，拿掉门把手及密封垫片，如图 8-26 所示。

汽车中控门锁的拆装

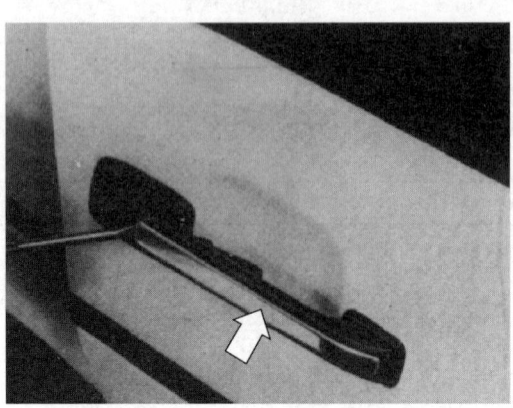

图 8-26 拆除车门拉手

(2) 从门内板内把固定楔子由眼孔中拉出来,如图8-27所示。

(3) 朝箭头方向把扳手和门内机械机构一起从开口处压出来,如图8-27所示。

(4) 打开儿童锁,拆下内六角螺钉,如图8-28所示。

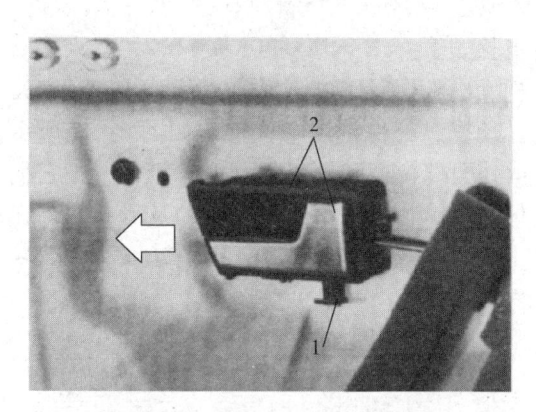

图8-27 拆除门内机构和扳手
1—固定楔子;2—门内机构

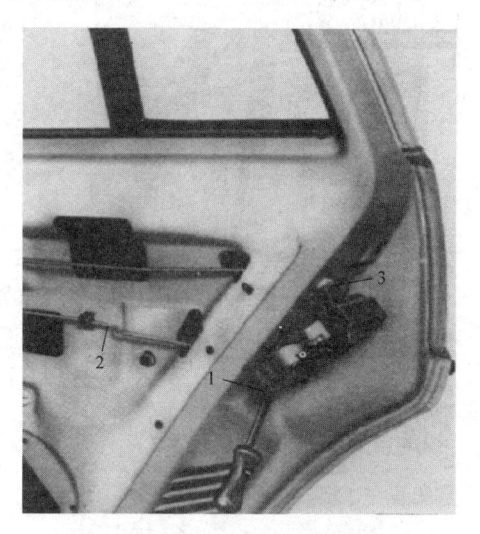

图8-28 拆下内六角螺钉
1—儿童锁;2—操纵杆;3—固定锁套

(5) 把门锁底部轻轻朝上拉。

(6) 从开口处用螺丝刀固定操纵杆。

(7) 拆除操纵杆,如图8-28所示。

(8) 从固定锁套中拉出门锁,如图8-28所示。

(9) 拆下箭头所指的4个螺栓拿出车窗升降器,如图8-29所示。

(10) 拆下十字头螺钉和螺栓,如图8-30所示。

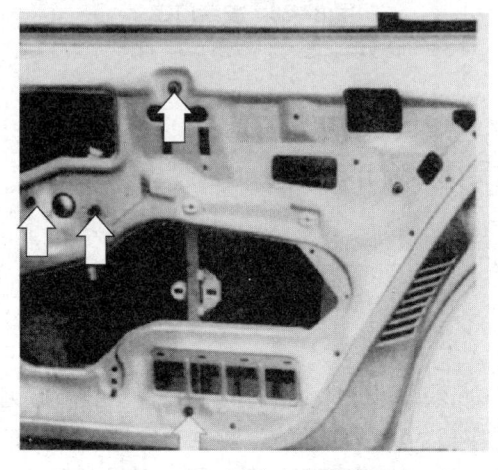

图8-29 拆除车窗升降器

图8-30 拆除十字头螺钉和螺栓
1—十字头螺钉;2—螺栓

（11）从上面拉出车窗导槽。
（12）拧下门锁钮，如图 8-31 所示。
（13）松下撑杆铆钉，如图 8-31 所示。
（14）卸下长锁杆，如图 8-31 所示。
（15）向下拉出曲柄及短锁杆，如图 8-31 所示。

2. 电动中控门锁的安装及调整

安装步骤如下：

（1）把操纵杆置于 90°位置，并从开口处（E）插入螺丝刀，使操纵杆保持这个位置，如图 8-32 所示。

（2）从外面把止杆和锁套插入开口处，并把它们调整到正确位置。锁套上的期料突出部位应该接触。在操纵杆上装上拉杆。把螺丝刀从开口处拿出，如图 8-33 所示。

（3）用内六角螺钉固定门锁位置。

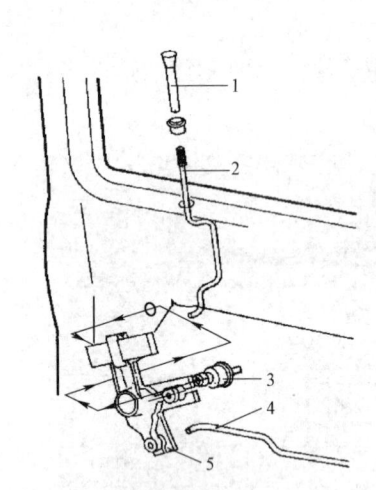

图 8-31 拆掉曲柄
1—门锁钮；2—短锁杆；3—撑杆铆钉；
4—长锁杆；5—出柄

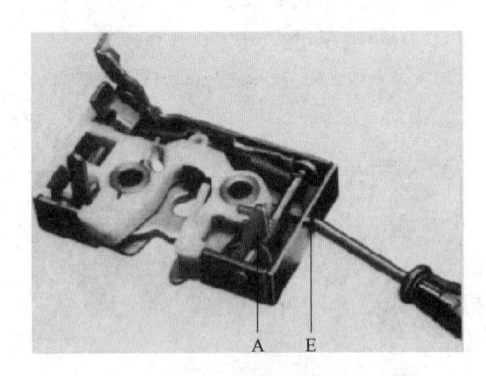

图 8-32 安装门锁 1

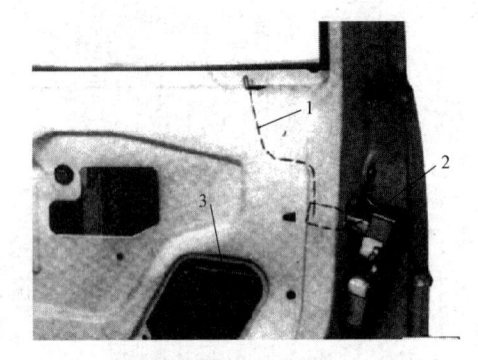

图 8-33 安装门锁 2
1—止杆；2—锁套；3—拉杆

任务 8.5　电动座椅的检修

任务引入

一台迈腾轿车的电动座椅不能调节，要求对该车电动座椅进行检测，查出故障原因并进行故障排除。要完成本任务，首先要认识电动座椅的组成和功能，及电动座椅对应的控制电路。制定诊断流程，对可能的故障点逐一检查，查清故障原因，最后进行故障排除。

相关知识

8.5.1 电动座椅概述

汽车座椅的主要功用是为驾驶员提供便于操作、舒适而又安全的驾驶位置;为乘员提供不易疲劳、舒适而又安全的乘坐位置。其设计应满足以下各点:

(1) 座椅在车厢内的位置要合适,尤其是驾驶员的座椅,必须处于最佳的驾驶位置。

(2) 按人机工程学的要求,座椅必须具有良好的静态与动态舒适性。其外形必须符合人体生理功能,在不影响舒适性的前提下,力求美观大方。

(3) 座椅应采用经济的结构,尽可能地减少质量。

(4) 座椅是支撑和保护人体的构件,必须十分安全可靠,应具有足够的强度、刚度与耐久性。对可调的座椅,要有可靠的锁止机构,以保证安全。

(5) 座椅应有良好的振动特性,能吸收从车厢地板传来的振动。

(6) 座椅应具有各种调节机构,为不同驾驶员、乘员在不同条件下获得最佳驾驶位置、提高乘坐舒适性创造条件。

作为人和汽车之间连接部件的座椅,对其性能的要求越来越高,从 20 世纪 50 年代的固定式座椅发展到今日的多功能动力调节座椅。在 20 世纪 80 年代出现了气垫座椅、电动座椅、立体音响座椅、恢复精神座椅等特种功能座椅,并发展到电子调节座椅。

在实际的应用中,电动座椅调整功能的完成,可以使用一定数量的电动机去改变座椅不同部位的具体位置,从而调整座椅。电动座椅调节的驱动可分为单电动机驱动式与多电动机驱动式。其传动方式有齿轮齿条传动方式与螺杆帽传动方式。其动作方式有前后调节、上下调节、座位前部的上下调节、座位后部的上下调节、靠背的倾斜调节等方式以及由这些方式组合而成的各种多功能调节。

座椅调节装置的多功能化,使座椅调节装置的功能由调节座位的后移动与靠背的倾斜角,逐步向多功能发展,使座椅的舒适性、安全性、操作性日益提高。如图 8-34 所示,座椅的调节功能多达 9 种。

图 8-34 全可调式电动调节前座椅
1—座位前后移动调节;2—靠背倾斜度调节;3—靠背上部调节;4—靠枕前后调节;5—靠枕上下调节;6—侧背支撑调节;7—腰椎支承调节;8—座位前部支承调节;9—座位高度调节

8.5.2 电动座椅的结构与控制

1. 电动座椅的结构

电动座椅一般由双向电动机、传动装置和座椅电子控制系统等组成。电动机的数量取决于电动座椅的类型，通常两向移动座椅装有两个电动机，四向移动座椅安装有四个电动机，有的电动座椅使用电动机的数量多达八个，它除能保证正常的六向运动外，还可调整头枕高度、座椅长度和扶手位置等，如图 8-35 所示。

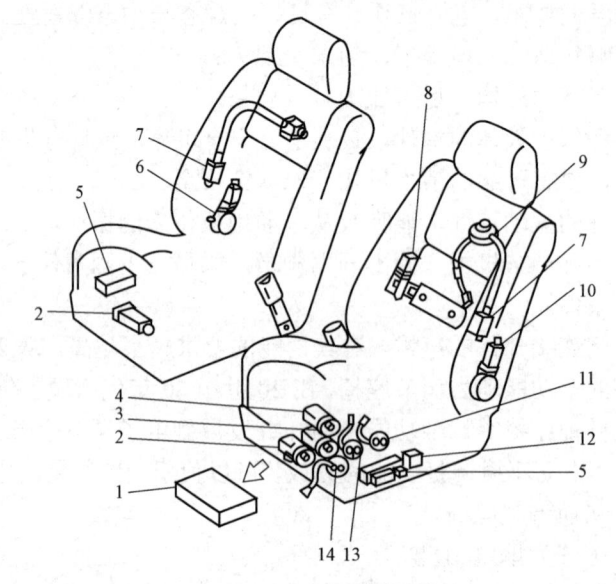

图 8-35 电动座椅结构

1—电动座椅 ECU；2—滑动电动机；3—前垂直电动机；4—后垂直电动机；5—电动座椅开关；6—倾斜电动机；7—头枕电动机；8—腰垫电动机；9—位置传感器（头枕）；10—倾斜电动机和位置传感器；11—位置传感器（后垂直）；12—腰垫开关；13—位置传感器（前垂直）；14—位置传感器

1）电动机

电动座椅的电动机一般为永磁式直流电动机，按其数量有单电动机驱动式和多电动机驱动式，后者使用居多。驾驶员通过安装在座椅旁边或安装在车门上的组合控制开关控制电动机电流路线和方向，操纵开关可使某个电动机按不同方向运动，直接驱动座椅的各部分，以达到座椅调节的目的。为防止电动机过载，大多数永磁型电动机内装有断路器。

2）传动装置

电动座椅的传动机构主要由前后调整机构和高度调整机构组成。其作用是把直流电动机产生的旋转运动，变为座椅的空间位置调整。

（1）前后调整传动机构。

前后调整传动机构由蜗杆、蜗轮、齿轮、齿条、导轨等组成，如图 8-36 所示。齿条装在导轨上，调整时，直流电动机产生的力矩经蜗杆传至两侧的蜗轮上，蜗轮与齿轮同轴，齿条带动导轨移动，进而带动座椅前后移动。

（2）上下调整传动机构。

上下调整传动机构由蜗杆轴、蜗轮、芯轴等组成，如图8-37所示。调整时，直流电动机产生的力矩带动蜗杆轴，驱动蜗轮转动，使芯轴在蜗轮内旋进或旋出，带动座椅上下移动。

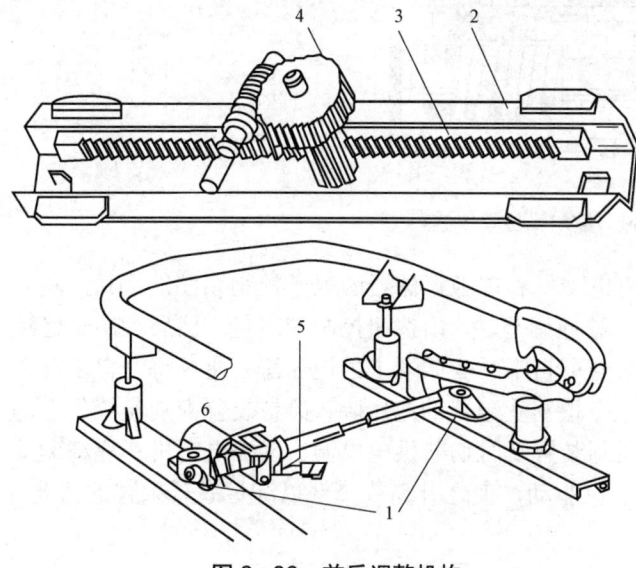

图8-36　前后调整机构

1—支承及导向元件；2—导轨；3—齿条；4—蜗轮；
5—反馈信号电位计；6—调整电动机

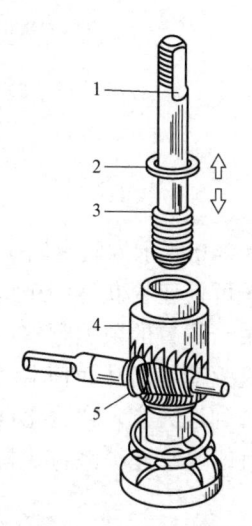

图8-37　上下调整机构

1—铣平面；2—止推垫片；3—芯轴；
4—蜗轮；5—扰性驱动蜗轮轴

2. 电动座椅的电子控制系统

有些电动座椅安装了电子控制系统，该系统能够使座椅按储存的各个座椅位置的要求调整座椅的位置，该系统主要由一个存储器即控制单元（微机）和多个调节按钮构成。

控制单元有四个电动座椅位置传感器用来反应座椅的位置。图8-38所示为电位计式电动座椅位置传感器，其工作原理和一般电位计相似，它由一根螺杆驱动一个滑块在电阻丝面上滑动，传给电子控制装置的电压信号决定滑块的位置，只要座椅位置调定后，驾驶员按下存储器的按钮，电子控制装置就把这些电压信号储存起来，作为重新调整位置时的基准。

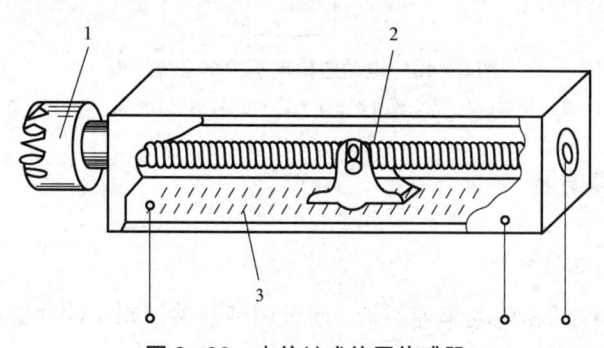

图8-38　电位计式位置传感器

1—驱动齿轮；2—滑块；3—电阻丝

目前，有很多的电动座椅位置传感器采用霍尔式位置传感器来反应座椅位置，如图8-39所示，霍尔式位置传感器中的永久磁铁安装在由电动机驱动的轴上，转轴上磁铁的转动引起通过霍尔元件中磁通量的变化，从而引起霍尔元件产生不同的霍尔电压，送入控制单元。

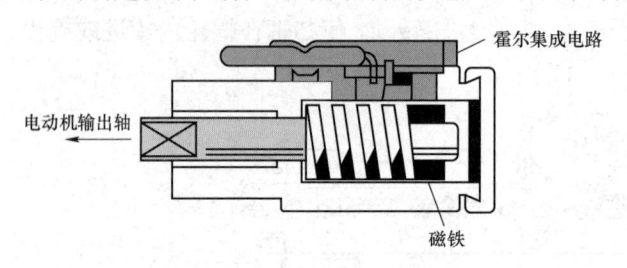

图8-39 霍尔式位置传感器

图8-40所示为装有四个调整座椅的电动机和单独存储器的电子控制系统的座椅结构。这种系统可使座椅获得四个调节自由度，进行调节时，由按钮控制调节量，然后利用记忆按钮控制某一位置的数据存储；座椅位置信号取自滑动变阻器上的电压降。通过每个自由度上的电动机驱动座椅从而使滑动变阻器随动，根据变阻器的电压降，控制装置识别座椅的运动机构是否到达死点，到达死点位量时，控制装置及时切断供电电源，保护电动机和座椅驱动机构。有的电动座椅系统头枕由一个电动机驱动，使之升高或降低以满足高矮乘客的需要。

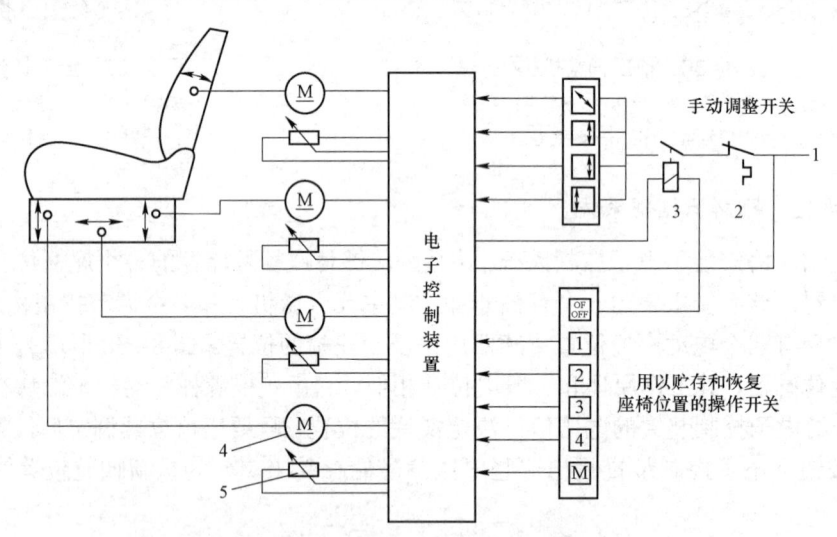

图8-40 电动座椅电子控制系统结构
1—接蓄电池；2—热过载保护；3—主继电器；4—电动机；5—电位计

8.5.3 电动座椅电路分析

1. 电动座椅控制电路分析

电动座椅的工作原理和电动车窗类似，通过调整开关控制不同功能的双向直流电动机的电流方向，实现座椅不同位置的变换。

别克轿车电动座椅控制电路如图 8-41 所示，它有六种可调方式，座椅前部上、下调节，后部上、下调节，座椅前、后调节。

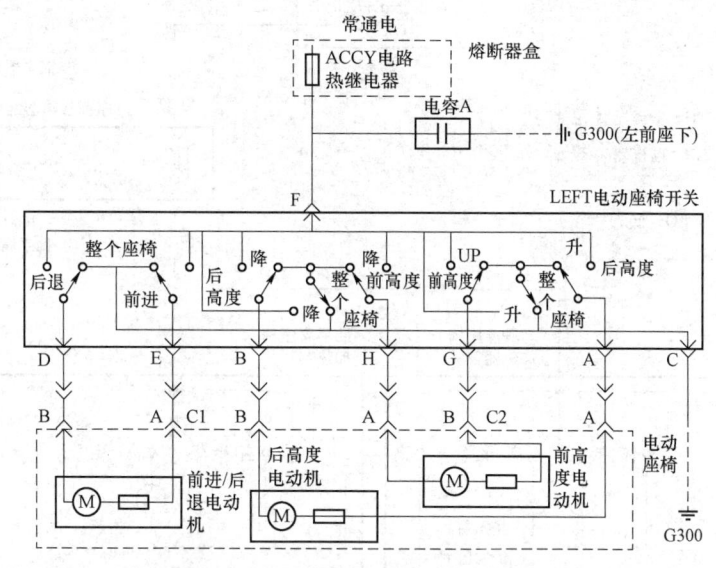

图 8-41 别克轿车电动座椅控制电路

1）向前调节

将电动座椅开关拨到"前进"位置时，电路中的电流路径为：蓄电池"+"→熔丝（发动机盖下熔丝/继电器盒）→电动座椅开关端子 F→前后调节开关"前进位"→电动座椅开关端子 E→前进/后退电动机→电动座椅开关端子 D→电动座椅开关端子 C→搭铁→蓄电池"-"。前进/后退电动机工作，座椅向前移动。

2）向后调节

将电动座椅开关拨到"后退"位置时，电路中的电流为：蓄电池"+"→熔丝（发动机盖下熔丝/继电器盒）→电动座椅开关端子 F→前后调节开关"后退位"→电动座椅开关端子 D→前进/后退电动机→电动座椅开关端子 E→电动座椅开关端子 C→搭铁→蓄电池"-"。前进/后退电动机工作，座椅向后移动。

2. 电动座椅加热电路分析

现在一些轿车为了能较好地适应不同地区的地理气候条件，提高车内乘员乘车的舒适性，在销往寒冷地区的一些轿车上装备了座椅加热器。

广州本田雅阁轿车就装备了座椅加热器，其控制电路如图 8-42 所示。

8.5.4 电动座椅常见故障的排除

电动座椅常见故障有以下几种。

1. 座椅完全不能调节

故障原因：熔丝断路、线路断路、座椅开关有故障等。

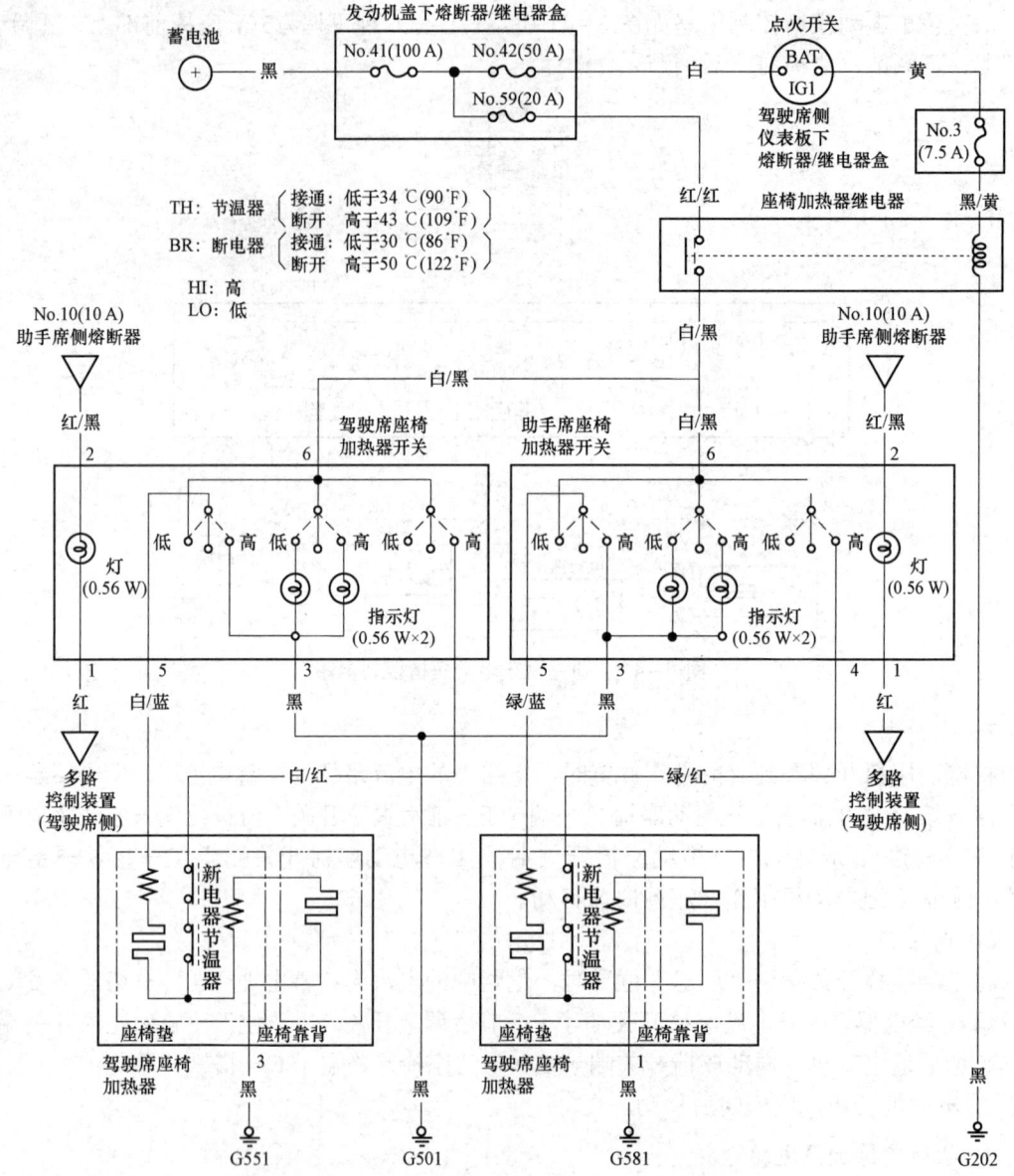

图 8-42　广州本田雅阁轿车电动座椅加热器电路

排除方法：可以首先检查熔丝是否断路，若熔丝良好，则应检查线路连接是否正常，最后检查开关。对于有存储功能的电动座椅系统，还要检查电控单元的电源电路和搭铁线是否正常，若开关、线路等都正常，应检查电控单元。

2. 座椅某个方向不能调节

故障原因：负责该方向的电动机损坏，开关、连接导线断路。

排除方法：先检查线路是否正常，再检查开关和电动机。

项目8 汽车辅助电气设备的检修

任务实施

1. 电动座椅调节开关的检测

（1）拆下图8-43所示位置的螺钉，拨出电动座椅调节开关钮，然后从驾驶席座椅处拆下电动座椅调节开关罩。

（2）拆开图8-43所示的电动座椅调节开关的两个6芯插头（图8-44），再拆下该开关的2个固定螺钉，然后从开关罩上拆下电动座椅调节开关。

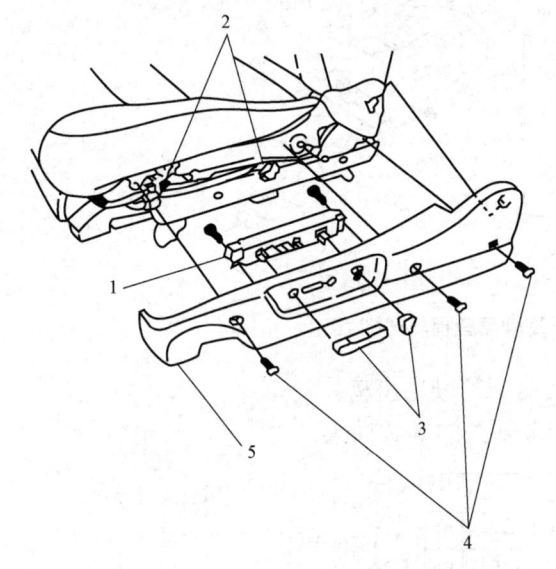

图8-43 拆下电动座椅调节开关罩

1—调节开关；2—6芯插头；3—开关钮；4—螺钉；5—开关罩

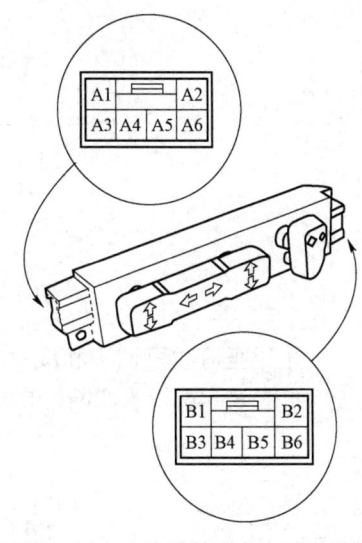

图8-44 电动座椅调节开关6芯插头

（3）当调节开关处于各调节位置时，两6芯插头各端子之间的导通情况应符合表8-2所列的要求。

表8-2 电动座椅调节开关的导通性检测

开关位置		导通端子
前后（滑移）调节开关	向前	A1、B5端子；A5、B6端子
	向后	A1、B6端子；A5、B5端子
倾斜调节开关	向前	B2、B3端子；B1、B4端子
	向后	B2、B4端子；B1、B3端子
前端上下调节开关	向上	A3、B6端子；A4、B5端子
	向下	A4、B6端子；A3、B5端子
后端上下调节开关	向上	A2、B2端子；A6、B1端子
	向下	A6、B2端子；A2、B1端子

2. 电动座椅调节电动机的检测

（1）如图 8-45 所示，拆下驾驶席座椅轨道端盖，再拆下驾驶席座椅的固定螺栓（4 个）。

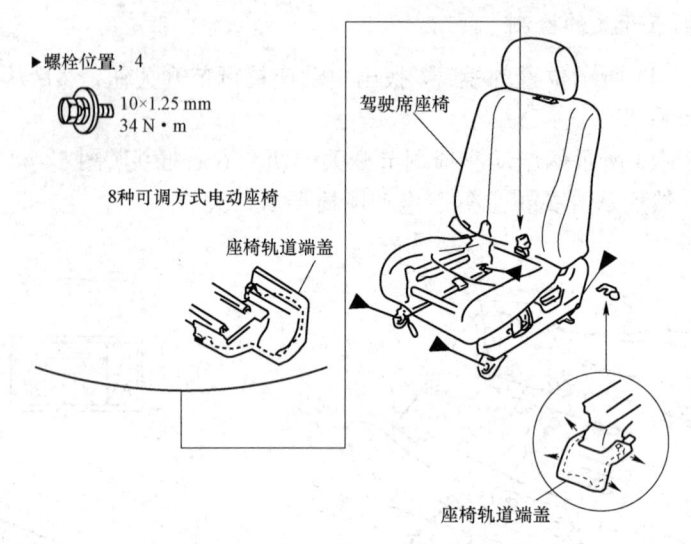

图 8-45　拆下驾驶席座椅轨道端盖

（2）拆开座椅线束插头和线束夹，然后拆下驾驶席座椅。

（3）如图 8-46 所示，断开电动座椅调节开关的 6 芯插头。

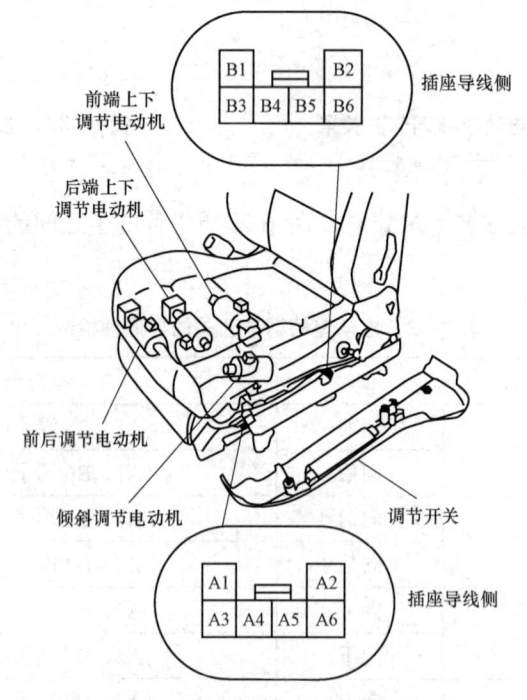

图 8-46　电动座椅调节开关 6 芯插头

（4）按照表8-2所列，将两个6芯插头的某两端子分别接蓄电池的正、负极，检查各调节电动机的工作情况是否符合表8-3所列的要求。特别提醒：当电动机停止运转时，立即断开端子与蓄电池电源的连接。

表8-3 电动座椅调节电动机工作情况的检测

开关位置		端子（＋）	端子（−）
前后（滑移）调节电动机	向前	A5	A1
	向后	A1	A5
倾斜调节电动机	向前	B3	B4
	向后	B4	B3
前端上下调节电动机	向上	A3	A4
	向下	A4	A3
后端上下调节电动机	向上	A2	A6
	向下	A6	A2

如果某调节电动机不运转或运转不平稳，则检查6芯插头与盖调节电动机2芯插头之间的电动座椅线束是否断路。如果线束正常，则应更换电动座椅调节电动机。

课 后 思 考

一、判断题

1. 每个电动后视镜都有一个独立控制开关，开关杆无法使两个电动机同时工作。
（　　）
2. 汽车后挡风玻璃除霜电热丝应采用常火线供电。（　　）
3. 电动后视镜主要由电源、镜片、控制开关、熔丝、直流电动机等组成。（　　）
4. 刮水器开关置于间歇位时，刮水电动机以慢速工作模式间歇刮水。（　　）
5. 为了不影响驾驶员的视线，要求刮水器能自动复位，即不论在什么时候关闭刮水器开关，刮水片都能自动停在风窗玻璃的下部。（　　）
6. 车窗开关分为主开关和分开关两种，主开关由驾驶员操纵，分开关由乘客操纵。一般在主开关上还有锁止开关，锁止后，分开关不起作用。（　　）
7. 速腾轿车车窗玻璃不仅有遥控升降功能，还有防夹功能。（　　）
8. 驾驶员可以用主开关控制所有座椅的位置和角度。（　　）
9. 电动座椅是通过改变电动机中电流的方向来改变电动机的转动方向实现调节的。
（　　）
10. 直流电动机式中央门锁是利用电动机的正反转来实现开门与锁门的。（　　）

二、选择题

1. 中央门锁直流电动机执行机构动作，都是通过改变（　　）方向转换其运动方向。
   A. 电流　　　　　B. 电压　　　　　C. 电阻　　　　　D. 电源的大小

2. 改变永磁式电动刮水器转速是通过（　　）实现的。
   A. 改变电动机端电压　　　　　　　B. 改变通过电枢电流
   C. 改变正负电刷间串联的有效线圈数　D. 改变电枢绕组的电阻

3. 对于电动窗工作时开关各脚的电位，下面说法正确的是（　　）。
   A. 有的 5 V，有的 0 V，有的在 0～5 V
   B. 有的 12 V，有的 0 V，有的在 0～12 V
   C. 要么 12 V，要么 0 V
   D. 要么 5 V，要么 0 V

4. 对于中央控制门锁系统来说，下列说法哪个是错误的？（　　）
   A. 电控门锁一般采用双向直流电动机
   B. 一般是每个车门都设有一个继电器
   C. 控制电路一般都是采用门锁继电器

5. 汽车装备中央门锁后不能实现的功能是（　　）。
   A. 开锁门　　　　B. 防盗　　　　C. 报警

6. 广义的防盗系统应包括中控门锁、（　　）和报警系统。
   A. 防盗传感器　　B. 发动机控制单元　C. 执行元件

三、简答题

1. 电动刮水器的结构组成有哪些？
2. 风窗玻璃清洗装置由哪些部分组成？
3. 刮水系统和风窗洗涤系统常见故障有哪些？
4. 简述桑塔纳 2000 型轿车电动后视镜的诊断步骤？
5. 电动车窗主要由哪些部件组成？
6. 电动座椅主要由哪些部分组成？电动座椅一般能够实现哪几个方向的调节功能？

项目 9　汽车空调的检修

学习目标

1. 掌握汽车空调的作用、组成。
2. 掌握汽车空调系统的工作原理。
3. 了解制冷压缩机、蒸发器、节流阀和储液干燥器的结构和工作原理。
4. 熟悉汽车空调供暖、配气系统的结构、功用、基本原理。
5. 掌握汽车空调通风和空气净化装置的结构、功用、基本原理。
6. 掌握汽车空调的检修方法。
7. 能够检修汽车空调的各部件。
8. 能够对制冷系统进行检漏。
9. 能够加注汽车空调制冷剂。

任务引入

某客户抱怨他所驾驶的宝来汽车在使用空调过程中出现制冷效果差、车内温度较高、长时间温度降不下来的故障，他要求排除故障，修好此汽车。

要完成这个工作任务，我们首先需要知道汽车空调结构、组成及工作原理，还要知道汽车空调制冷系统典型故障的诊断及维修方法等。

任务 9.1　汽车空调系统概述

相关知识

9.1.1　汽车空调的功用

汽车空调的功用是对车内的空气进行调节，使之在温度、湿度、流速和洁净度上能满足人体舒适的需要，并预防或去除玻璃上的雾、霜和冰雪，从而为乘客和驾驶员创造新鲜舒适的车内环境，保障乘员身体健康和行车

汽车空调的功用及组成

安全。衡量汽车空调的主要指标有温度、湿度、流速和洁净度等。

9.1.2 汽车空调系统的组成

汽车空调系统主要由以下几部分组成,如图 9-1 所示。

(1) 制冷装置:对车内空气或由外部进入车内的新鲜空气进行冷却或除湿,使车内空气变得凉爽舒适。

(2) 暖风装置:主要用于取暖,对车内空气或由外部进入车内的新鲜空气进行加热,达到取暖、除湿的目的。

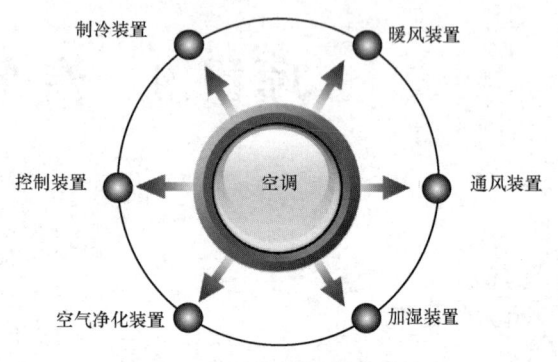

图 9-1 汽车空调系统的组成

(3) 通风装置:将外部新鲜空气吸进车内起通风和换气作用,同时通风对防止风窗玻璃起雾也起着良好作用。

(4) 加湿装置:在空气湿度较低时,对车内空气加湿,以提高车内空气的相对湿度。

(5) 空气净化装置:用以过滤空气及对空气进行消毒处理。

目前汽车的空调系统根据车辆配置的不同所具备的装置也有所不同,在一般的轿车和客货车上,通常只有制冷装置、暖风装置和通风装置,在高级轿车和高级大客车上,才有加湿装置和空气净化装置。

9.1.3 汽车空调制冷系统

1. 汽车空调制冷系统工作原理

汽车空调制冷系统由压缩机、冷凝器、储液干燥器(集液器)、膨胀阀(膨胀管)、蒸发器和鼓风机等组成。各部件之间采用铜管(或铝管)和高压橡胶管连接成一个密闭系统,制冷系统工作时,制冷剂以不同的状态在这个密闭系统内循环流动,每个循环有四个基本过程:

汽车空调制冷系统工作原理

1) 压缩过程

压缩机吸入蒸发器出口处的低温低压的制冷剂气体,把它压缩成高温高压气体排出压缩机。

2) 放热过程

高温高压的过热制冷剂气体进入冷凝器,由于压力及温度的降低,制冷剂气体冷凝成液体,并放出大量的热量。

3) 节流膨胀过程

温度和压力较高的制冷剂液体通过膨胀装置后体积变大,压力和温度急剧下降,以雾状(细小液滴)排出膨胀装置。

4) 蒸发制冷过程

雾状制冷剂液体进入蒸发器,制冷剂沸点远低于蒸发器内温度,故制冷剂液体蒸发成气体。在蒸发过程中大量吸收周围的热量，而后低温低压的制冷剂蒸气又进入压缩机。

上述过程（见图9-2）周而复始地进行下去，便可达到降低蒸发器周围空气温度的目的。

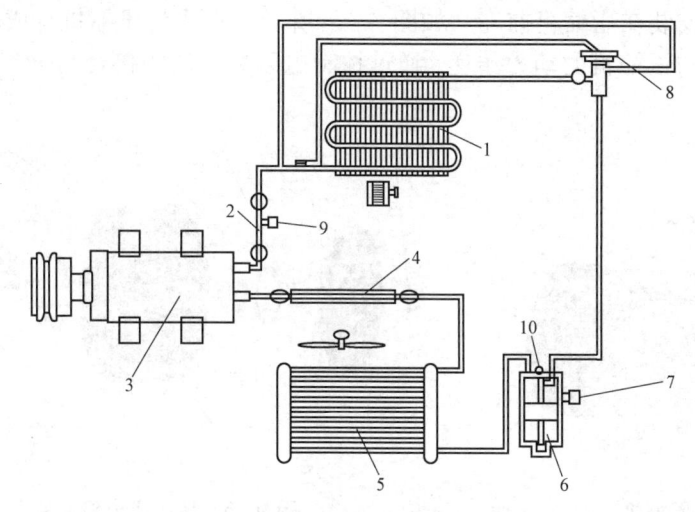

图9-2 汽车空调制冷系统工作原理
1—蒸发器；2—低压软管；3—压缩机；4—高压软管；5—冷凝器；6—储液干燥器；
7—高压阀；8—膨胀阀；9—低压阀；10—压力开关

2. 汽车空调制冷系统主要部件

汽车空调一般主要由压缩机、冷凝器、蒸发器、膨胀阀、储液干燥器、管道、冷凝风扇等组成。图9-3所示为桑塔纳2000型轿车的空调制冷系统。

汽车空调制冷系统主要部件

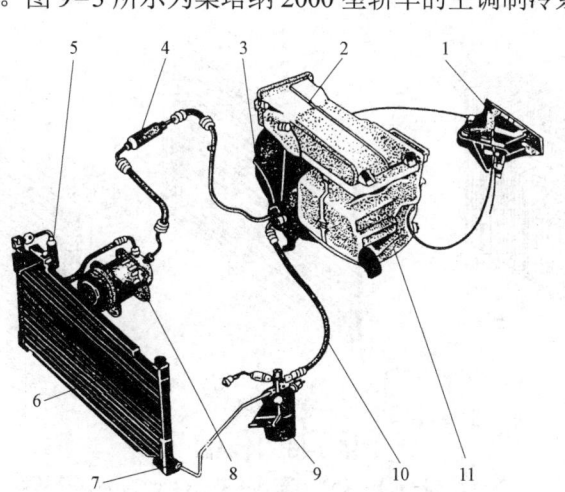

图9-3 桑塔纳2000型轿车空调制冷系统
1—控制面板；2—进气罩；3—蒸发箱；4—S管；5—D管；6—冷凝器；7—C管；
8—空调压缩机；9—储液干燥管；10—L管；11—加热器

1）压缩机

压缩机（见图9-4）是制冷系统中将低温低压的气体压缩成高温高压的气体的转换装

置，是推动制冷剂在制冷系统中不断循环的动力。

2）电磁离合器

电磁离合器安装在压缩机前端，如图9-5所示，它成为压缩机总成的一部分，其作用是控制发动机与压缩机的动力传递。通过控制电磁离合器的接合与分离，就可接通与断开压缩机。

图9-4 压缩机

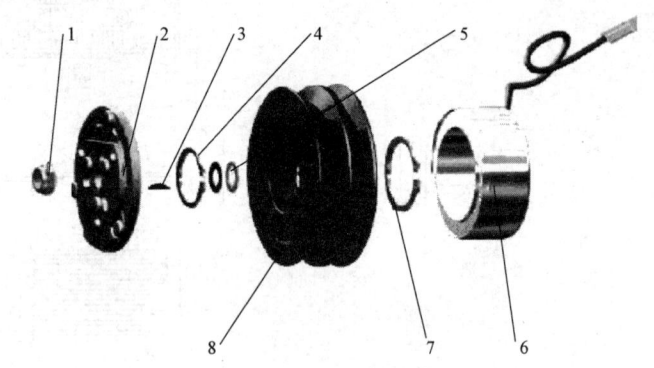

图9-5 压缩机电磁离合器
1—螺母；2—吸盘；3—键；4，7—扣环；5—填隙片；6—磁场线圈；8—带轮

3）冷凝器

冷凝器是一个热交换器，其作用是将压缩机送来的高温、高压气态制冷剂进行冷却，使其冷凝为液态高压制冷剂。

汽车空调系统冷凝器的结构形式主要有管片式、管带式和平流式三种。其结构如图9-6所示。

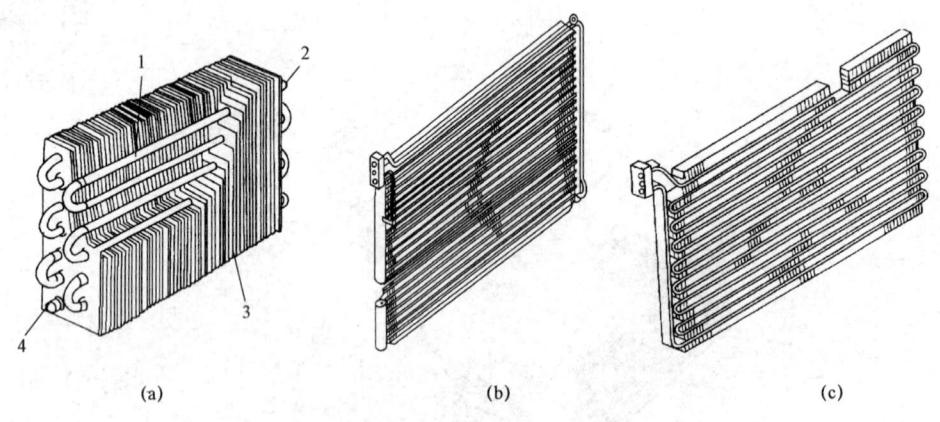

图9-6 冷凝器
(a) 管片式冷凝器；(b) 管带式冷凝器；(c) 平流式冷凝器
1—圆管；2—进口；3—翅片；4—出口

4）蒸发器

蒸发器也是一个热交换器，其作用是将经过节流降压后的液态制冷剂在蒸发器内汽化，吸收蒸发器表面周围空气的热量而降温，风机再将冷风吹到车室内，达到降温的目的。蒸发器安装在驾驶室仪表台的后面，在蒸发器的下方还有接水盘和排水管。

汽车空调蒸发器有管片式、管带式、层叠式三种结构。其结构如图9-7、图9-8所示。

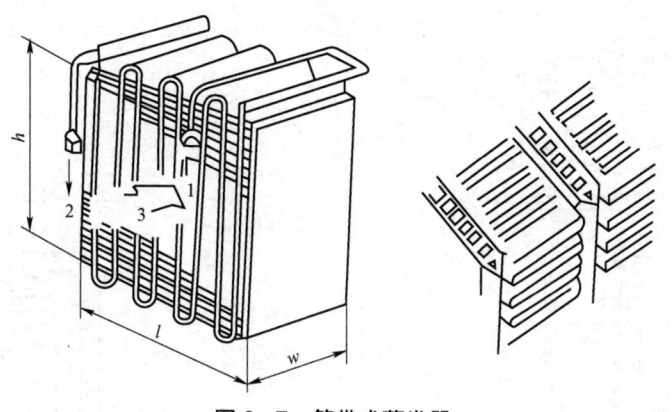

图9-7 管带式蒸发器

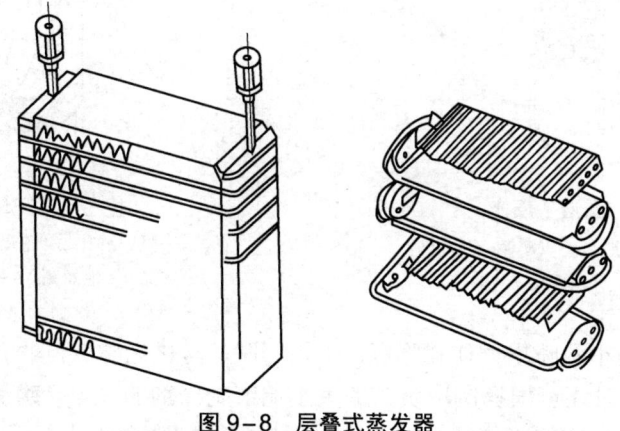

图9-8 层叠式蒸发器

5）储液干燥器和集液器

（1）储液干燥器，如图9-9所示。

用于膨胀阀式的制冷系统，串联在冷凝器与膨胀阀之间的管路上，使从冷凝器中出来的高压制冷剂液体经过滤、干燥后流向膨胀阀。在制冷系统中，它起到储液、干燥和过滤液态制冷剂的作用。

为了保证系统安全工作，目前使用的储液干燥器上都安装了高、低压保护开关。

（2）集液器，如图9-10所示。

集液器用于膨胀管式的制冷系统，集液器和储液干燥器类似，但它装在系统的低压侧压缩机入口处。

集液器的主要功能是防止液态制冷剂液击压缩机。因为压缩机是容积式泵，设计上不允许压缩液体，集液器也用于储存过多的液态制冷剂，内含干燥剂，起储液干燥器的作用。

集液器中干燥剂的组成和特性与储液干燥器内的完全一样。

6）膨胀阀和膨胀管

（1）膨胀阀。

膨胀阀也称节流阀，安装在蒸发器的入口处，其作用是将储液干燥器的高温、高压的液

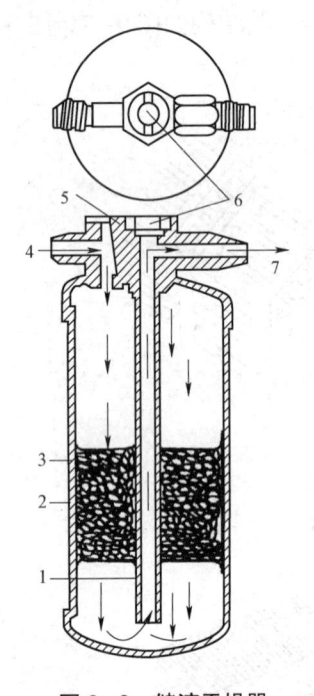

图 9-9　储液干燥器

1—引出管；2—干燥剂；3—过滤器；4—进口；
5—易熔塞；6—视液镜；7—出口

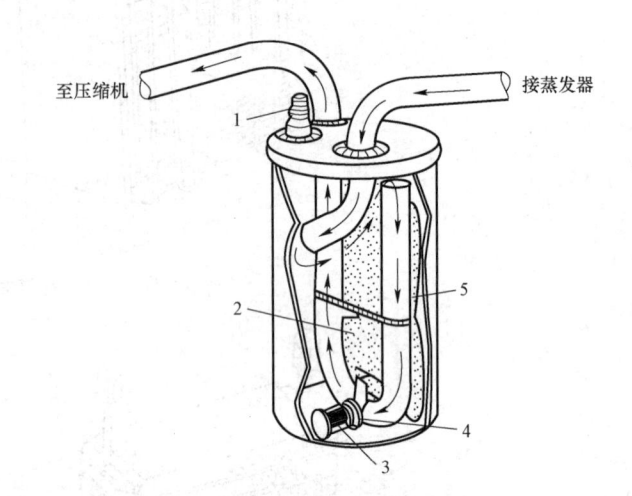

图 9-10　集液器

1—测试孔口；2—干燥剂；3—滤网；
4—泄油孔；5—出气管

态制冷剂从膨胀阀的小孔喷出，使其降压，体积膨胀，转化为雾状制冷剂，在蒸发器中吸热变为气态制冷剂，同时还可根据制冷负荷的大小调节制冷剂的流量，确保蒸发器出口处的制冷剂全部转化为气体，它的工作特性好坏直接影响整个制冷系统能否正常工作。

膨胀阀的结构形式有外平衡式膨胀阀（见图 9-11）、内平衡式膨胀阀（见图 9-12）和 H 形膨胀阀（见图 9-13）三种。

H 形膨胀阀具有结构简单、工作可靠的特点，在汽车上的应用越来越多。

图 9-11　外平衡式膨胀阀

图 9-12　内平衡式膨胀阀

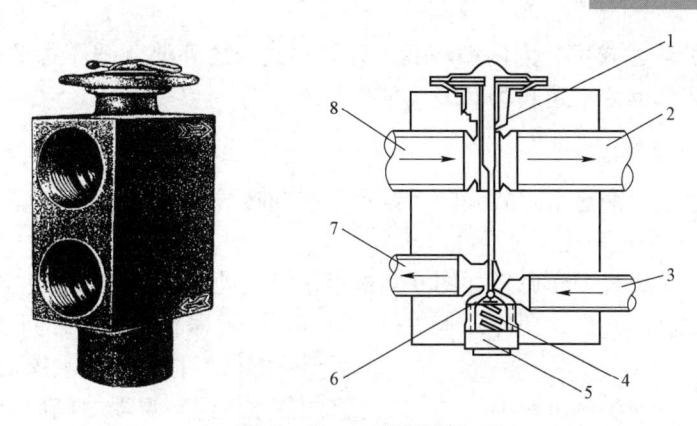

图 9-13 H 形膨胀阀

1—感温器；2—至压缩机；3—自储液干燥器来；4—弹簧；5—调整弹簧；
6—球阀；7—至蒸发器进口；8—自蒸发器来

（2）膨胀管。

节流膨胀管的结构如图 9-14 所示。膨胀管是用于许多轿车制冷系统的一种固定孔口的节流装置，有人称之为孔管，与膨胀阀的作用基本相同，只是将调节制冷剂流量的功能取消了。它是一根细铜管，装在一根塑料套管内，塑料套管外环形槽内装有密封圈，膨胀管的节流孔径是固定的，入口和出口都有滤网，以防堵塞，直接安装在冷凝器出口和蒸发器进口之间。膨胀管不能维修，坏了只能更换。由于节流管没有运动部件，因此它具有结构简单、成本低、可靠性高、节能等优点。

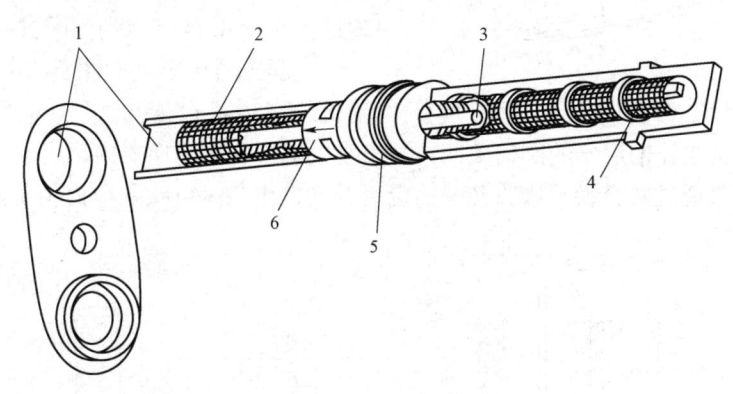

图 9-14 膨胀管

1—到蒸发器；2—制冷剂原子滤网；3—定直径孔管；4—灰尘滤网；5—O 形密封圈，将高压与低压侧隔开；6—制冷剂流向

9.1.4 汽车空调采暖系统

汽车空调采暖系统可将车内空气或送入车内的外部新鲜空气加热，以提高车内空气温度。采暖系统吹出热风可以对风窗玻璃进行除霜、除雾。

1. 采暖系统的类型

按采暖系统所使用的热源不同，汽车空调采暖系统可分为发动机余热式和独立热源式采暖系统；按空气循环方式可分为内循环式、外循环式和内外混合循环式采暖系统；按照载热体可分水暖式和气暖式采暖系统。

2. 余热式采暖系统

余热式采暖系统有余热水暖式采暖系统和余热气暖式采暖系统。

1）余热水暖式采暖系统

余热水暖式采暖系统工作原理如图9-15所示。发动机冷却水温度达到80℃时，冷却系统中的节温器主阀门开启，使冷却水进行大循环。节温器和加热器之间装有一个热水阀，需要采暖时，打开此热水阀。从发动机水套出来的热水流经节温器主阀门后，一部分流到供暖系统的加热器，另一部分流到散热器散热。进入加热器内的热水向加热器周围空气传热，在鼓风机作用下，车内或外部新鲜空气经过加热器后，冷空气变成了热空气，热空气经通风管道的不同出风口被送入车内。从加热器流出的冷却水，由水泵吸入发动机的水套内，完成一次供暖循环。

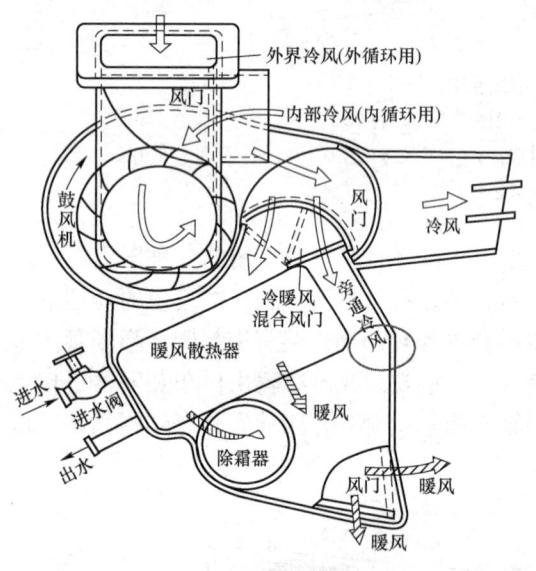

图9-15 余热水暖式采暖系统工作原理

2）余热气暖式采暖系统

利用发动机排气管中的废气余热作为热源，通过热交换器加热空气，把加热后的空气输送到车内供暖，称为气暖式暖风装置。

气暖式暖风装置如图9-16所示。它是在发动机的排气管上安装一个热交换器用于加热空气的。工作时，将通往消声器的阀门关闭，汽车废气就进入热交换器内，用于加热热交换器外的冷空气。冷空气通过热交换器吸收热量后温度升高，由鼓风机吹入车内用于供暖和除霜。

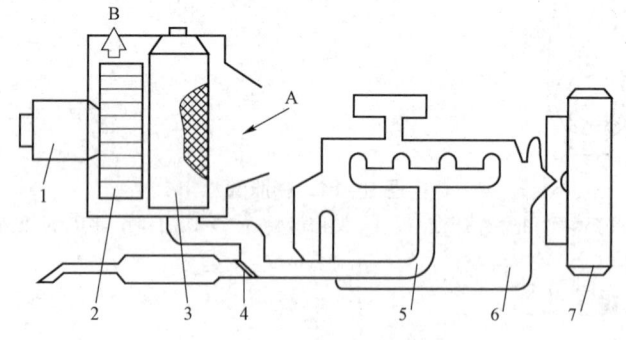

图9-16 气暖式暖风装置
1—鼓风机电动机；2—暖风鼓风机；3—热交换器；4—废气阀门；5—发动机排气管；6—发动机；7—发动机散热器；A—新鲜空气；B—暖风

3. 独立燃烧式采暖系统

独立燃烧式采暖系统分直接式和间接式。直接式指的是把燃料燃烧产生的热量在热交换器中直接传递给空气,然后用风机将热空气送入车室内;间接式是先用燃料燃烧的热量把水加热,再利用水与空气热交换向车室内提供暖气。独立燃烧式采暖系统如图9-17所示。

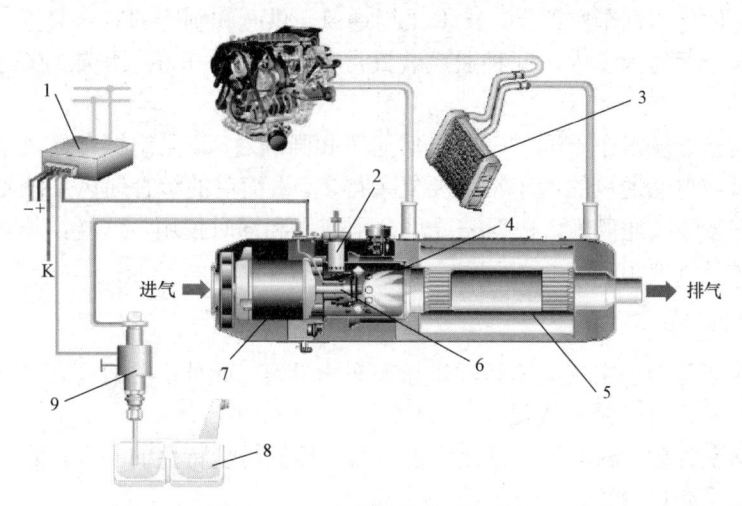

图9-17 独立燃烧式采暖系统

1—电控单元;2—点火器;3—热交换器;4—燃烧室;5—燃烧器热交换器;6—雾化器;7—电动机;8—油箱;9—油泵

9.1.5 汽车空调通风系统、净化系统与配气系统

1. 通风系统

将新鲜空气送进车内,取代污浊空气的过程,称为通风。

通风系统功能是尽量提高车内空气的含氧量,降低二氧化碳、灰尘、烟气等有害物质的浓度,为车内乘员提供健康和舒适的环境。

汽车空调通风系统净化系统与配气系统

汽车空调的通风方式一般有自然通风、强制通风和综合通风三种。

1)自然通风

自然通风也称动压通风。利用车辆运动所产生的空气压力,使外部空气进入车内的装置称为自然通风装置。车辆行驶时,气流与车身接触部位不同,将产生不同的压力。进气口安装在产生正压力的部位,排气口安装在产生负压力的部位,就会形成无须动力推进的空气流动。自然通风时,车内空气的流动如图9-18所示。由于自然通风不消耗动力,且结构简单,通风效果也较好,因此,轿车大都设有自然通风口。

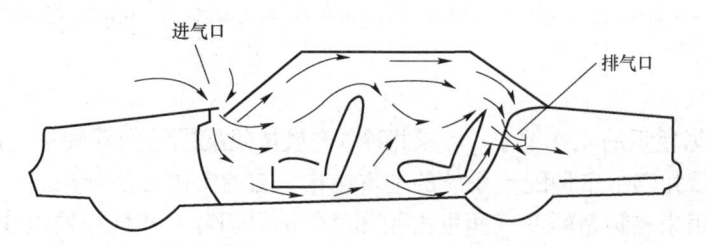

图9-18 汽车空调风的循环

2）强制通风

强制通风利用鼓风机强制将车外空气送入车内进行通风换气。这种方式需要能源和通风设备，在冷暖一体化的汽车空调上，大多采用通风、供暖和制冷的联合装置，将车外空气与空调冷暖空气混合后送入车内，此种通风装置常见于高级轿车和豪华旅行车上。

3）综合通风

综合通风是指一辆汽车上同时采用自然通风和强制通风。采用综合通风系统的汽车比单独采用强制通风或自然通风的汽车结构要复杂得多。最简单的综合通风系统是在自然通风的车身基础上，安装强制通风扇，根据需要可分别使用和同时使用。这样，基本上能满足各种气候条件的通风换气要求。

2. 空气净化系统

空气净化主要是除去空气中的悬浮尘埃及车内烟雾。此外，在某些高级豪华轿车空调中还设有除臭和空气负离子发生装置。

汽车在公路上行驶，悬浮粉尘是最大的污染。根据粉尘特性的不同，除尘净化可采取过滤除尘和静电除尘两种形式。

1）过滤除尘

主要采用由无纺布、过滤纤维等组成的干式纤维过滤器对空气进行除尘。对于较大的尘埃，由于其惯性作用，来不及随气流转弯而碰在纤维孔壁上；对于微小颗粒，在围绕纵横交错的纤维表面运动时，与纤维摩擦产生静电作用，被纤维吸附在其表面。

2）静电除尘

静电除尘是指利用高压电极产生高压电场，对空气进行电离，使尘粒带电，然后在电场作用下产生定向运动，沉降在正负电极上，从而实现对空气的除尘。

集尘部上积灰达到一定量时，可进行清洗、除尘或更换。

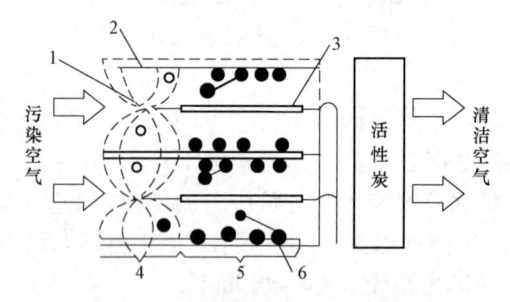

图9-19 静电净化器工作原理

1—放电线；2—正电极（接地电极）；3—负电极；4—电离部；5—集尘部；6—粉尘

3. 配气系统

配气系统根据空调的工作要求，可以将冷、暖风按照配置送到驾驶室内，满足调节需要。

图9-20所示为汽车空调配气系统的基本结构。它通常由三部分构成：第一部分为空气进口段，主要由用来控制新鲜空气和室内循环空气的风门叶片和伺服器组成；第二部分为空气混合段，主要由加热器和蒸发器组成，用来提供所需温度的空气；第三部分为空气分配段，

使空气吹向面部、脚部和挡风玻璃上。

汽车空调配气系统的工作过程：新鲜空气＋车内循环空气→进入风机→空气进入蒸发器冷却→由风门调节进入加热器的空气→进入各吹风口。通风还可起到调节车内温度的作用。

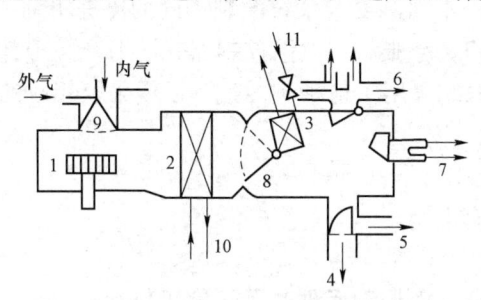

图 9-20　汽车空调配气系统的基本结构
1—鼓风机；2—蒸发器；3—加热器；4—脚部吹风口；5—面部吹风口；6—除霜风口；7—侧吹风口；
8—加热器旁通风门；9—空气进口风门叶片；10—制冷系统进液出气管；11—水阀调节进出水管

任务 9.2　汽车空调的故障诊断及检修

相关知识

9.2.1　汽车空调系统的使用及检查

1. 汽车空调的正确使用

正确使用空调对其性能及寿命、发动机的工作稳定及功耗、乘员的舒适性都有很大影响。
（1）为保证取暖和通风正常工作，挡风玻璃前的进风口应避免被障碍物遮盖。
（2）空调的设计使用温度应在环境温度 4 ℃以上，故使用时的环境温度应高于 4 ℃。在使用前应检查系统中制冷剂的量是否合适，是否存在泄漏部位，冷凝器冷却风扇能否正常工作，如发现问题，要在修复后方可使用。
（3）使用空调时必须保持系统的清洁，特别是需经常清除冷凝器和蒸发器散热片中的灰尘，以保持良好的热交换效果。
（4）当车辆在太阳下停放时间过长，车厢内温度很高时，应首先打开车门、车窗，开启空调驱散热气，然后关闭门、窗，以提高空调制冷效果。
（5）空调系统应在发动机冷却水温度正常时使用，如发动机因大负荷工作引起水温过高，需暂停使用空调，直至水温正常再重新开启。
（6）应避免在停车时，或在怠速、高温下长时间使用空调，以免空调系统因系统温度和压力过高而损坏。
（7）在不使用空调的季节，每周也需使空调工作 5～10 min，以便润滑空调系统，防止压缩机等部件内部生锈，保持其良好的技术状态。

2. 汽车空调常规检查

由于不同制冷剂的特性不同，要求系统配制不同的冷冻机油、干燥剂、橡胶密封材料、连接软管以及不同的压缩机、膨胀阀、恒温控制器、压力开关等部件，因此，对空调系统进行维护时，首先要确认该系统采用了何种制冷剂，以便采取相应的措施和材料，这一点非常重要。

1）空调系统常规检查（指不打开制冷系统）

（1）检查制冷剂是否有泄漏。

（2）检查制冷量是否正常。

（3）检查电路是否接通，各控制元件是否正常工作。

（4）检查冷凝器是否有明显污垢、杂物，是否通畅。

（5）检查压缩机传动带张力是否正常。

（6）检查软管及连接处是否牢固。

（7）检查系统运行时是否有异响和气味。

2）检查方法

检查方法主要有：用手感觉各部分温度是否正常，用肉眼检查表面情况及泄漏部位，用耳听和鼻嗅检查是否有异常响声和气味，通过储液干燥器上的窥视玻璃判断系统的工作状况。

（1）用手检查温度。

在正常情况下，低压管路呈低温状态，高压管路呈高温状态。从压缩机出口→冷凝器→储液干燥器→膨胀阀进口处是制冷系统的高压区，这些部件应该先暖后烫（注意手摸时不要被烫伤），如有特别热的部位（如冷凝器表面），则说明此部位有问题，散热不好。如有特别凉的部位（如膨胀阀入口处），也说明此部位有问题，可能有堵塞。储液器进出口之间若有明显温差，则说明此处有堵塞或者制冷剂量不正常。从膨胀阀出口→蒸发器→压缩机进口处是低压区，这些部位表面应该由凉到冷，但膨胀阀处不能发生霜冻现象。

（2）用肉眼检查泄漏情况。

制冷剂的泄漏有可能出现在所有连接部位、冷凝器表面及蒸发器表面被损坏处、膨胀阀进出口连接处、压缩机轴封、前后盖密封垫等处。上述部位一旦出现油渍，则说明此处有制冷剂泄漏（但压缩机前轴封处漏油可能是轴承漏油），应尽快采取措施修理。

（3）干燥器窥视玻璃判断工况。

从窥视玻璃判断工况要在发动机运转、空调工作时进行。若从窥视玻璃中看到的工作情况是：

① 清晰、无气泡，但出风口是冷的，说明制冷量适当，制冷系统正常；出风口不冷，说明制冷剂漏光了；出风口不够冷，而且关掉压缩机 1 min 后仍有气泡慢慢流动，或在关压缩机的一瞬间就清晰无气泡、无流动，说明制冷剂太多。

② 偶尔出现气泡，若有膨胀阀结霜现象，说明系统中有水分；若无膨胀阀结霜现象，可能是制冷剂缺少或有空气。

③ 有气泡、泡沫不断流过，说明制冷剂不足。如果气泡很多，则可能有空气。

④ 有长串油纹，偶尔带有成块机油条纹，出风口不冷，说明几乎没有制冷剂。有泡沫较混浊，说明冷冻油太多或干燥剂散了。

3. 汽车空调检修基本注意事项

（1）在打开制冷系统时，必须戴手套及防护眼镜，以免制冷剂冻伤皮肤。一旦皮肤上溅到制冷剂，要立即用大量冷水清洗，千万不可用手搓。

（2）制冷剂的排放应远离工作场所，并保持工作场所通风良好，以免造成窒息危险。制冷剂不要靠近火焰，以免产生对人体有害的物质。

（3）制冷系统打开后，一定要及时加盖或包扎密封，防止空气的潮气或杂质进入。

（4）更换制冷部件后，要先为系统补充冷冻机油（注意不同品牌的冷冻机油不能混用），然后再加注制冷剂。

（5）拧紧或拧松螺纹接头时，必须同时使用两把扳手。

（6）为防止电路短路，应拆下与蓄电池负极相连的电线。

（7）安装空调时注意不要夹住电线，电线连接必须可靠、固定牢靠，并且不应与尖锐物体接触，电线要远离热源 50 mm 以上，离开燃油管 100 mm 以上。

9.2.2 汽车空调系统部件检修

1. 压缩机的检修

1）电磁离合器检查

（1）外观检查。检查离合器轴承润滑油是否渗漏，压力盘或转子上是否有润滑油痕迹，若有则按要求进行修理或更换。

压缩机的检修

（2）检查离合器轴承噪声。起动发动机，接通 A/C 开关，检查压缩机是否有异常噪声，若有应检修或更换电磁离合器。

（3）检查电磁离合器。从电磁离合器上拔下导线侧连接器，将蓄电池正极接至电磁离合器连接器上，负极接车身，检查电磁离合器是否吸合，如未吸合则应修理或更换电磁离合器。

2）电磁离合器间隙检查

（1）用百分表检查。如图 9-21 所示，将百分表装到电磁离合器的压力盘上，将电磁离合器接线接到蓄电池正极上，蓄电池负极接至压缩机壳体时，检查压力盘和转子间的间隙。

（2）用塞尺检查。如图 9-22 所示，用塞尺检查压力盘和转子间的间隙。各种车型压缩机电磁离合器的标准间隙参阅"检修资料"中的有关内容。如果间隙不在规定范围内，则可用改变垫片数量的方法加以调整。

3）压缩机检查

（1）接上歧管压力表，使发动机以 2 000 r/min 左右的转速工作。

（2）压缩机工作时，检查是否有金属撞击声，若有应更换压缩机总成。

（3）检查空调系统压力，高压表读数应不低于正常值，低压表读数应不高于正常值。

（4）检查压缩机轴的油封部分是否有制冷剂渗漏，若有则更换油封或更换压缩机总成。

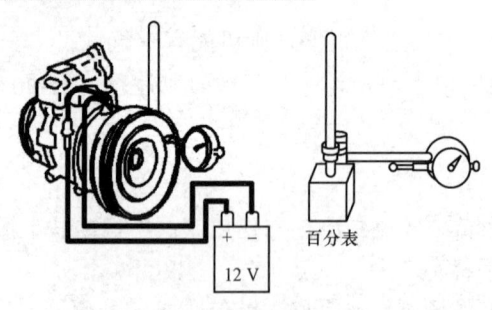

图 9-21 用百分表检查电磁离合器间隙

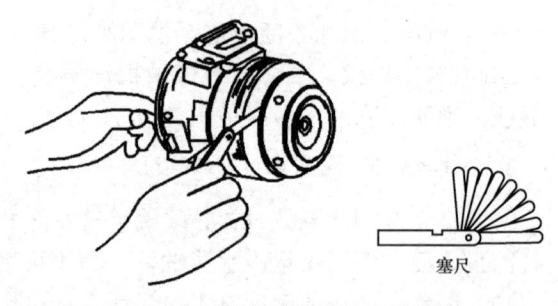

图 9-22 用塞尺检查电磁离合器间隙

4)压缩机气体渗漏试验

如图 9-23 所示,装上检测辅助阀,通过充填阀向压缩机充入制冷剂直至压力达到 0.294 MPa 为止,用气体渗漏检测器检查压缩机是否有渗漏现象,如有渗漏应检修轴封或更换压缩机。

2. 制冷剂管道检查

(1)检查管子和软管的连接是否松动,若松动应拧紧至规定力矩。

(2)检查管子和软管是否有渗漏现象,若有应查明原因并按要求修理。

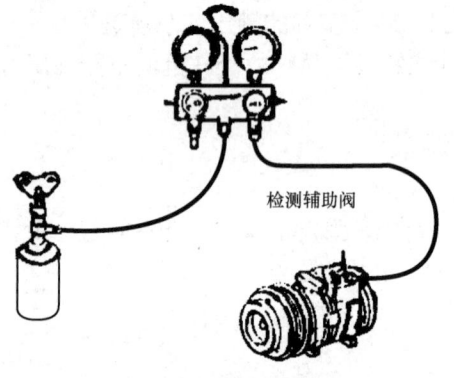

图 9-23 压缩机气体渗漏试验

3. 冷凝器检查

(1)检查冷凝器散热片是否阻塞或损坏,如果散热片有污垢,则可用水进行清洗,并用压缩空气吹干。如果散热片已弯曲,则可用螺丝刀或钳子校直,但应小心不要损伤散热片。

(2)用气体渗漏检测器检查冷凝器接头是否渗漏,如有渗漏,应检查各接头的拧紧力矩是否达到规定值。

4. 蒸发器检查

(1)检查蒸发器的散热片是否被阻塞,如果散热片被阻塞,则可用压缩空气吹干净,但绝对不可用水清洗蒸发器。

(2)检查接头是否有裂缝和划痕,如有则按需要进行修理。

5. 膨胀阀检查

(1)检查空调系统中制冷剂的数量。

(2)安装歧管压力表,起动发动机,使之在 2 000 r/min 运转至少 5 min,然后检查高压表读数,应为 1.275~1.400 MPa。

(3)检查膨胀阀,如果膨胀阀有故障,低压表读数会降至 0,同时,储液干燥器的进出管口无温差。

6. 其他部件检查

(1)检查加热器散热片是否被阻塞,如有阻塞可用压缩空气清洁。

（2）用气体渗漏检测器检查储液干燥器各接头是否渗漏，如有渗漏检查各接头是否达到规定的拧紧力矩。

9.2.3 空调系统常见故障的检查与排除

1. 汽车空调系统故障诊断方法

1）听

听包括两方面的含义，一是听取驾驶员对故障原因的说明，二是监听设备有无不正常噪声。但当接通空调开关，压缩机刚开始工作时，发动机声音稍微大些是正常的。

2）看

主要是指查看各部件的表面情况，如观察仪表盘上的压力、水温、油压等性能指示灯是否正常，此外还应重点查看以下部位：

（1）检查压缩机安装是否牢固，压缩机驱动皮带是否有歪斜、破损等情况，同时要求压缩机皮带松紧度合适（可用两个手指压皮带中间部位，能压下 7~10 mm 为宜）。

（2）检查冷凝器表面是否脏污、变形，与水箱之间是否有杂物。

（3）检查蒸发器和空气过滤网是否干净和通风良好。

（4）检查制冷系统管路、接头及组件表面有无油迹（如有油迹，一般是制冷剂出现渗漏），制冷管路是否有擦伤或变形等。

（5）查看制冷剂的数量和工作状态。

3）摸

主要指用手触摸零件的温度，来判断空调系统工作正常与否。开启空调开关，使压缩机运转 15~20 min 之后，进行如下操作：

（1）利用手感比较车箱冷气栅格吹出的冷风凉度及风量大小。

（2）用手触摸压缩机的进、排气管的温度，两者应有明显的温差。

（3）利用手感比较冷凝器的进管和出管两者温度。后者温度低于前者为正常，若两者温度相差不大，甚至相同，说明冷凝器有故障。

（4）用手触摸干燥过滤器前后管道的温度，两者温度一致为正常，否则说明干燥过滤器存在堵塞现象。

（5）膨胀阀前面的管道与出口应有很大的温差，否则说明膨胀阀出现故障。

4）测

主要指借助压力表对系统的高、低侧进行压力的测量，对于自动空调还可以利用自诊断对制冷系统进行测试，来确定故障部位、原因。

2. 空调系统泄漏检查

汽车空调制冷系统常用的几种检漏方法如下。

1）检查油迹

如果制冷剂泄漏，就会带出一些冷冻油，所以系统中有油迹的地方一般都是泄漏的迹象。

空调系统泄漏检查

2）肥皂水检漏

肥皂水检漏是一种简便有效的方法：若零件、管路表面有油迹，要事先擦净，然后把肥皂液涂在受检处，若检查接头处，要整圈均匀涂上。仔细全面地观察，若有气泡或鼓泡，则可判为有泄漏。在制冷系统低压侧检漏，必须关机；在高压侧检漏时，可关机，也可不关机检查。关键是肥皂水的浓度要掌握好，太稀、太浓都不行。这种方法比较经济、实用，适用于暴露在外表，人眼能看得到的部位及周围有制冷剂气体的场合；但精度较差，不能检查微漏和压缩机、蒸发器、冷凝器等不便涂抹肥皂液和不便观察的部位。

3）着色法

（1）用棉球蘸制冷剂专用着色剂检测，当这种着色剂遇到制冷剂时，就会变成红色，据此可以判定泄漏点。

（2）目前有些制冷剂溶有着色剂，使用这类制冷剂时，系统一旦有泄漏，便在泄漏点显示鲜艳的着色剂，可以据此方便地检测出泄漏部位。

4）使用电子检测仪检漏

使用电子检漏设备时，应该注意以下几点：

（1）将检漏仪电源接上，一般需要预热十分钟左右。

（2）大部分电子检漏仪有校核挡，在使用前应该确认校验正确，并使指示灯和警铃工作正常。

（3）将仪器调到所要求的灵敏度范围。

（4）检测时，将探头放到被检测的全方位，防止漏检。

（5）一旦查出泄漏部位，探头应立即离开，以免缩短仪器寿命。

5）压力检漏

加压试漏时，首先应正确连接歧管压力计，如图9-24所示。高压软管接在排气管道上（高压侧），低压软管接在吸气管道上（低压侧）。将软管连接在压缩机的高、低压检修阀上，打开高、低压检修阀，向系统中充入干燥氮气，其压力一般应为1.5MPa左右。当系统达到规定压力后，用检漏设备进行检漏，泄漏大的地方有微小声音，检漏必须仔细，并反复检查3~5次，发现渗漏处应作出记号并及时加以修复，然后再去检漏其他接头处，直至渗漏彻底排除。修漏完毕，应试漏，让系统保压24~48 h，若压力不降低，则检漏合格，若压力有显著降低，必须重新进行检漏，直到找出泄漏处并加以消除为止。

6）真空检漏

应用真空泵进行，真空度应达到0.1 MPa，保

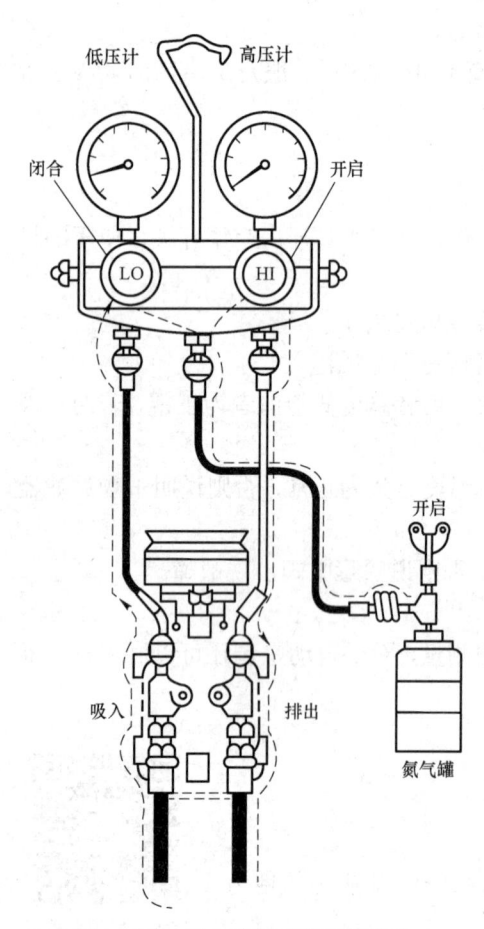

图9-24 压力检漏系统连接方式

持 24 h 内真空度没有明显变化即可。抽真空的目的有三个，一是抽出系统中残留的氮气；二是检查系统有无渗漏；三是使系统干燥。只有在系统抽真空后才能加注制冷剂。

7) 检漏工作注意事项

（1）必须检查每一个接头的整个圆周。

（2）探头要靠近被检查点，离检测点约 3 mm。

（3）探头移动的速度要慢，不能高于 3 cm/s。

（4）因为制冷剂比空气重，所以要从部件（总成）顶部开始检漏，然后沿着部件或管路的底部移动。出于同样原因，在下部测出的泄漏，泄漏点不一定在下部。

（5）如发现制冷剂大量渗漏时，应进行通风处理，防止引起窒息事故发生。

3. 空调系统常见故障

空调系统常见故障主要有制冷系统不制冷，无冷气和冷气不足，其原因排除方法如表 9-1 所示。引起这些故障的原因除了空调原因外，还有可能是车辆本身的原因造成空调系统产生故障。

表 9-1 空调系统常见故障与排除

故障	故障原因	故障现象	故障排除
无冷气	传动带挠度大于 10～15 mm；压缩机不能启动；低压侧压力高，高压侧低	空调压缩机 V 形带松动打滑或断裂熔丝熔断	检查、调整或更换
		继电器损坏、电器元件接触不良、调温器及温度感应元件失灵、空调压缩机损坏	检查、调整或更换
		内部有泄漏，制冷剂管路、系统有泄漏，蒸发器鼓风机不工作	修理或更换
冷气不足	高低压侧压力均低；高低压侧压力均高；高低压侧压力均高，窥视镜中见到气泡；蒸发器大量结霜，出风量不足；高低压侧压力均高，低压侧管路结冰或大量结霜	制冷剂不足	找出泄漏处，补充制冷剂
		制冷剂过多	放掉多余制冷剂
		冷凝器有故障	清洁冷凝器，重新充注制冷剂
		系统中有空气	更换干燥剂，抽真空，重新充注制冷剂
		蒸发器鼓风机不转或转速不够	检查鼓风机开关、电阻器，或更换鼓风机
		散热器变形	清除污垢，校正变形
		膨胀阀开度过大	调整膨胀阀过热度，检查或更换感温元件
输出冷气时有时无	出风口有时有冷气；出风口有时无冷气，吹出自然风	系统电路接触不良	检查测量，排除故障
		离合器打滑或磨损严重	清洗油渍，更换磨损零件
		主继电器、风扇继电器有故障	检修更换继电器
		系统内含水过多	排空、抽真空、充注

续表

故障	故障原因	故障现象	故障排除
输出冷气时有时无	低压侧压力有时低；高压侧压力有时高	风扇调速器故障	检修、更换调速器
		电动机故障	检修、更换电动机
		恒温器或放大器有故障	更换恒温器或放大器
		恒温器故障	重新调整或者更换
		膨胀阀失灵	更换膨胀阀
		蒸发器压力控制器故障	调整或者更换

任务实施

1. 空调系统泄漏测试

1）抽真空测试空调系统的泄漏

（1）从系统中回收所有剩余的制冷剂。

（2）将歧管压力的高低压管接入到被测量车辆的空调系统的高低压管路中，红色的接高压管，蓝色的接低压管。

（3）将中央维修软管（黄色的管子）接到真空泵上，将真空泵连接上电源。

（4）把高低压表组的阀门都打开，使真空泵工作，抽真空至系统真空度低于−90 kPa（相对压强）。

（5）关闭两个手动阀门，停止抽真空，并保持真空度至少 15 min，检查压力表示值变化。如果真空没变化，说明空调系统无泄漏；如果压力未回升，则空调系统有泄漏。

2）使用电子泄漏测试仪检测系统的泄漏

确保系统内有足够的制冷剂来产生正常的压力（至少 345 kPa）。对于空的系统，补充加注制冷剂为总加注量的 7%～10%，直到使系统工作产生正常的压力。

注意：在通风干燥的空间进行泄漏测试，如果这个空间已被制冷剂污染，用风扇把过度的制冷剂吹走。在寻找泄漏时关闭发动机，用干布把油污清洁干净，残余的溶剂可能会干扰泄漏测试仪器。

如图 9-25 所示，检查确保泄漏探测器 TIFXP-1A 气体泄漏测试仪的探测头和过滤器是干净的。

打开 TIFXP-1A 气体泄漏测试仪，并进行调整和校准，使用灵敏度选择键选择合适的灵敏度，灵敏度分为 7 个等级，等级越高 LED 灯亮的格数越多。声音的大小可反映出泄漏的大小和强弱（浓度）。

图 9-25 TIFXP-1A 气体泄漏测试仪

测试时从一个方便的位置开始检测，按连续路径进行，以确保不会漏掉任何可能的泄漏。把气体泄漏测试仪的探针放在被检查部位的下面，沿管路移动探针，每隔 6 mm 左右做一个停顿，确保泄漏探测仪的探针不接触被检查的部位。在检查特殊位置时，用手将探针静止 5 s。

为防止虚假报警，应清洗并保持所有表面干燥，否则液体会损坏检测仪。检测系统所有部位是否有泄漏。

3）使用荧光泄漏检测仪检测系统的泄漏

使用荧光泄漏检测仪检测系统的泄漏，图9-26所示为16380荧光测漏仪。应确保车辆空调制冷系统中至少有0.45 kg的制冷剂。

（1）注意事项。

① R-134a泄漏检测染料需要一定时间才起作用。根据泄漏速度的不同，在15 min～7天的时间范围内，可能无法察觉泄漏。

② 请勿向空调系统加注过量染料，仅注入7.39 mL。

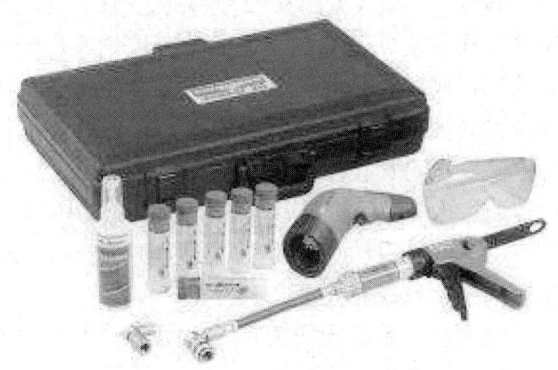

图9-26　16380荧光测漏仪

③ 为避免出现误诊断，用抹布和准许的荧光染料清除剂从检修端口彻底清除残留染料。如果制冷剂不够，重新加注空调系统。

（2）检测步骤。

① 在染料注射器内加入正确量的荧光染料。把手力注射器连接到维修口（空调低压检修口）上，操作注射器注入正确的量后断开注射器。荧光染料有助于查明空调系统中的泄漏部位。

② 起动发动机，让空调系统运行几分钟使荧光染料充分循环，然后关闭系统和发动机。

③ 在寻找发光荧光剂时，要在系统上照耀高强度的紫外线，使痕迹更容易显现出来，在紫外线照射下，制冷剂的泄漏表现为黄绿色的光，带上黄色的护目镜会提高泄漏的可见度，使它更容易被发现。

注意：紫外线对人眼有害，平时不要直视紫外线灯光，特殊的黄色护目镜会保护眼睛免受紫外线的伤害。

④ 沿着系统管路寻找可能的泄漏部位。在以下部位使用泄漏检测灯：

a. 所有使用密封垫圈或O形圈的接头或连接。

b. 所有空调零部件。

c. 空调压缩机轴密封处。

d. 高低压检修端口。

e. 暖风、通风与空调系统排水管（怀疑蒸发器芯有泄漏时）。

⑤ 在你需要检查的接头或管的后面或压缩机下面较近的位置放一个镜子，以便你可以反射紫外线并检查这些隐藏的区域。

（3）检测结束后的清理步骤。

① 断开相关仪器的电源线。

② 用湿布清理仪器的外表面，不要使用溶剂或水直接清理仪器。

③ 清理工作现场，归还工具、设备，做好维修车间的5S管理。

2. 歧管压力计进行的制冷剂加注

1）歧管压力计

歧管压力计（见图9-27）用胶皮软管与汽车空调系统连接，在胶皮软管末端接头上带有顶销，用于顶开压缩机上的气门阀。它是汽车空调系统维修中必备的工具，用于制冷系统抽真空、制冷剂的注入和排放、添加润滑油及制冷系统故障诊断和维修等。

歧管压力计使用过程如下：

（1）低压手动阀开启，高压手动阀关闭，此时可以从低压侧向制冷系统充注气态制冷剂。

（2）低压手动阀关闭，高压手动阀开启，此时可使系统放空，排出制冷剂，也可以从高压侧向制冷系统充注液态制冷剂。

（3）两个手动阀均关闭，可用于检测高压侧和低压侧的压力。

（4）两个手动阀均开启，内部通道全部相通。如果接上真空泵，就可以对系统抽真空。

2）制冷剂注入阀

制冷剂注入阀（见图9-28）的使用方法如下。

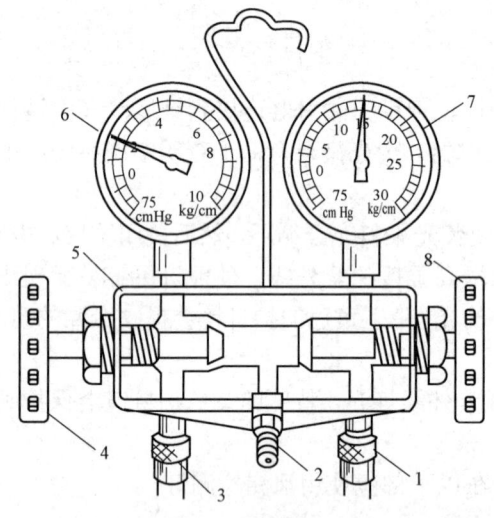

图9-27 歧管压力计

1—高压工作阀接口；2—加注、抽真空接口；
3—低压工作阀接口；4—低压手动阀；5—阀体
6—低压表；7—高压表；8—高压手动阀

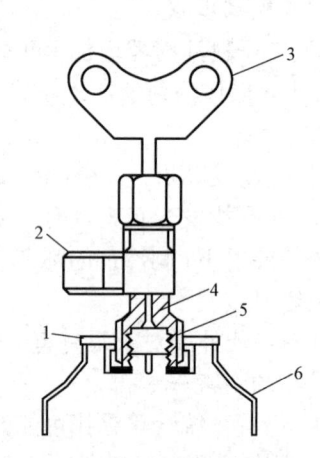

图9-28 制冷剂注入阀

1—板状螺母；2—软管接头；3—手柄；
4—阀针；5—衬垫；6—制冷剂罐

（1）逆时针方向旋转注入阀手柄，直至阀针升高到最高位置。

（2）将注入阀装到小型制冷罐上，逆时针方向旋转板状螺母（圆板）直到最高位置，然后将制冷剂注入阀顺时针拧动，直到注入阀嵌入制冷剂密封塞。

（3）将板状螺母顺时针旋到底，再将歧管压力计上的中间软管固定在注入阀接头上。

3）真空泵

真空泵（见图9-29）是汽车空调制冷系统安装、维修后抽真空不可缺少的设备，用以去除系统内的空气和水分等物质。常用的真空泵为用油密封的，有滑阀式和刮片式两种。

4）制冷剂排放

在拆卸空调系统中的任何零部件前，都必须先排出空调系统中的制冷剂。

(1) 将歧管压力表接至空调系统。先关闭歧管压力表上高压和低压侧手阀，将充填软管接至充填阀，低压软管接至低压充填阀，高压软管接至高压充填阀，并用手拧紧软管螺母。注意，不要对连接部位涂压缩机油。

(2) 将歧管压力表的中央软管自由端放在一块干净工作布上。

(3) 慢慢地打开高压侧手阀调节制冷剂流量，打开手阀时只能轻微而且缓慢，以防制冷剂排放太快，压缩机油从空调系统中流出。

(4) 检查干净工作布上是否有油，如果有应关小手阀。

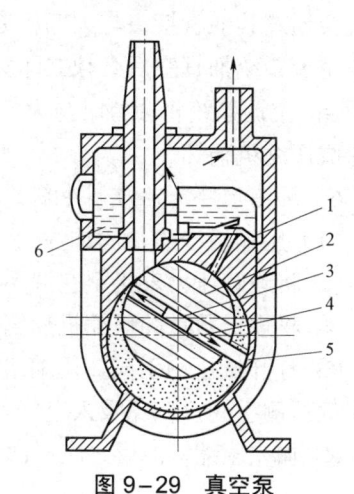

图 9-29 真空泵
1—排气阀；2—转子；3—弹簧；
4—旋片；5—定子；6—压缩机油

(5) 当高压表读数降到 343 kPa 时，慢慢地打开低压侧手阀。

(6) 随着空调系统压力下降，逐步将高压和低压侧手阀全开，直至两个表读数为 0 kPa。

5）抽真空

抽真空的目的是排除制冷系统内残留的空气和水分，同时也可进一步检查系统的密闭性，为向系统内充注制冷剂做好准备。

空调系统一经开放就必须抽真空，以清除可能进入空调系统的空气和水分。

(1) 将歧管压力表与空调系统相连（见图 9-30），将歧管压力表的中间软管接到真空泵进口。

(2) 打开高压和低压侧手阀并起动真空泵。如果打开低压手阀，高压表进入真空范围，说明系统中没有阻塞。

(3) 大约 10 min 后，检查低压表真空值，若大于 80 kPa，关闭高压和低压侧手阀并停止真空泵工作。5 min 后，检查低压表真空值有无变化，如有变化则应检查和修理渗漏处。如果没有渗漏，继续抽真空，直至低压表读数为 99.98 kPa。

(4) 关闭高压和低压侧手阀，停止真空泵工作，5 min 或更长时间后，检查低压表读数是否有变化，若无变化即可向空调系统充入制冷剂。

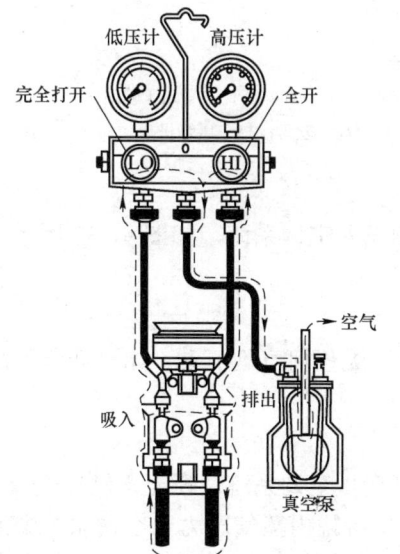

图 9-30 轿车抽真空连接

注意：抽真空时必须将高压和低压侧管接头与空调系统相连，如果只有一侧管接头与空调系统相连，空调系统会通过其他管接头与大气相通，使空调系统不能保持真空。

空调系统抽真空后必须立即关闭歧管压力表手阀，然后停止真空泵工作。如果这个顺序被颠倒，空调系统将会暂时与大气相通。不要用压缩机抽真空，因在真空状态下运转压缩机，会造成压缩机损坏。

6）压缩机冷冻油与制冷剂的加注

（1）压缩机冷冻油的加注。

① 将歧管压力表接至空调系统（见图9-31），将空调系统抽真空至92 kPa。

② 将规定数量的压缩机油倒入油杯中，并将歧管压力计的中间软管放入杯中。

③ 打开低压侧手阀，压缩机冷冻油从油杯中被吸入空调系统，油杯中油一干，应立即关闭低压侧手阀，以免吸入空气。

④ 加完压缩机油后，应再次对空调系统抽真空。

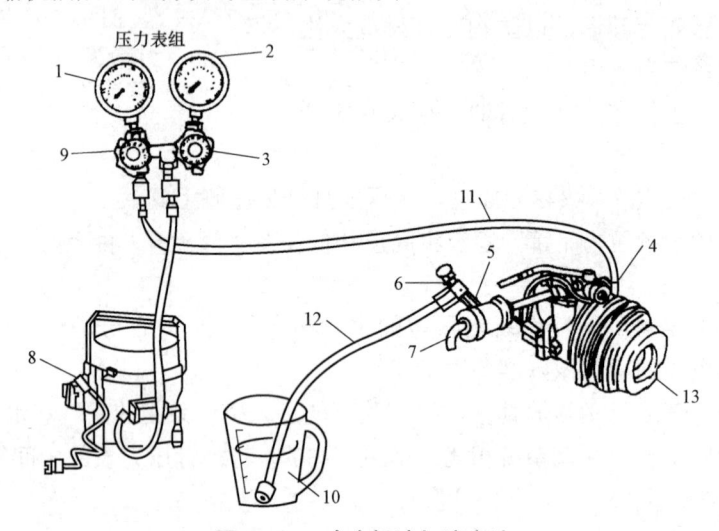

图9-31 冷冻机油加注方法

1—低压表；2—高压表；3—高压手阀；4—低压检修阀；5—高压检修阀；6—辅助阀门；7—高压管路；8—真空泵；9—低压手阀；10—冷冻机油；11—低压软管；12—高压软管；13—压缩机

（2）液态制冷剂的充入。

这种充入方法通常是把制冷剂以液态形式通过高压侧充入空调系统，如图9-32所示。

① 完全打开高压侧手阀，并保持制冷剂罐倒置。

② 制冷剂充入空调系统后，关闭高压手阀。

注意：空调系统中制冷剂数量足够时，干燥器液窗上应无任何气泡流动。如果低压表没有显示读数，空调系统一定被阻塞，必须进行修理。

（3）气态制冷剂的充入。

这种充入方法通常是把制冷剂以蒸气形式通过低压侧充入空调系统。在充入制冷剂时，可将制冷剂罐浸入热水（最高温度不大于40 ℃）中，以保持罐内蒸气压力比空调系统中的压力稍高，如图9-33所示。

① 制冷剂罐竖直向上放置时，打开低压侧手阀，调节手阀使低压表读数不超过412 kPa。

图 9-32　高压端充注法　　　　　　　图 9-33　低压端充注法

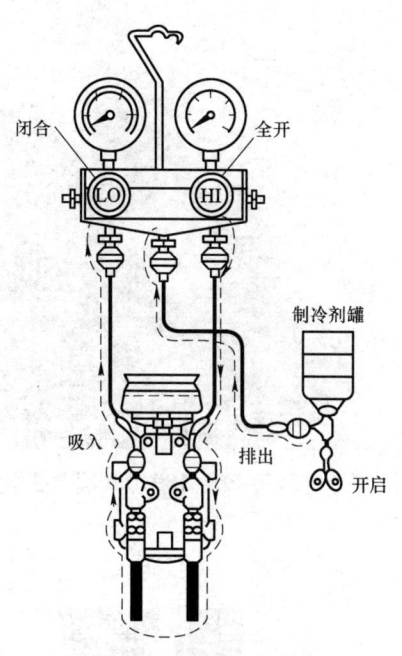

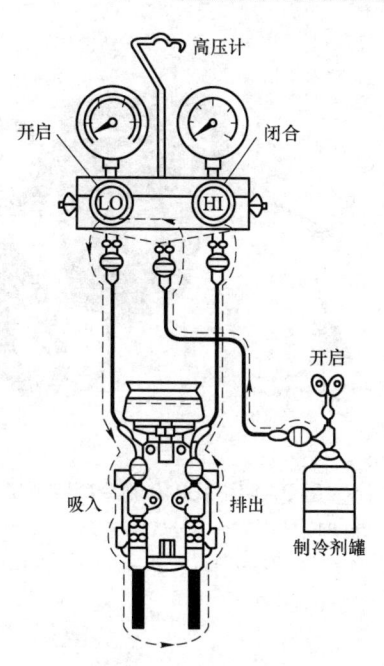

② 将发动机置于快怠速，并使空调系统运行。
③ 充入规定数量制冷剂后，关闭低压侧手阀。

知识拓展

空调系统制冷剂鉴别

1. 制冷剂鉴别仪的性能检查

如图 9-34 所示，使用 16910 制冷剂鉴别仪进行制冷剂纯度鉴定之前应检查制冷剂鉴别仪的性能：

（1）如图 9-35 所示，检查仪器外面的圆柱形容器中的白色过滤芯上是否有红点。任何红点的出现都说明过滤器需要更换以避免仪器失效。

（2）根据需要选择一根 R12 或 R134a 采样管。如图 9-36 所示，检查采样管是否有裂纹、磨损痕迹、脏堵或污染。绝对不可以使用任何有磨损的管子。把采样管安装到仪器的样品入口处。

（3）如图 9-37 所示，检查仪器头部的进空气口，再检查仪器中部边缘的样品出口，以确保它们没有堵塞，检查净化排放口，净化排放口在净化过程中排放制冷剂和空气的混合物。排空气口应洁净，无堵塞。

（4）检查空调系统或制冷剂罐上的样品出口处，确保出口处样品为气态，出口不允许有液态样品或油流出来。

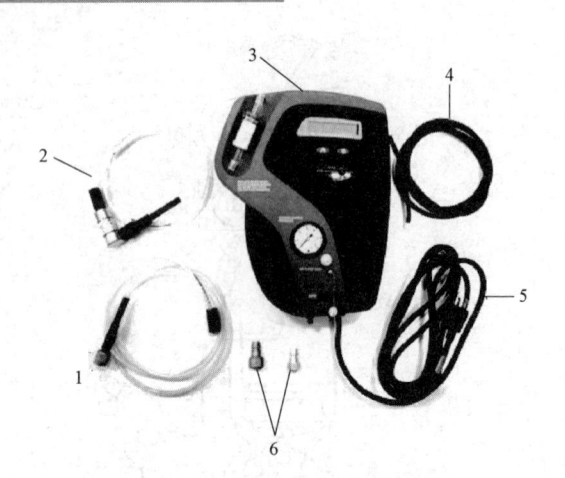

图 9-34　16910 制冷剂鉴别仪

1—R12 样品软管；2—R134a 样品软管；3—主机；
4—净化排放软管；5—电源线；6—适配接头

图 9-35　16910 制冷剂鉴别仪过滤芯

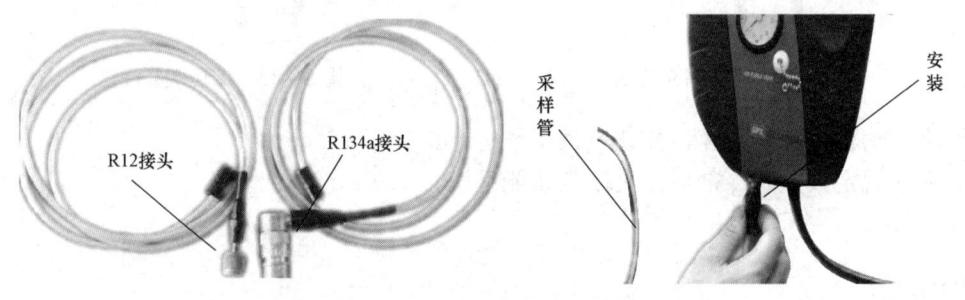

图 9-36　16910 制冷剂鉴别仪采样管安装

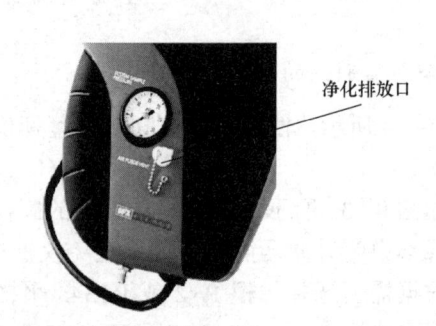

图 9-37　仪器头进空气口与样品出口

（5）将仪器的电源接头连接到 220 V 电源插座上。

2. 制冷剂的鉴别

1）制冷剂鉴别过程（见图 9-38）

（1）给仪器通电。

（2）让仪器预热 2 min。

制冷剂的鉴别 1　制冷剂的鉴别 2

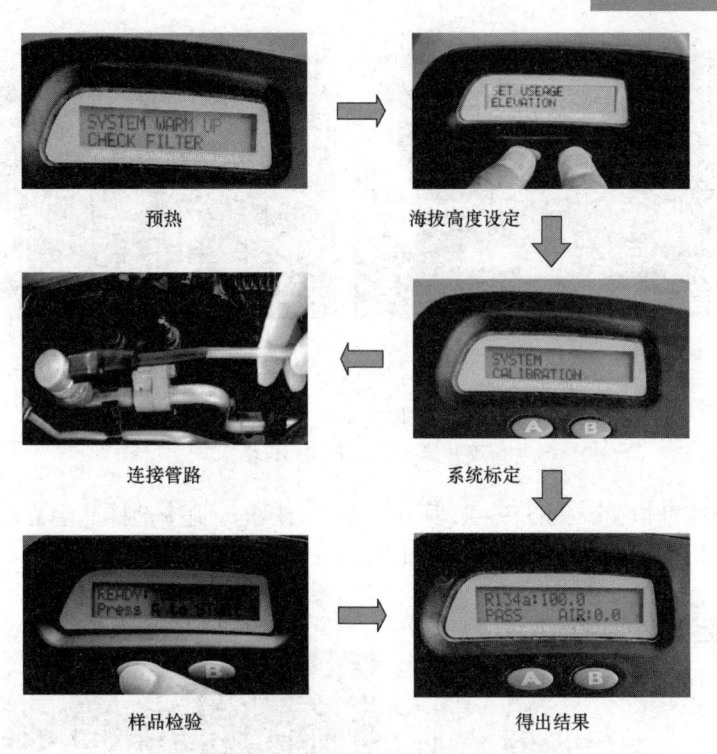

图 9-38　16910 制冷剂鉴别仪鉴别过程

（3）在预热过程中，将当地的海拔高度输入到仪器的内存中。仪器可以在海拔高度变化为 152 m（500 ft）的范围内自动调节，所以初次使用时必须输入当地的海拔高度。正常的气压变化不会影响仪器的运行。一般情况下只需输入一次海拔高度，只有当仪器在另一个海拔高度的地方使用时才需要重新输入海拔高度。如果没有输入海拔高度，仪器在预热过程中会显示"TO SET ELEVATION"。按照如下步骤设置海拔高度：在预热过程中，按住 B 按钮直到显示屏出现"USAGE ELEVATION, 400FEET"（这是仪器的出厂设置，相当于海拔 122 m）。使用 A 和 B 按钮（见图 9-38）来调节海拔高度的设置，直到显示的读数高于但最接近当地的海拔值。每按一下 A 按钮读数增加 100 ft（30 m），每按一下 B 按钮读数减少 100 ft（30 m）。海拔高度在 0～9 000 ft（0～2 730 m）之间都是可调的。当选择好正确的海拔高度后，不要再按 A 和 B 按钮，保持仪器处于待机状态约 20 s，设置会自动保存到仪器的内存中。

注意：错误的海拔高度输入将导致仪器的检测错误。为了完全校正，环境空气必须是清洁的，不含有制冷剂气体、碳氢和含有氧的化合物（一氧化碳或二氧化碳）。

（4）仪器将会通过进气口吸入环境空气约 1 min。环境空气是用于校正测试元件并排除残余的制冷剂气体的。

（5）如图 9-39 所示，根据仪器的提示把采样管的入口端接到车辆空调系统或制冷剂罐的出口上。

（6）调整压力。如图 9-40 所示，顺时针缓慢旋转旋钮，同时观察仪器的压力表，调节样品压力。

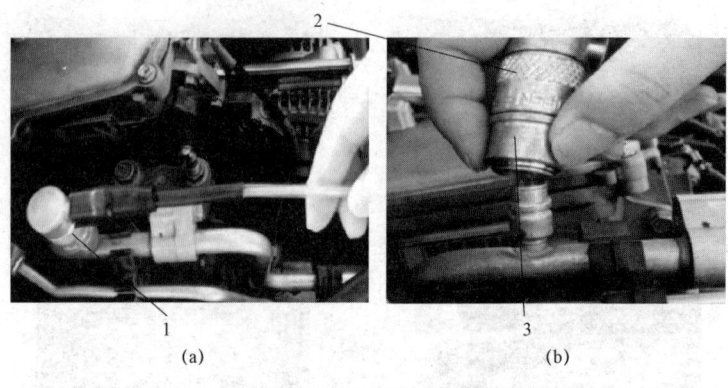

图 9-39　16910 制冷剂鉴别仪测试管路连接
1—低压阀；2—旋钮；3—快速接头

（7）进行制冷剂检验。如图 9-41 所示，按 A 按钮，制冷剂样品会立即开始流向仪器。仪器对样品的分析过程需要大约 1 min 的时间。

图 9-40　16910 制冷剂鉴别仪压力调节界面 　　图 9-41　16910 制冷剂鉴别仪开始测试界面

（8）当分析完成后，立即从车辆空调系统或从制冷剂罐上拆下采样管。

注意：仪器不配有自动切断开关，所以只要管路是连接的，制冷剂气体将不断地流出。为了避免制冷剂过多地流出，在分析过程中要注意观察仪器，并根据仪器的提示及时拆下采样管。

（9）如图 9-42 所示，分析的结果将在仪器的显示屏上以如下符号显示出来。

根据所检测制冷剂的情况，仪器将显示 R12、AIR、R134a、R22、HC 各自的含量，如果 R12 或 R134a 的含量超过 98%，则 "PASS" 在显示屏上出现，绿色的 "PASS" 灯也点亮；如果 R12 或 R134a 的含量低于 98%，则 "FAIL" 在显示屏上出现，红色的 "FAIL" 灯也点亮。

（10）分析结果将保留在仪器的显示屏上，直到使用者按下 A 按钮。按下 A 按钮后要根据显示屏的提示进行操作。分析结果说明：

PASS：制冷剂纯度达到 98% 或更高，通过检验，可以回收。

FAIL：R12 或 R134a 的混合物，任一种纯度达不到 98%，混合物太多。

FAIL CONTAMINATED：未知制冷剂，如 R22 或 HC 含量 4% 或更多，不能显示含量。

NO REFRIGERANT-CHK HOSE CONN：空气含量达到 90% 或更高，没有制冷剂。

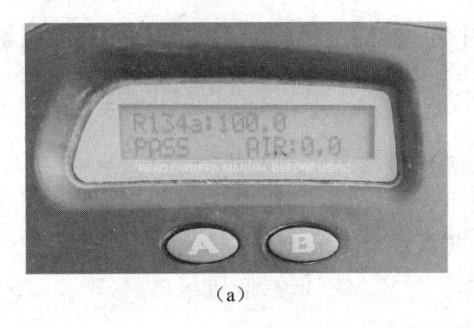

图 9-42　16910 制冷剂鉴别仪结果显示界面

(a) R134a 和 AIR 含量；(b) R12、R22 和 HC 含量

（11）第一个样品检测完毕。
（12）对另外两个样品进行检测，直接从步骤（5）开始操作。
（13）记录实训的测量数据。
（14）拆下仪器的电源线，进行操作结束后的清理工作。

2）操作结束后的清理步骤

（1）从仪器样品入口处拆下采样管。观察管子是否有磨损、裂纹、油堵或污染，并及时更换。擦净管子的外表面，将管子卷起放入盒子中。
（2）检查样品过滤器是否有红点出现。如果发现有任何红点，根据保养程序中的步骤更换样品过滤器。
（3）从仪器上拆下电源线，擦净，卷起收到存储盒中。
（4）用湿布清理仪器的外表面，不要使用溶剂或水直接清理仪器。将清理干净的仪器放入存储盒中。
（5）清理工作现场，归还工具、设备，做好车间的 5S 管理。

课 后 思 考

一、判断题

1. 冷冻油起润滑和密封作用。　　　　　　　　　　　　　　　　　　　　（　　）
2. 电磁离合器的作用是接通或切断发动机与压缩机之间的动力传递。　　　（　　）
3. 初次加注制冷剂之前必须检查泄漏，抽真空。　　　　　　　　　　　　（　　）
4. 制冷剂干燥的目的是防止水分在制冷系统中造成冰堵。　　　　　　　　（　　）
5. 汽车空调的冷凝器一般位于发动机冷却系散热器的前面，将热量向汽车外部释放。
　　　　　　　　　　　　　　　　　　　　　　　　　　　　　　　　　（　　）
6. 在更换自动空调的 ECU 后，不需要进行基本设定与匹配。　　　　　　（　　）
7. 自动空调系统的压力开关损坏后不影响制冷系统的正常工作。　　　　（　　）
8. 如果制冷剂中有空气，一般会造成汽车空调间歇制冷。　　　　　　　（　　）
9. 在汽车空调制冷循环的节流膨胀过程中，制冷剂由液态变为气态。　　（　　）

10. 间歇制冷故障是指汽车空调开始不制冷，然后过段时间后才制冷的故障现象。
（　　）

二、单选题

1. 在制冷循环系统中，被吸入压缩机的制冷剂呈（　　）状态。
A. 低压液体　　　　　　B. 高压液体　　　　　　C. 低压气体
2. 在制冷循环系统中，经膨胀阀送往蒸发器管道中的制冷剂呈（　　）状态。
A. 高温高压液体　　　　B. 低温低压液体　　　　C. 低温低压气体
3. 储液干燥器的作用是（　　）。
A. 储液作用　　　　　　B. 储液干燥作用　　　　C. 储液、干燥和过滤作用
4. 通过观察窗观察制冷剂时，表示制冷剂量正好的是（　　）。
A. 发动机转速变化时，一直有大量气泡
B. 发动机转速变化时，偶然有少量气泡
C. 发动机转速变化时，一直没有气泡
D. 发动机转速变化时，一直有少量气泡
5. 压缩机不运转，首先进行的内容应是（　　）。
A. 检查熔丝是否熔断、电气元件接触是否良好、继电器工作是否正常，若有损坏应该检修或更换
B. 检测环境温度和低温保护开关
C. 检查电磁离合器线圈是否断线，修理或更换电磁离合器线圈
D. 检查电磁离合器间隙是否过大，重新调整其间隙
6. 下列故障原因中，不能造成压缩机断续工作的是（　　）。
A. 电磁离合器打滑　　　　　　　B. 皮带打滑
C. 电磁离合器插接器接触不良　　D. 鼓风机电动机损坏
7. 不属于汽车自动空调传感器的是（　　）。
A. 阳光传感器　　　　　　　　　B. 转速传感器
C. 出风口温度传感器　　　　　　D. 水温传感器

三、简答题

1. 简述汽车空调系统的主要组成部分。
2. 简述汽车空调制冷系统的工作原理。
3. 写出用歧管压力计对汽车空调制冷系统抽真空的步骤。
4. 汽车空调常用的检漏方法有哪些？

项目10　汽车电路的识读与分析

学习目标

1. 了解汽车整车电路的组成。
2. 掌握电路图的种类。
3. 了解各车系电路原理。
4. 掌握汽车电路的接线规律和电路图的识读要点。
5. 能够针对典型车系汽车电路进行分析。

任务引入

一辆汽车发生事故后被撞，需要把线束和电气设备正确地连接，才能修复此汽车。要完成这个工作任务，我们应能掌握汽车电路中常用图形符号、标志的具体含义，能读懂汽车总电路图，能分析系统工作原理，能分析线路电流走向，掌握识读汽车电路图的能力，锻炼依据汽车电路图排除故障的技能。

相关知识

现代汽车电气设备越来越多，电路线路越来越复杂，汽车电气故障在报修车辆中占有相当大的比重，汽车电路图已成为汽车维修人员必备的技术资料。必须能够读懂汽车电路图，才有可能对汽车电气设备进行维修。

1. 汽车电气线路的基础元件

汽车电气线路的基础元件主要包括导线、熔丝、插接器、各种开关、继电器等，它们是汽车电路的基本组成部分。

1）导线

汽车电气线路的连接导线一般由铜质多丝软线外包绝缘层构成，有高压导线和低压导线两种。

（1）低压导线。

普通低压导线、起动电缆线、蓄电池搭铁电缆线。

① 导线截面积。

根据工作电流大小和机械强度选择。

为保证低压导线具有一定的承载能力和机械强度，汽车电气线路中导线的截面积不小于 0.5 mm²。各种低压导线标称截面积所允许的负载电流如表 10-1 所示。

表 10-1　各种低压导线标称截面积所允许的负载电流值

导线标称截面积/mm²	0.5	0.8	1.0	1.5	2.5	3.0	4.0	6.0	10	13
允许载流量/A			11	14	20	22	25	35	50	60

为了保证起动机正常工作，能输出足够的功率，要求在线路上每 100 A 电流所产生的电压降不超过 0.1～0.15 V，因此该导线截面积特别大，通常有 25 mm²、35 mm²、50 mm²、70 mm² 等几种规格。

搭铁电缆也是一种专用连接电缆，连接在蓄电池负极和车身金属或发动机机体之间，故又称为蓄电池搭铁线。蓄电池搭铁线一般采用铜丝编织成的扁形软导线。

汽车 12 V 电气系统主要线路导线截面积推荐值如表 10-2 所示。

表 10-2　汽车 12 V 电气系统主要线路导线截面积推荐值

电路名称	标称截面积/mm²
尾灯、指示灯、仪表灯、牌照灯、刮水器电动机、电子时钟	0.5
转向灯、制动灯、停车灯、分电器	0.8
前照灯的近光、电喇oA（3 A 以下）电路	1.0
前照灯的远光、电喇hA（3 A 以上）电路	1.5
其他 5 A 以上电路	1.5～4
柴油车电热塞电路	4～6
电源电路	4～25
起动电路	16～95

② 汽车导线的颜色代码。

为便于汽车电气系统的维修，汽车用低压导线一般以不同的颜色加以区分——单色线和双色线。目前，各国汽车生产厂商电路图多以英文字母表示导线颜色及条纹颜色，没有统一的标准。导线颜色如图 10-1 所示。

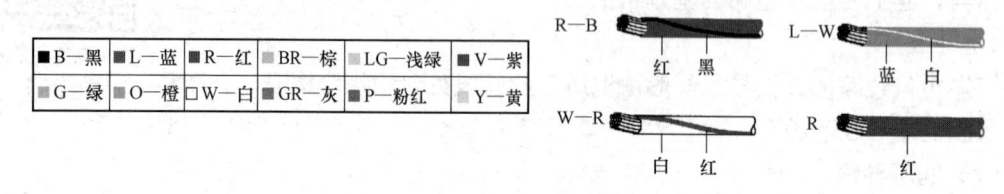

| ■ B—黑 | ■ L—蓝 | ■ R—红 | ■ BR—棕 | ■ LG—浅绿 | ■ V—紫 |
| ■ G—绿 | ■ O—橙 | □ W—白 | ■ GR—灰 | ■ P—粉红 | ■ Y—黄 |

R—B 红 黑　　L—W 蓝 白

W—R 白 红　　R 红

图 10-1　导线颜色

注意：双色线中主色为基础色，辅色为环布导线的条色带或螺旋色带，且标注时主色在前，辅色在后。

③ 导线标记。

在汽车电气设备的电路图中，导线上一般都标注有特定的符号，用来表示导线的颜色和横截面积。

导线标记的常见类型：

用具有一定含义的颜色作为导线标记。

用具有一定含义的数字和字母作为导线主要标记，颜色作为辅助标记。

（2）高压导线。

汽车点火线圈至火花塞之间的电路使用高压导线，用于传送高电压。汽车用的高压导线的耐压值一般应在 20 kV 以上，工作电压很高，工作电流很小。高压导线采用线芯截面积小，但绝缘包层很厚的电线。

国产汽车用高压导线有铜芯线和阻尼线两种，目前广泛采用高压阻尼点火线。

（3）汽车电气数据总线。

数据总线（见图 10-2）是指在一条数据线上传递的信号可以被多个系统共享，从而最大限度地提高系统整体效率，充分利用有限的资源。

CAN 数据总线的作用是传输数据，它是双向数据线，分为 CAN 高位和 CAN 低位数据线；为了防止外界电磁波的干扰和向外辐射，CAN 数据总线采用将两根线缠绕在一起的方式。

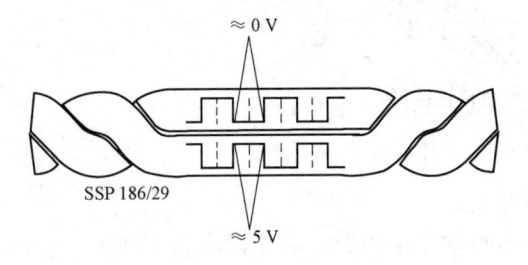

图 10-2 数据总线

一汽宝来、一汽奥迪 A6、上海帕萨特 B5 和波罗轿车上都采用了 CAN 双线式数据总线系统。

2）线束

为保证汽车上的全车线路不凌乱、安装方便和保护导线的绝缘，汽车上的全车线路除高压导线、蓄电池电缆外，一般将同路的不同规格的导线用棉纱编织或用薄聚氯乙烯带缠绕包扎成束，称为线束。

近年来，国外汽车为了检修电路方便，用塑料制成开口的软管，将线束裹在其中，检修时将开口撬开即可。

3）连接器

连接器用于四类连接，第一类是连接线束和电气元件，第二类是连接线束与线束，第三类是线束与车身的连接，第四类是过渡连接，将连接器中需要连接的导线用短接端子连接起来，如图 10-3 所示。

插接器接合时，应先将其导向槽重叠在一起，使插头与插孔对准，然后用力平行插入，这样就可以十分牢固地连接在一起。

为了防止汽车在行驶过程中连接器脱开，所有连接器均采用闭锁装置，如图 10-4 所示。在检查及更换连接器时，应先压下闭锁，然后再将其拉开。不压下闭锁时绝不可用力猛拉导线，以防拉坏闭锁或导线。

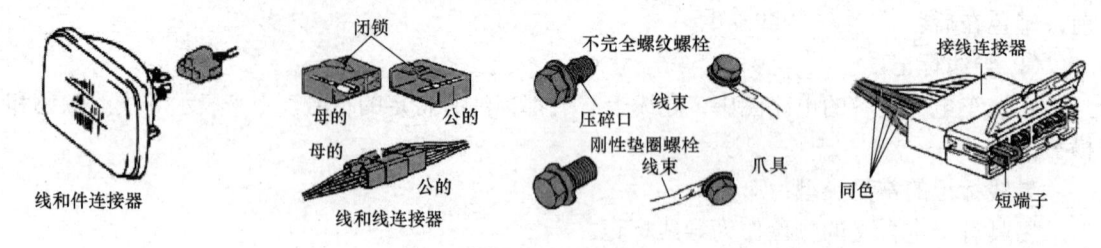

图 10-3 连接器

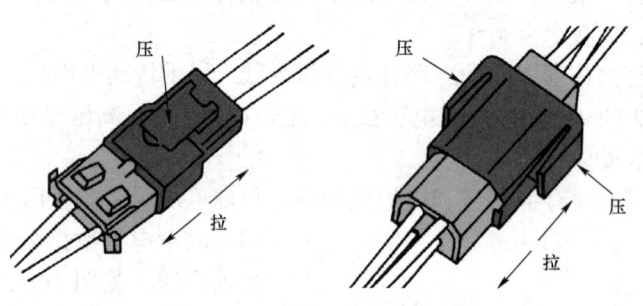

图 10-4 连接器闭锁装置拆卸

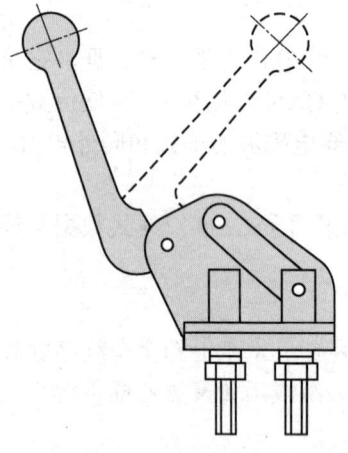

图 10-5 闸刀式电源总开关

4）开关

（1）电源总开关。

用来接通或切断蓄电池电路，防止汽车在行驶时，蓄电池通过外电路自行漏电。

有闸刀式（见图 10-5）和电磁式两种，其中电磁式使用较少。

注意：在有些货车上装有控制电源的总开关，现代轿车中很少采用。

（2）点火开关。

主要用来接通和切断点火电路，同时还用以控制起动机、发电机励磁、收录机、空调、刮水器、点烟器、方向盘锁止、仪表、信号灯、进气预热和其他电气设备电路。

常见的点火开关有三接线柱式、四接线柱式、三挡位式、四挡位式。

四接线柱式点火开关（见图 10-6）：

1 号（BAT）——电源接线柱；

2 号（IG）——点火接线柱；

3 号（ACC）——辅助电器接线柱；

4 号（ST）——起动接线柱。

（3）组合开关。

多功能组合开关（见图 10-7）将照明（前照灯、变光）开关，信号（转向、危险警告、超车）开关，风窗清洁（刮水器、洗涤器）开关等组合为一体，安装在便于驾驶员操纵的转向柱上。

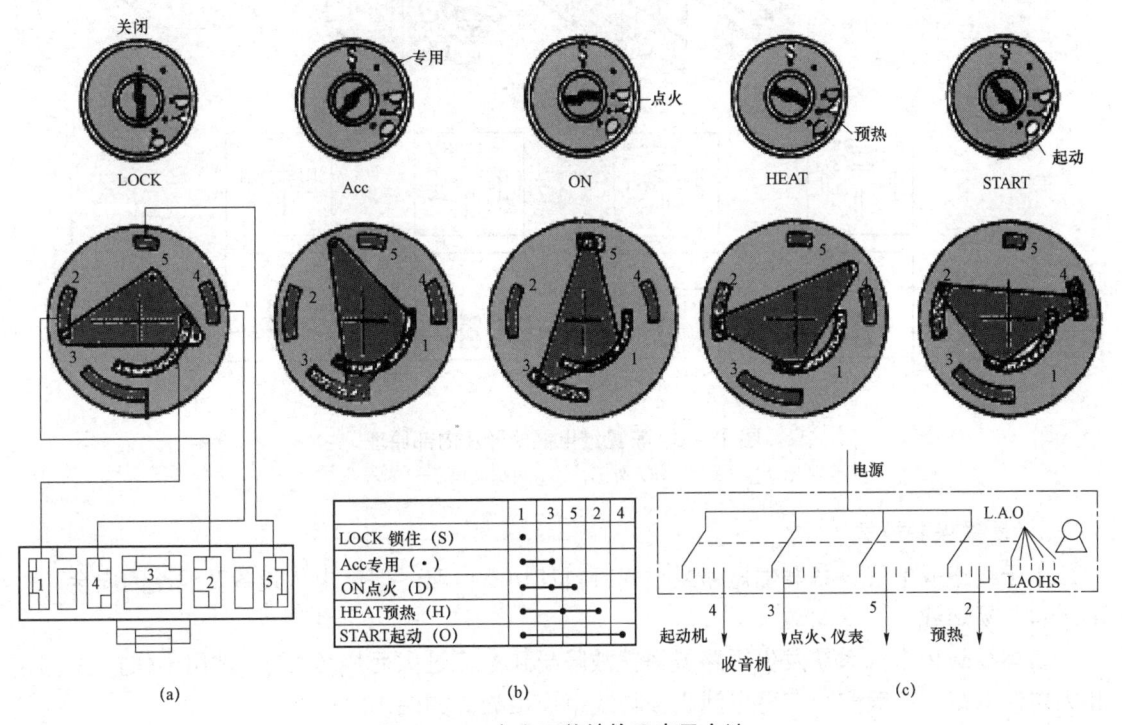

图 10-6 点火开关结构及表示方法
（a）结构示意图；（b）表格表示法；（c）图形符号表示法

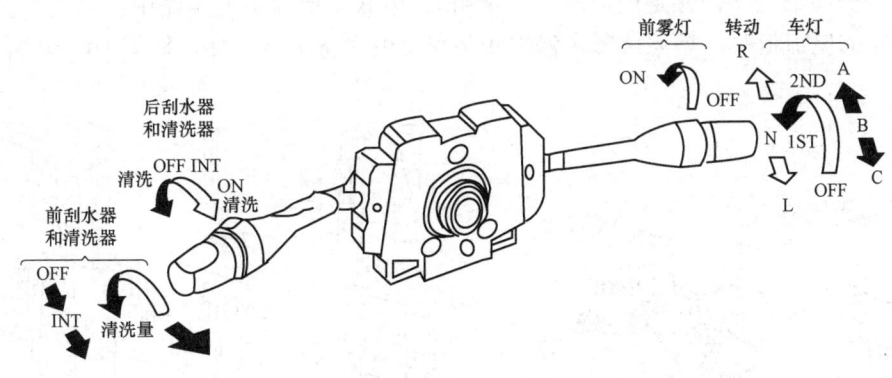

图 10-7 组合开关

5）继电器

继电器利用电磁原理、机电原理等方法，自动接通或切断一对或多对触点，实现电路控制，还可防止大电流通过控制开关。继电器大部分采用电磁继电器，常见继电器外形及内部原理如图 10-8 所示。

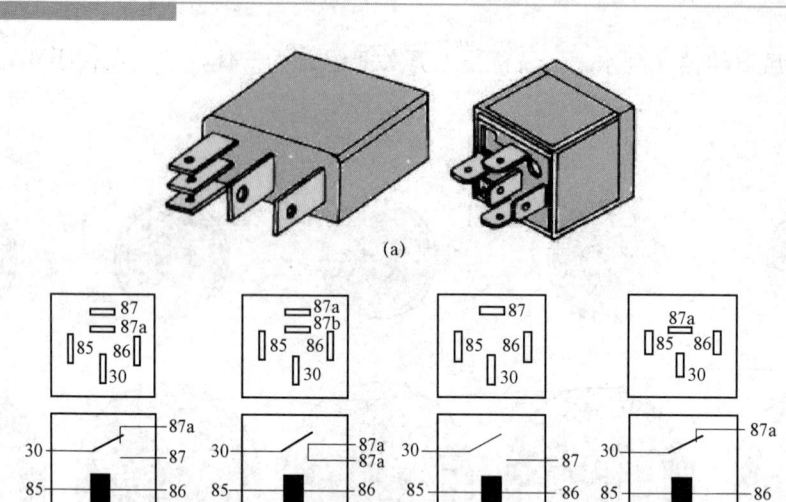

图 10-8 常见继电器外形及内部原理
(a) 外形；(b) 内部原理

6）电路保护装置

用于线路或电气设备发生短路或过载时自动切断电路，保证电气设备及线路的安全。

（1）易熔线。

易熔线防止电气系统发生短路或搭铁故障导致电流过大而烧坏线路。常用于保护总电路和大电流电路，一般安装在蓄电池正极与线束连接处，如图 10-9 所示。

注意：易熔线不能绑扎在线束内。

（2）熔丝。

用于保护局部电路，额定电流较小（常用）。串联在所保护的电路中，当通过熔丝的电流超过规定的电流值时，熔丝熔断，保护线路和用电设备不被烧坏，如图 10-10 所示。

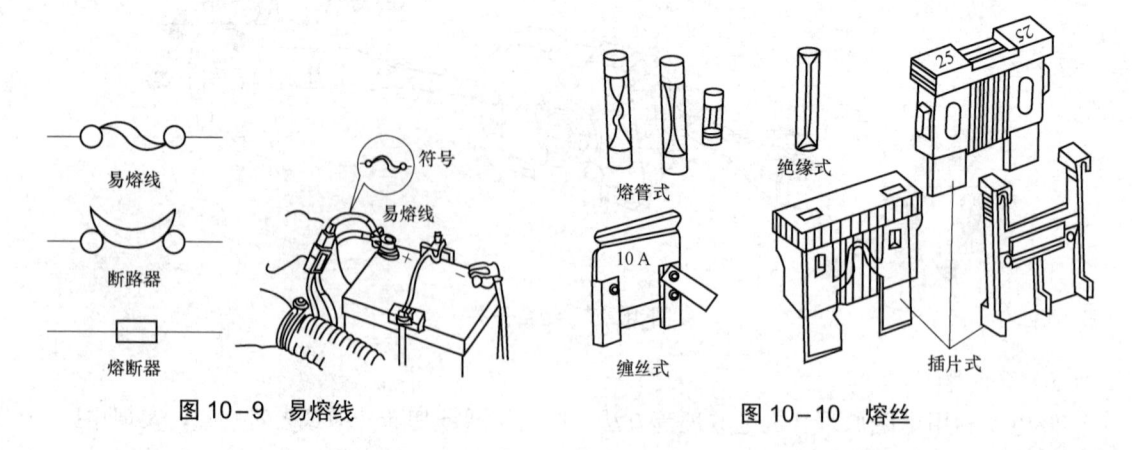

图 10-9 易熔线

图 10-10 熔丝

熔丝的熔丝固定在可插式塑料片上或封装在玻璃管中，通常将熔丝集中安装在熔丝盒中。

熔丝使用注意：

① 熔丝熔断后，必须先查找故障原因，并彻底排除。

② 更换熔丝时，一定要与原规格相同，特别是不能使用比规定容量大的熔丝，否则将失去保护作用。

③ 熔丝支架与熔丝接触不良会产生电压降和发热现象。因此，特别要注意检查有无氧化现象和脏污。若有脏污和氧化物，须用细砂纸打磨光，使其接触良好。

（3）断路器。

当电路过载时，自动断开线路的连接，以防止导线或用电设备烧坏。

注：断路器是可重复使用的电路保护装置。

2．汽车电路图的种类

1）布线图

按照汽车电器在车身上的实际位置相对应地将外形简图画在图上，再用线将电源、开关、熔丝等装置和这些电器一一连接起来。东风 EQ1090 型汽车布线图如图 10-11 所示。

汽车电路种类及识读方法

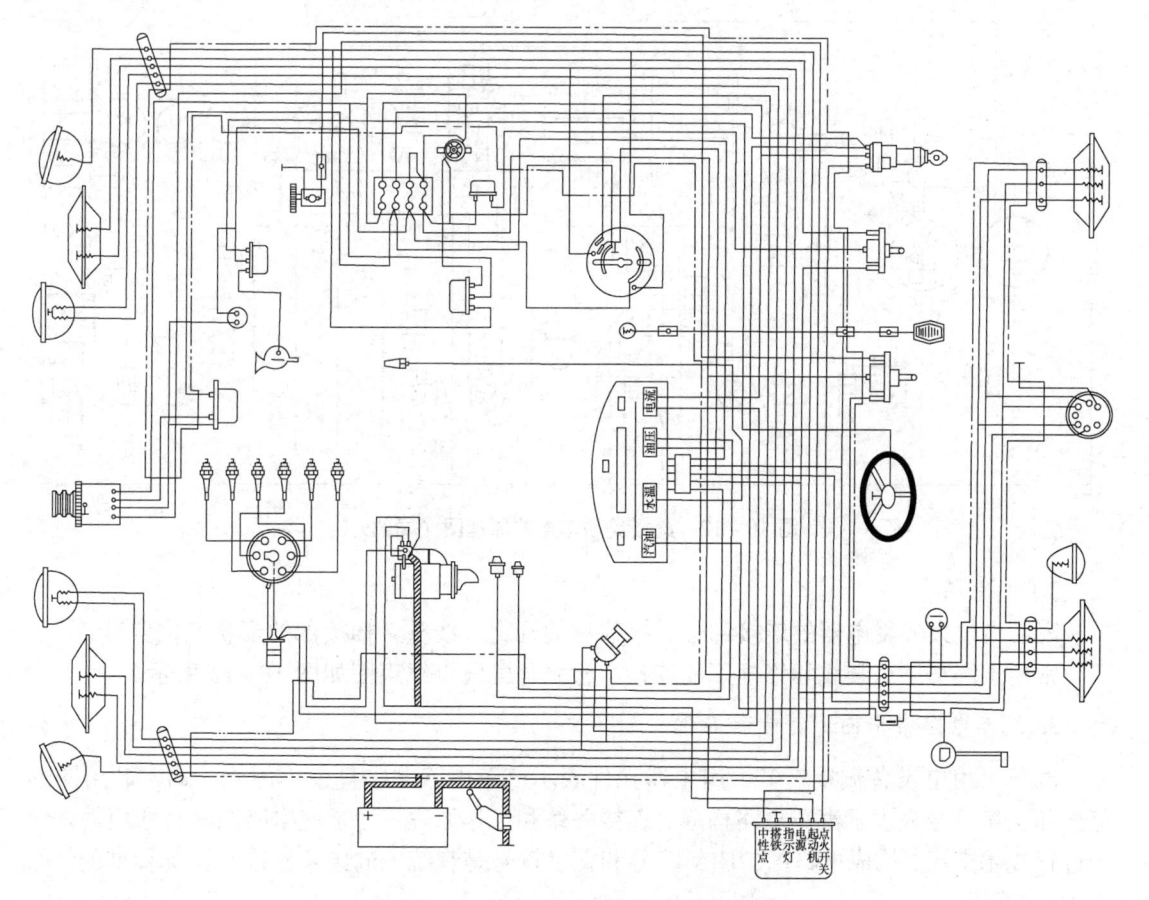

图 10-11 东风 EQ1090 型汽车布线图

其特点是：全车的电器（电气设备）数量明显且准确，电线的走向清楚，有始有终，便于循线跟踪，查找起来比较方便。

布线图的缺点：图上电线纵横交错。

2）电路原理图

用简明的图形符号，按电路原理将每个电气系统由上到下合理地连接起来，按一定顺序连接而成。

电路原理图图面清晰、电路简单明了、通俗易懂，更好地反映了各个电路系统的组成及电路原理。桑塔纳轿车电路原理图（局部）如图10-12所示。

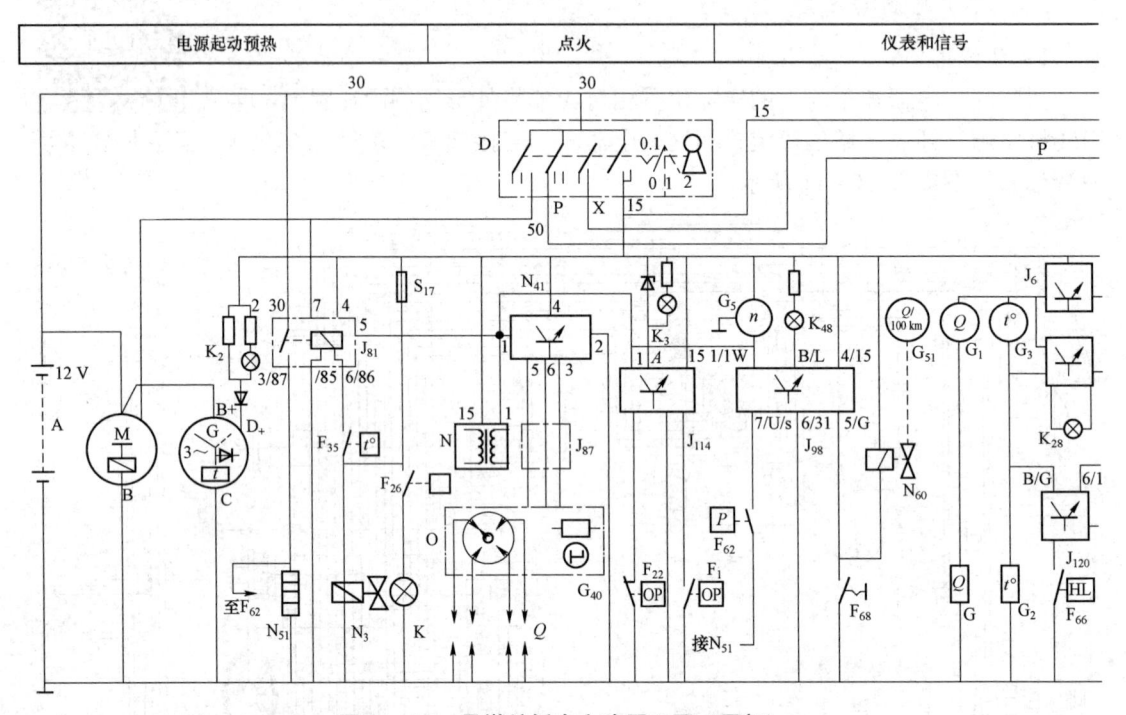

图10-12 桑塔纳轿车电路原理图（局部）

3）线束图

表明电线束各用电器的连接部位、接线柱的标记、线头、插接器的形状及位置等。

常用于汽车厂总装线和修理厂的连接、检修与配线。线束图如图10-13所示。

3. 汽车电路常用图形符号和名称

汽车上用电设备数量较多，用电器元件表示汽车电路非常复杂。因此，通常利用图形符号和文字符号来表示汽车电路构成、连接关系和工作原理。为了使电路图具有通用性，便于进行技术交流，构成电路图的图形符号和文字符号是有统一的国家标准和国际标准的，如表10-3所示。

项目10 汽车电路的识读与分析

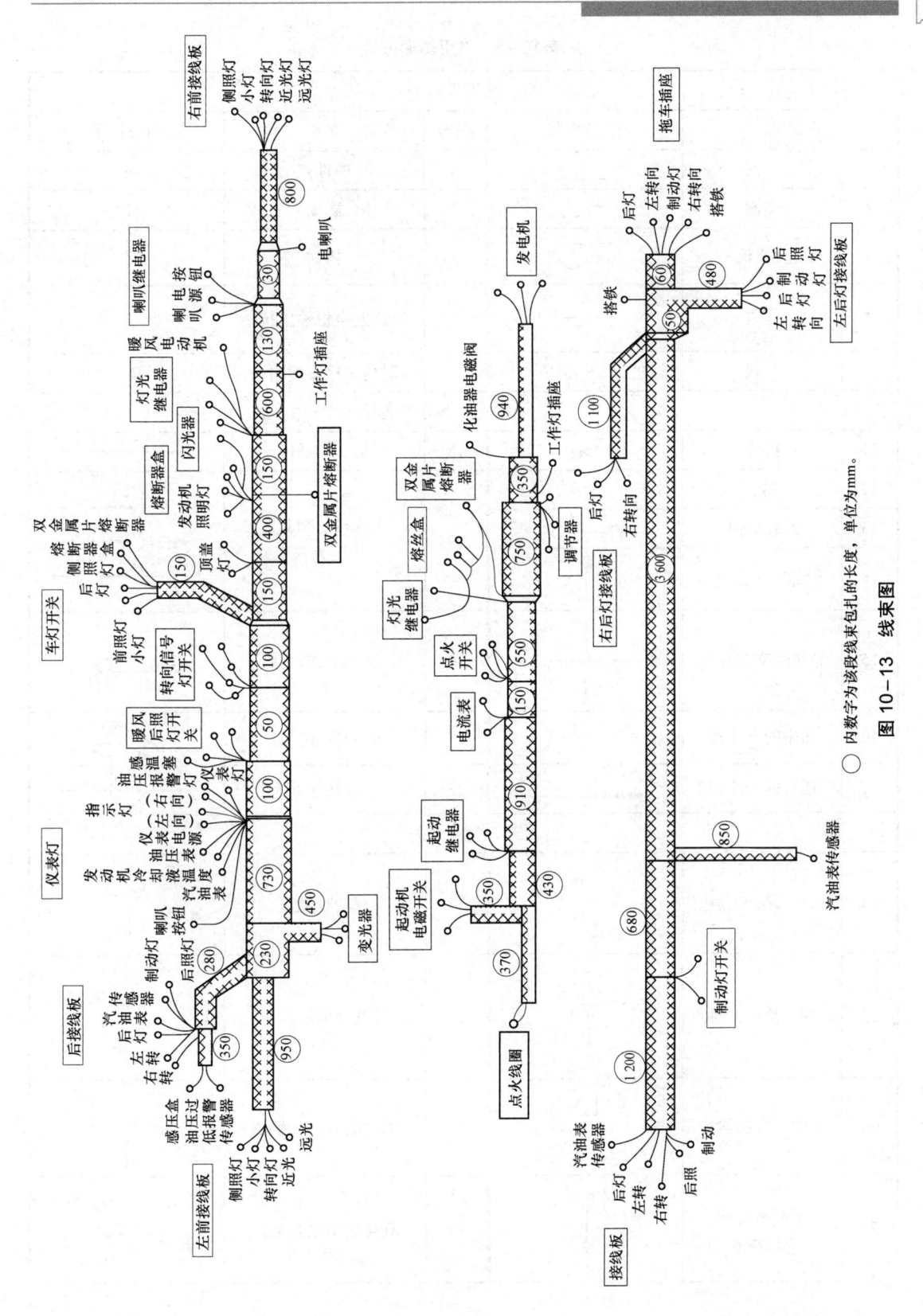

图 10-13 线束图

表 10-3 常用图形符号

序号	名称	图形符号	序号	名称	图形符号
一、常用基本符号					
1	直流	——	6	中性点	N
2	交流	∼	7	磁场	F
3	交直流	≈	8	搭铁	⊥
4	正极	+	9	交流发电机输出接柱	B
5	负极	—	10	磁场二极管输出端	D+
二、导线端子和导线连接					
11	接点	●	18	插头和插座	
12	端子	○	19	多极插头和插座（示出的为三极）	
13	导线的连接				
14	导线的分支连接				
15	导线的交叉连接		20	接通的连接片	
16	插座的一个极		21	断开的连接片	
17	插头的一个极		22	屏蔽导线	
三、触点开关					
23	动合（常开）触点		27	双动合触点	
24	动断（常闭）触点		28	双动断触点	
25	先断后合的触点		29	单动断双动合触点	
26	中间断开的双向触点		30	双动断单动合触点	

续表

序号	名称	图形符号	序号	名称	图形符号
31	一般情况下手动控制		44	手动开关的一般符号	
32	拉拔操作		45	定位开关（非自动复位）	
33	旋转操作		46	按钮开关	
34	推动操作		47	能定位的按钮开关	
35	一般机械操作		48	拉拔开关	
36	钥匙操作		49	旋转、旋钮开关	
37	热执行器操作		50	液位控制开关	
38	温度控制	t	51	机油滤清器报警开关	OP
39	压力控制	P	52	热敏开关动合触点	$t°$
40	制动压力控制	BP	53	热敏开关动断触点	$t°$
41	液位控制		54	热敏自动开关的动断触点	
42	凸轮控制		55	热继电器触点	
43	联动开关		56	旋转多挡开关位置	1 2 3

续表

序号	名称	图形符号	序号	名称	图形符号
57	推拉多挡开关位置		59	多挡开关、点火、起动开关，瞬时位置为 2 能自动返回到 1（即 2 挡不能定位）	
58	钥匙开关（全部定位）		60	节流阀开关	
四、电器元件					
61	电阻器		73	极性电容器	
62	可变电阻器		74	穿心电容器	
63	压敏电阻器		75	半导体二极管一般符号	
64	热敏电阻器		76	稳压二极管	
65	滑线式变阻器		77	发光二极管	
66	分路器		78	双向二极管（变阻二极管）	
67	滑动触点电位器		79	三极晶体闸流管	
68	仪表照明调光电阻器		80	光电二极管	
69	光敏电阻		81	PNP 型三极管	
70	加热元件、电热塞		82	集电极接管壳三极管（NPN）	
71	电容器		83	具有两个电极的压电晶体	
72	可变电容器		84	电感器、线圈、绕组、扼流圈	

续表

序号	名称	图形符号	序号	名称	图形符号
85	带铁芯的电感器		92	两个绕组电磁铁	
86	熔丝		93	不同方向绕组电磁铁	
87	易熔线				
88	电路断电器		94	触点常开的继电器	
89	永久磁铁				
90	操作器件一般符号		95	触点常闭的继电器	
91	一个绕组电磁铁				
五、仪表					
96	指示仪表	$*$	103	转速表	n
97	电压表	V	104	温度表	$t°$
98	电流表	A	105	燃油表	Q
99	电压、电流表	A/V	106	车速里程表	v
100	欧姆表	Ω	107	电钟	
101	瓦特表	W	108	数字式电钟	
102	油压表	OP			

续表

序号	名称	图形符号	序号	名称	图形符号
六、传感器					
109	传感器的一般符号	*	116	空气流量传感器	AF
110	温度表传感器	$t°$	117	氧传感器	λ
111	空气温度传感器	$t_n°$	118	爆燃传感器	K
112	水温传感器	$t_w°$	119	转速传感器	n
113	燃油表传感器	Q	120	速度传感器	v
114	油压表传感器	DP	121	空气压力传感器	AP
115	空气质量传感器	m	122	制动压力传感器	BP
七、电气设备					
123	照明灯、信号灯、仪表灯、指示灯		128	电喇叭	
124	双丝灯		129	扬声器	
125	荧光灯		130	蜂鸣器	
126	组合灯		131	报警器、电警笛	
127	预热指示器		132	信号发生器	G

续表

序号	名称	图形符号	序号	名称	图形符号
133	脉冲发生器		146	振荡器	
134	闪光器		147	变换器、转换器	
135	霍尔信号发生器		148	光电发生器	
136	磁感应信号发生器		149	空气调节器	
137	温度补偿器		150	滤波器	
138	电磁阀一般符号		151	稳压器	
139	常开电磁阀		152	点烟器	
140	常闭电磁阀		153	热继电器	
141	电磁离合器		154	间歇刮水继电器	
142	用电动机操纵的怠速调整装置		155	防盗报警系统	
143	过电压保护装置		156	天线一般符号	
144	过电流保护装置		157	发射机	
145	加热器（除霜器）		158	收放机	

续表

序号	名称	图形符号	序号	名称	图形符号
159	内部通信联络及音乐系统		173	串激直流电动机	
160	收放机		174	并激直流电动机	
161	天线电话		175	永磁直流电动机	
162	收放机		176	起动机（带电磁开头）	
163	点火线圈		177	燃油泵电动机、洗涤电动机	
164	分电器		178	晶体管电动汽油泵	
165	火花塞		179	加热定时器	H │ T
166	电压调节器	U	180	点火电子组件	I │ C
167	转速调节器	n	181	风扇电动机	
168	温度调节器	$t°$	182	刮水电动机	
169	串激绕组		183	电动天线	
170	并激或他激绕组		184	直流伺服电动机	SM
171	集电环或换向器上的电刷		185	直流发电机	G
172	直流电动机	M	186	星形连接的三相绕组	

续表

序号	名称	图形符号	序号	名称	图形符号
187	三角形连接的三相绕组		191	整体式交流发电机	
188	定子绕组为星形连接的交流发电机		192	蓄电池	
189	定子绕组为三角形连接的交流发电机		193	蓄电池组	
190	外接电压调节器与交流发电机				

注意：图形符号的使用原则如下：
（1）首先选用优选形。
（2）在满足条件的情况下，首先采用最简单的形式，但图形符号必须完整。
（3）在同一份电路图中同一图形符号采用同一种形式。
（4）符号方位不是固定的，在不改变符号意义的前提下，符号可根据图面布置的需要旋转或成镜像放置，但文字和指示方向不得倒置。
（5）图形符号中一般没有端子代号，如果端子代号是符号的一部分，则端子代号必须画出。
（6）导线符号可以用不同宽度的线条表示，如电源线路（主电路）可用粗实线表示，控制、保护线路（辅助电路）则可用细实线表示。
（7）一般连接线不是图形符号的组成部分，方位可根据实际需要布置。
（8）符号的意义由其形式决定，可根据需要进行缩小或放大。
（9）图形符号表示的是在无电压、无外力的常规状态下。
（10）图形符号中的文字符号、物理量符号，应视为图形符号的组成部分。当使用这些符号不能满足标注时，可按有关标准加以补充。
（11）电路图中若未采用规定的图形符号，必须加以说明。

4. 汽车电路识读的一般方法

1）汽车电路的接线规律

汽车电路一般采用单线制，用电设备并联，负极搭铁，线路有颜色和编号加以区分，以点火开关为中心将全车电路分成几条主干线。

2）现代汽车电路的几条主干线

（1）电源火线（BAT线或30号线）——从电源正极引出直通熔丝盒。

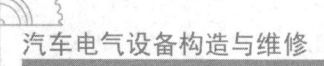

（2）点火、仪表指示灯线（IG 线或 15 号线）——点火开关在"ON"或"ST"才有电的导线，如点火系统、电源系统、照明信号、仪表报警、电控系统等。

（3）专用线（Acc 线）——用于发动机不工作时需要接入的电路，如收放机、点烟器等。

（4）起动控制线（ST 线或 50 号线）——起动系统的专用线路，在起动挡时通电。

（5）搭铁线（接地线或 31 号线）——电气设备与车身连接的搭铁线。

3）对整车电路图识读要点

（1）对整车电路图进行分解，善于化整为零。

（2）认真阅读图注。

（3）熟悉线路的配线和颜色标记及电气元件。

（4）熟悉控制元件的作用。

（5）熟记回路原则和搭铁极性。

（6）了解继电器的工作状态。

（7）注意各种车系电路图的特点。

（8）通过解剖典型电路达到触类旁通。

4）电路图的识读注意事项

（1）读电源系统电路时应从电源开始，先找到蓄电池、发电机及电压调节器。发电机励磁电路是受点火开关控制的。

（2）查找起动电路必须先找到点火开关、起动继电器及电源开关控制电路。

（3）查找点火电路时，先找点火控制器（或分电器）、点火线圈、点火开关及火花塞。

（4）查找照明电路时，先找车灯控制开关、变光器、大灯、小灯及各种照明灯。

（5）查找仪表电路时，先找组合仪表、点火开关、仪表传感器与仪表电源稳压器。仪表电路都受点火开关控制。

（6）查找信号控制电路时，一般应注意它是接在经常有电的导线上，且仅受一个开关控制。

（7）查找辅助装置控制电路时，应首先熟悉辅助装置的图形符号、有关控制开关及其功能，而后按照从电源熔丝控制开关到用电设备的顺序进行。

任务实施

1. 大众车系电路识图

1）电路图特点

（1）电路采用纵向排列。

（2）采用断线带号法解决交叉问题。

（3）在表示线路走向的同时，还表达了线路结构的情况。

（4）导线颜色采用直观表达法。

（5）电路图中使用了一些统一符号。

30——常火线，即在停车或发动机熄火时仍有电。

15——小容量电器的火线，在点火开关闭合时，即点火开关处于"ON"及"ST"挡时，由点火开关直接将其接通带电。

X——接大容量电器的火线，在点火开关处于点火位置，即点火开关"ON"挡时，通过中间继电器J59将其接通带电。

31——中央线路板内搭铁线。

2）大众汽车电路图的识读方法（见图10-14）

（1）汽车整个电气系统以中央电器装置（继电器、熔丝插座板）为中心。

（2）以分数形式标明继电器插脚与中央电器装置插孔的配合。

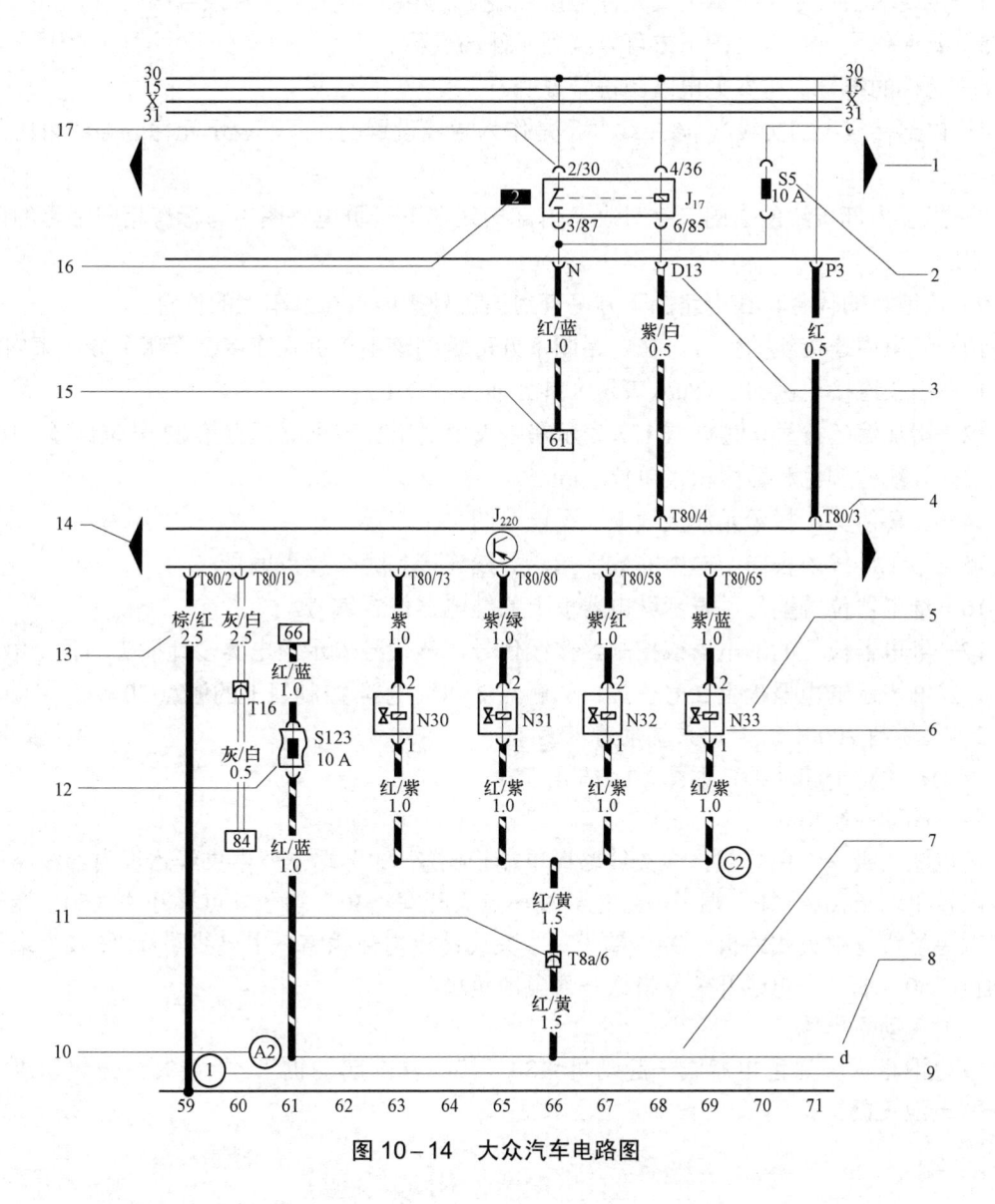

图10-14 大众汽车电路图

(3)中央电器装置上的插头与线束插座有对应的字母标记。

(4)导线颜色采用直观表达法。

(5)电路图中使用了一些统一符号。

图 10-14 注释:

1—三角箭头,表示下接下一页电路图。

2—熔丝代号,图 10-14 中 S5 表示该熔丝位于熔丝座第 5 号位,10 A。

3—继电器板上插头连接代号,表示多针或单针插头连接和导线的位置,例如,D13 表示多针插头连接,D 位置触点 13。

4—接线端子代号,表示电气元件上接线端子数/多针插头连接触点号码。

5—元件代号,在电路图下方可以查到元件的名称。

6—元件的符号,可参见电路图符号说明。

7—内部接线(细实线),该接线并不是作为导线设置的,而是表示元件或导线束内部的电路。

8—指示内部接线的去向,字母表示内部接线在下一页电路图中与标有相同字母的内部接线相连。

9—接地点的代号,在电路图下方可查到该代号接地点在汽车上的位置。

10—线束内连接线的代号,在电路图下方可查到该不可拆式连接位于哪个导线束内。

11—插头连接,例如,T8a/6 表示 8 针 a 插头触点 6。

12—附加熔丝符号,例如,S123 表示在中央电器附加继电器板上第 23 号位熔丝,10 A。

13—导线的颜色和截面积(单位:mm^2)。

14—三角箭头,指示元件接续上一页电路图。

15—指示导线的去向,框内的数字指示导线连接到哪个接点编号。

16—继电器位置编号,表示继电器板上的继电器位置编号。

17—继电器板上的继电器或控制器接线代号,该代号表示继电器多针插头的各个触点。例如,2/30 表示继电器板上 2 号位插口的触点 2 和继电器/控制器上的触点 30。

3)桑塔纳 2000GSi 起动系统电路识读

点火开关处于起动挡,如图 10-15 所示。

(1)起动控制电路。

蓄电池正极→红色导线→中央线路板单端子插座"P"端子→中央线路板内部线路→中央线路板单端子插座"P"端子→红色导线→点火开关"30"端子→点火开关"50"端子→红黑双色导线→中央线路板"B8"端子→中央线路板内部线路→中央线路板"C18"端子→起动机"50"端子→电磁开关→搭铁→蓄电池负极。

(2)起动主电路。

蓄电池正极→黑色电瓶线→起动机"30"接线柱→起动机"C"接线柱→起动机→搭铁→蓄电池负极。

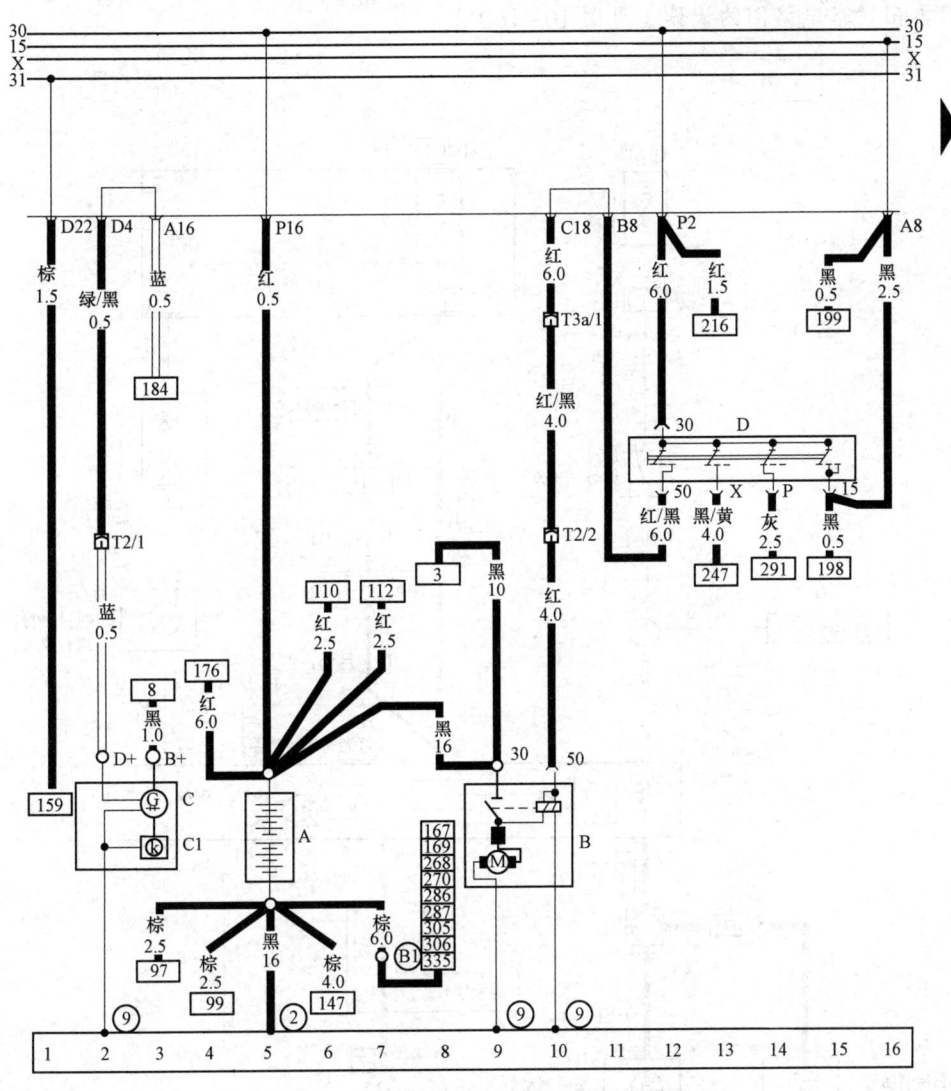

图 10-15　桑塔纳 2000Gsi 部分电路图

2. 丰田车系统电路识图

1）丰田车系统电路图的主要特点

（1）电路图中的电气元件通常有文字直接标注。

（2）电路总图中各系统电路按长度方向逐个布置，并在电路图上方标出各系统电路的区域和代表该电路系统的符号及文字说明。

（3）电路图中绘出了搭铁点，并标注代号与文字说明，可以从电路图了解线路搭铁点，直观明了。

（4）电路图中，有的还直接标出线路插接器的端子排列及各端子的使用情况，给识图和电路故障查寻提供方便。

丰田车系电路图识读方法

2）丰田汽车电路图的识读（见图10-16）

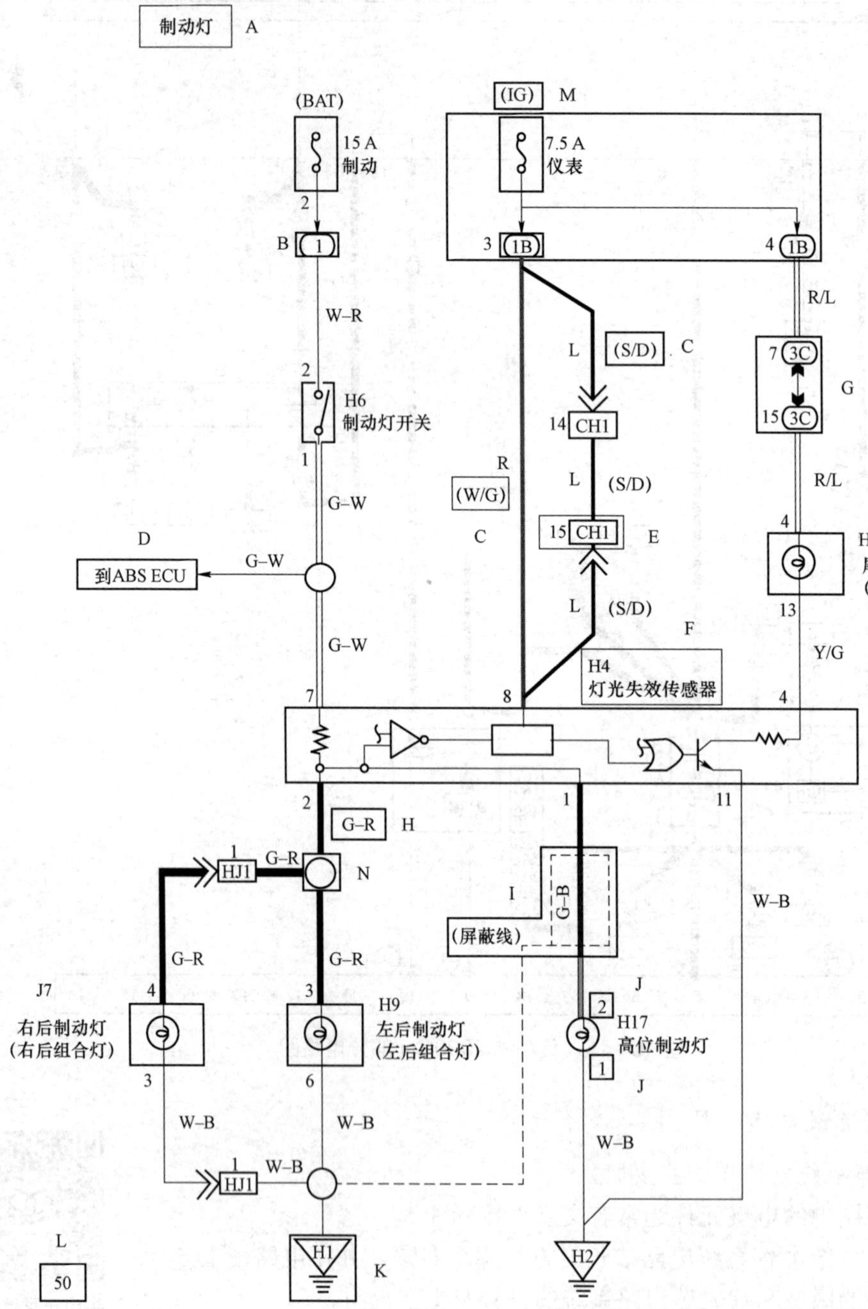

图 10-16　丰田汽车电路图

图 10-16 中标号的含义如下：

A—系统标题。

B—表示继电器盒。未用阴影表示，仅表示继电器盒编号以便和接线盒加以区分。示例：

表示 1 号继电器盒。

C—车型、发动机类型或规格不同时，用（ ）来表示不同的配线和连接器等。

D—表示相关联的系统。

E—表示用来连接线束的插头式连接器和插座式连接器的代码。连接器代码由两个字母和一个数字组成，字母表示这部分的位置，例如，"E"为发动机部分，"I"为仪表板及其相关部分。

连接器代码的第一个字符表示插座式连接器线束上的字母代码，第二个字符表示插头式连接器线束上的字母代码。第三个字符的第一个和第二个字母相同时，通过区别线束组合的系列号（如 CH1 和 CH2）。连接器代码外侧的数字表示插头式连接器和插座式连接器的针脚编号。

F—零件代码（所有零件均以天蓝色表示）。该代码和零件位置中使用的代码相同。

G—接线盒（圆圈中的数字为接线盒编号，旁边是连接器代码）。接线盒以阴影表示，用于明确区分于其他零件。如 3C 表示 3 号接线盒，数字 7 和 15 表示两条配线分别在插接器 7 号和 15 号接线端子上。

H—表示配线颜色。配线颜色以字母代码表示。第一个字母表示主色，第二个字母表示辅色。

I—表示屏蔽电缆。

J—表示连接器的针脚编号。插座和插头编号不同。

K—表示搭铁点。该代码由两个字符组成：一个字母和一个数字。

第一个字符表示线束的字母代码。第二个字符是当同一线束存在多个搭铁点时，用来区别各搭铁点的系列号。

L—在电路图中的页码。

M—向熔丝供电时，用来表示点火钥匙的位置。

N—表示配线接合点。

3）丰田皇冠轿车电动后视镜电路识读

（1）左侧后视镜上升电路，如图 10-17 所示。

电源正极→点火开关 ACC（或 ON）→15A CIG 熔丝→后视镜开关 R6 的 8 号端子→操作开关（Operation SW）第 2 挪第 1 位→左右选择开关（Select SW）第 2 挪第 1 位→后视镜开关 R6 的 4 号端子→左后视镜雨刮电动机 R17 的 3 号端子→左后视镜雨刮电动机 R17→左后视镜雨刮电动机 R17 的 2 号端子→后视镜开关 R6 的 6 号端子→操作开关（Operation SW）第 3 挪第 1 位→后视镜开关 R6 的 7 号端子→搭铁→电源负极。

（2）左侧后视镜左转电路，如图 10-17 所示。

电源正极→点火开关 ACC（或 ON）→15 A CIG 熔丝→后视镜开关 R6 的 8 号端子→操作开关（Operation SW）第 1 挪第 1 位→左右选择开关（Select SW）第 1 挪第 1 位→后视镜开关 R6 的 5 号端子→左后视镜雨刮电动机 R17 的 1 号端子→左后视镜雨刮电动机 R17→左后视镜雨刮电动机 R17 的 2 号端子→后视镜开关 R6 的 6 号端子→操作开关（Operation SW）第 3 挪第 1 位→后视镜开关 R6 的 7 号端子→搭铁→电源负极。

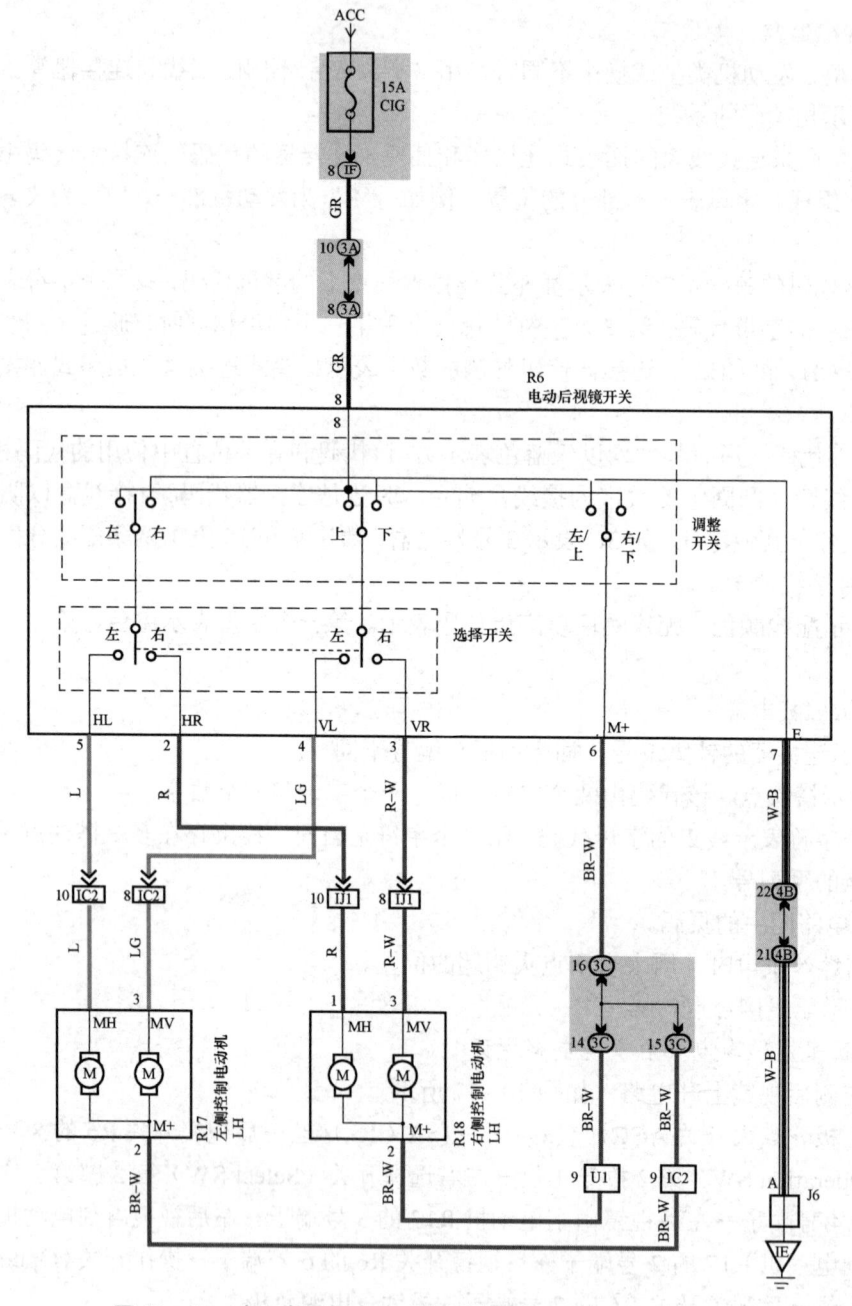

图 10-17　丰田皇冠轿车电动后视镜电路

3. 通用车系电路识图

1）电路图的特点

（1）电路图中标有特殊的提示号。

（2）电路图中标有电源接通说明。系统电路图中的电源通常是从该电路的熔丝开始的，在电路图的上方，用黑框表示，并用黑框中的文字

通用车系电路图
识读方法

说明在什么样的情况下该电路接通电源。

(3) 电路图中标有电路编号。通用车系的电路图中,各导线除了标明颜色和截面积外,通常还标有该电路的编码,通过电路编码可以知道该电路在汽车上的位置,以便读图和故障查寻。

2) 通用汽车电路图的识读

如图 10-18 所示,电路图中圆圈内数字是注释符号,其各部分的含义如下:

① "运行或起动发热"表示线路在点火开关处于点火或起动挡时有电,电压为蓄电池工作电压。

② 表示 27 号 10 A 的熔丝。

③ 虚线框表示没有完全表示出接线盒所有部分。

④ 表示导线由发动机罩下熔丝接线盒的 C2 连接插头的 E2 插脚引出,连接插头编号 C2 写在右侧,插脚编号 E2 写在左侧。

⑤ 符号 P100 表示贯穿式密封圈,其中 P 表示密封圈,100 为其代号。

⑥ "0.35 粉红色"表示导线截面积为 0.35 mm^2,线的颜色为粉红色,数字"339"是车辆位置分区代码,表示该线束位置在乘客室。

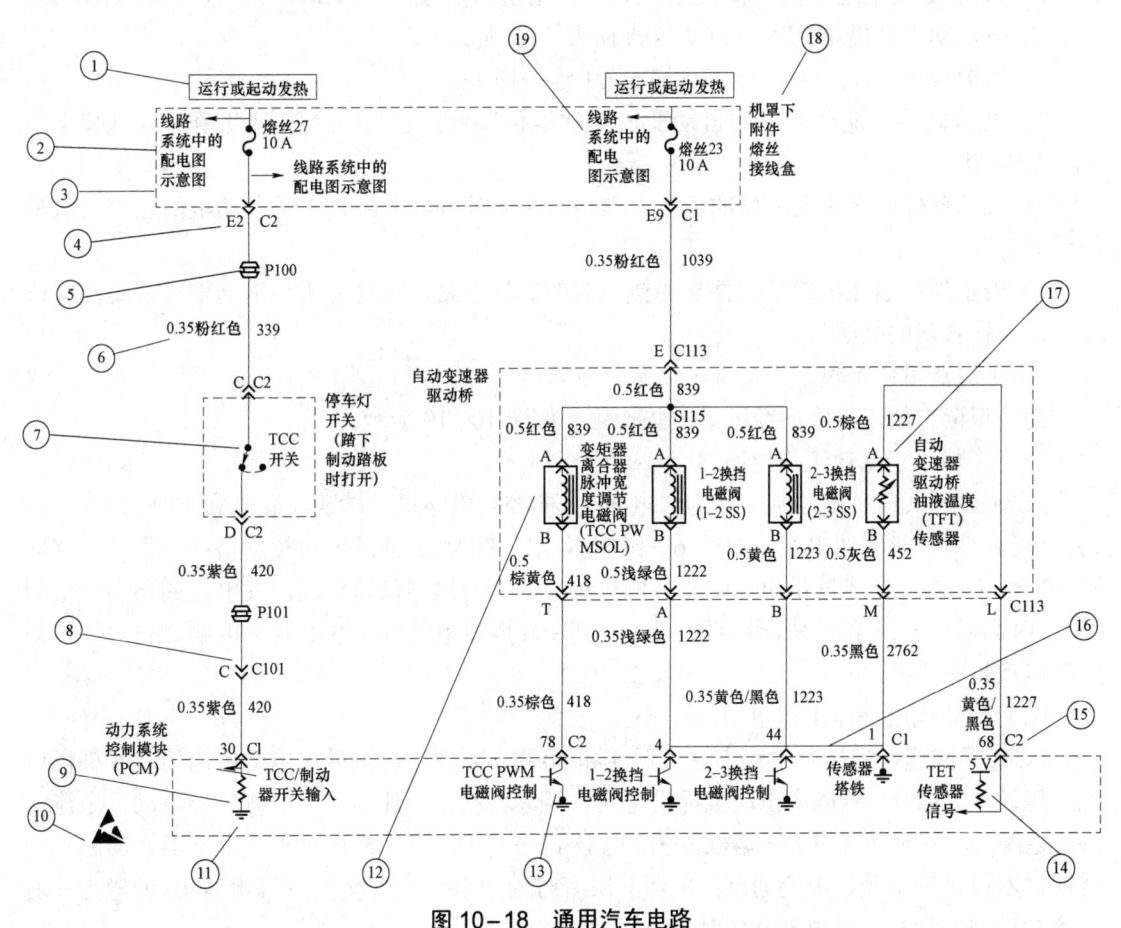

图 10-18 通用汽车电路

⑦ 表示 TCC（液力变矩器中的锁止离合器控制）开关，图 10-18 中表示 TCC 处于接通状态，其开关信号经过 P101 和 C101，由动力控制模块（PCM）中的 C1 插头 30 号插脚进入 PCM 中。

⑧ 表示直列型插接器，右侧"C101"表示连接插头编号（其中 C 表示连接插头），左侧"C"表示直列线束插接器的 C 插脚。

⑨ 表示输出电阻器，这里用来把 TCC 和制动灯开关的信号以一定的电压信号形式输出给动力控制模块 PCM 的内部控制电路。

⑩ 表示动力控制模块 PCM 是对静电敏感的部件。

⑪ 符号表示搭铁。

⑫ 表示在自动变速器内部的 TCC 锁止电磁阀，此电磁阀控制液力变矩器内部锁止离合器的接合。它在点火开关处于点火或起动挡时，通过 23 号 10 A 的熔丝供电。

⑬ 表示带晶体管半导体元件控制的集成电路。这里为动力电控单元 PCM 内部集成的控制电路，控制电磁阀驱动电路，通过 PCM 搭铁。

⑭ 表示输出电阻。PCM 提供 5 V 稳压通过内部串接电阻与自动变速器油温传感器（TFT）连接，同时将自动变速器油温传感器（NTC 型电阻）信号传给 PCM。

⑮ 表示动力制模块 PCM 的 C2 连接插头的 68 插脚。

⑯ 用虚线表示 4、44、1 插脚均属于 C1 连接插头。

⑰ 表示自动变速器内部的自动变速器油温传感器，它是一个随温度增加阻值减小的 NTC 型电阻。

⑱ 表示部件的名称及所处的位置。该机罩下附件导线接线盒位于发动机的左侧（从车的前面看）。

⑲ 表示导线通往机罩下附件导线接线盒的其他电路，对目前所显示的电气系统没有作用，是一种省略的画法。

3）上海通用别克轿车冷却风扇控制电路识读

为了识读方便，电路图经过了一些转化，如图 10-19 所示。

（1）冷却风扇低速工作电路。

PCM 通过低速风扇控制电路为继电器 12 的控制电路提供搭铁。继电器 12 的控制电路为：电源（所有时间通电）→熔丝 6→继电器 12→PCM 的低速风扇控制搭铁。于是，继电器 12 触点闭合，向风扇供电。因左右侧风扇串联，故风扇低速转动。其电流通路为：电源（所有时间通电）→熔丝 6→继电器 12→左侧冷却风扇电动机→继电器 9 的触点→右侧冷却风扇电动机→搭铁。

（2）冷却风扇高速工作电路。

PCM 经高速风扇控制电路为继电器 9 和 10 提供搭铁。左侧风扇电动机由熔丝 6 提供电流，但熔丝 21 为右侧风扇电动机提供电流。风扇并联，高速运转。左侧风扇电动机电流通路：电源（所有时间通电）→熔丝 6→继电器 12→左侧冷却风扇电动机→继电器 9 的触点→搭铁。右侧风扇电动机电流通路：电源（所有时间通电）→熔丝 21→继电器 10 的触点→右侧冷却风扇电动机→继电器 9 的触点→搭铁。

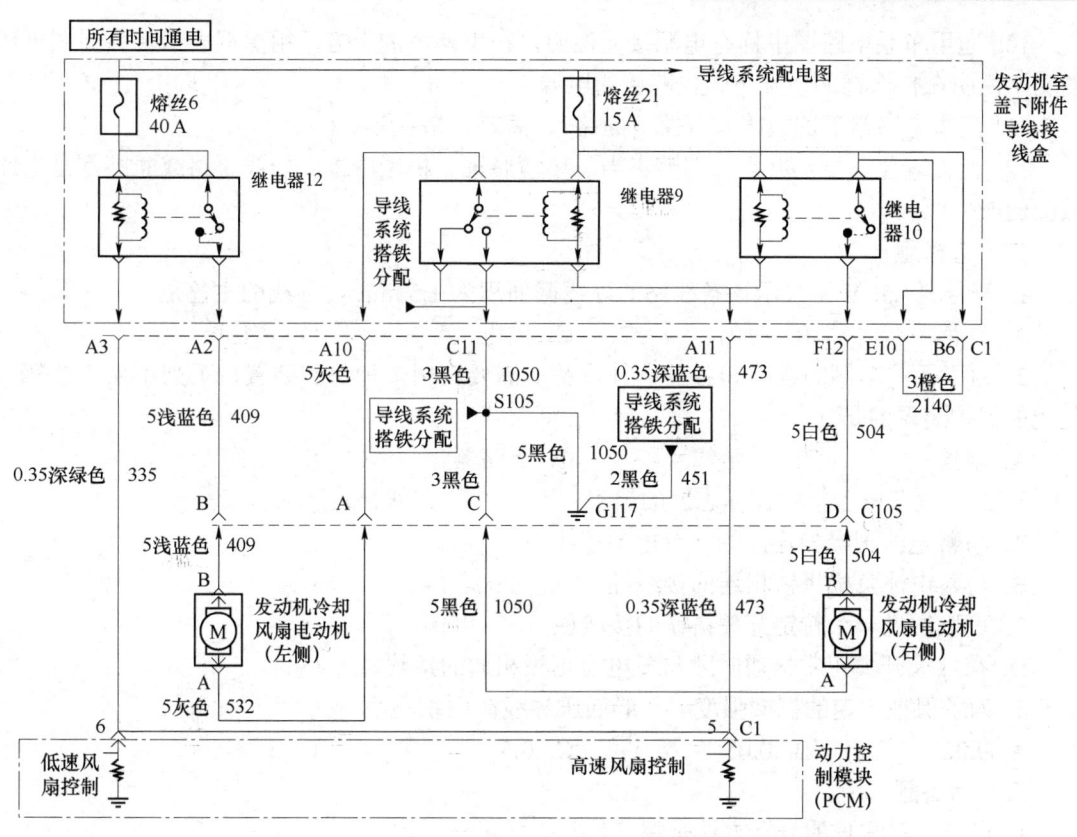

图 10-19　上海通用别克轿车冷却风扇控制电路

课后思考

一、判断题

1. 汽车的低压导线采用单股线。　　　　　　　　　　　　　　　　　　　　（　　）
2. 熔丝及继电器大多安装在中央电气接线盒上。　　　　　　　　　　　　　（　　）
3. 电路图上开关的工作状态是有电状态。　　　　　　　　　　　　　　　　（　　）
4. 对于工作电流很小的用电设备，选用导线截面积时还应保证有足够的机械强度。
　　　　　　　　　　　　　　　　　　　　　　　　　　　　　　　　　　（　　）
5. 插接器是汽车电路中线束的中继站，所有的插接器均采用了闭锁装置。　　（　　）
6. 大众 15 为大容量电器的火线，X 为小容量电器的火线，在点火开关闭合时，即点火开关处于"ON"及"ST"挡时，由点火开关直接将其接通带电。　　　　　　（　　）
7. 大众车系电路图 T29/8 表示连接插头，即 29 孔插头的第 8 位上。　　　　（　　）
8. 大众车系电路图采用断线带号法解决导线的交叉问题。　　　　　　　　　（　　）
9. 丰田车系电路总图中各系统电路按长度方向逐个布置，并在电路图上方标出各系统电路的区域和代表该电路系统的符号及文字说明。　　　　　　　　　　　　（　　）

10. 通用车系电路图中标有电源接通说明，在电路图的上方，用黑框表示，并用黑框中的文字说明在什么样的情况下该电路接通电源。（　　）

11. 汽车电路常见的故障有开路（断路）、短路、搭铁等。（　　）

12. 元件老化、自然磨损、调整不当、环境腐蚀、机械摩擦、导线短路或断路都是电路故障的产生原因。（　　）

二、选择题

1. 符号"1.5BW"表示该条线路的导线截面积为 1.5 mm²，导线的主色是（　　）。
A. 红色　　　　B. 白色　　　　C. 黑色　　　　D. 黄色

2. 为了保护车辆的线路和各种电气设备，需要使用多种保护装置，下列不属于车辆上使用的保护装置的是（　　）。
A. 熔丝　　　　B. 易熔线　　　C. 断路器　　　D. 开关

3. 在《汽车电器接线柱标志》的国家标准中，31 接线柱表示的含义是（　　）。
A. 与蓄电池正极相连，始终有电的接线柱
B. 与蓄电池负极搭铁相连的接线柱
C. 可以通过一个特定开关搭铁的接线柱
D. 在点火开关正常接通时才与蓄电池正极相通的接线柱

4. 为了保证一定的机械强度，一般低压导线截面积不小于（　　）mm²。
A. 0.02　　　　B. 0.05　　　　C. 0.5　　　　D. 1

三、简答题

1. 汽车电路常见的表示方法是哪三种？
2. 什么是电路原理图？
3. 识读汽车电路图应注意哪些问题？

参 考 文 献

[1] 中国汽车维修行业协会. 电器维修技术 [M]. 北京：人民交通出版社，2008.
[2] 杨智勇. 汽车电器 [M]. 北京：人民邮电出版社，2011.
[3] 纪光兰. 汽车电器设备构造与维修 [M]. 北京：机械工业出版社，2015.
[4] 高吕和. 汽车电气系统检修 [M]. 北京：化学工业出版社，2010.
[5] 于万海. 汽车电器设备原理与检修 [M]. 北京：电子工业出版社，2014.
[6] 梁朝彦. 汽车构造与维修（电器部分）[M]. 北京：北京航空航天大学出版社，2008.
[7] 明光星等. 汽车电器实训教程 [M]. 北京：中国人民大学出版社，2010.
[8] 毛峰. 汽车电器设备与维修 [M]. 北京：机械工业出版社，2007.
[9] 朱军等. 汽车安全与检修系统检测诊断与修复 [M]. 北京：北京出版社，2014.
[10] 王酉方，杨晓芳. 汽车电气设备构造与维修 [M]. 吉林：吉林大学出版社，2016.
[11] 朱军等. 汽车电路和电气系统检测诊断与修复 [M]. 北京：北京出版社，2014.
[12] 机动车维修技术人员从业资格培训技术要求，JT/T 698—2007.